大学计算机

主编　黄松英　王秀庆

电子工业出版社

Publishing House of Electronics Industry

北京·BEIJING

内 容 提 要

本书是作者在计算机基础教学的实践和探索过程中，结合浙江省计算机等级考试二级高级办公应用技术的要求编写的，旨在提高学生的计算思维能力。

本书共 4 部分，第 1 部分为计算机系统，主要讲解计算机硬件系统的组成及应用、软件与操作系统的功能；第 2 部分为办公自动化软件，主要以 Microsoft Office 2019 为平台，以应用为目标，运用大量案例讲解文字处理、长文档编辑、Excel 数据处理、图表操作、演示文稿设计等；第 3 部分为数据与计算，主要阐述计算机中的数据及其处理方法，通过数据、算法、语言、数据库、大数据等内容，使学生认识到计算思维的重要性，并能够运用计算思维解决问题；第 4 部分为网络与新技术，使学生了解网络技术的发展和应用前景，增强学生获取和保护信息的能力，同时通过新技术的介绍，拓展学生知识面，进一步培养学生的学习兴趣。

本书适合作为高等学校计算机基础课程的教材，也可作为计算机培训、计算机等级考试的参考教材。

图书在版编目（CIP）数据

大学计算机 / 黄松英，王秀庆主编. —北京：电子工业出版社，2021.9

ISBN 978-7-121-42105-1

Ⅰ.①大…　Ⅱ.①黄…②王…　Ⅲ.①电子计算机－高等学校－教材　Ⅳ.①TP3

中国版本图书馆 CIP 数据核字（2021）第 194216 号

责任编辑：戴晨辰　　特约编辑：王　楠
印　　刷：三河市鑫金马印装有限公司
装　　订：三河市鑫金马印装有限公司
出版发行：电子工业出版社
　　　　　北京市海淀区万寿路 173 信箱　　邮编：100036
开　　本：787×1092　1/16　印张：18　　字数：472 千字
版　　次：2021 年 9 月第 1 版
印　　次：2021 年 9 月第 1 次印刷
定　　价：56.00 元

凡所购买电子工业出版社图书有缺损问题，请向购买书店调换。若书店售缺，请与本社发行部联系，联系及邮购电话：（010）88254888，88258888。

质量投诉请发邮件至 zlts@phei.com.cn，盗版侵权举报请发邮件至 dbqq@phei.com.cn。

本书咨询联系方式：dcc@phei.com.cn。

前　言

在信息化引领的科技变革和社会变革大形势下，作为大学计算机基础教学的必修课程，"大学计算机"课程需要培养学生使用计算机解决和处理问题的思维和能力，提升大学生信息素养。结合教育部推动的"四新"研究和发展战略，为推动各学科专项理论与技术向着自动化、网络化、智能化发展，我们经过广泛的调查研究和讨论，完成了本书内容的书写。

本书的最大特点是内容全面，希望大学生能全面系统了解计算机领域的基础理论信息，同时包含了常用应用技术，涵盖了办公自动化、多媒体应用、网络、数据库等方面，使学生初步掌握计算思维能力，掌握办公自动化软件应用，了解新技术的发展方向。全书理论和案例并行，方便读者上机实践。

本书共 4 部分，第 1 部分为计算机系统，主要讲解计算机硬件系统的组成及应用、软件与操作系统的功能；第 2 部分为办公自动化软件，主要以 Microsoft Office 2019 为平台，以应用为目标，运用大量案例讲解文字处理、长文档编辑、Excel 数据处理、图表操作、演示文稿设计等；第 3 部分为数据与计算，主要阐述计算机中的数据及其处理方法，通过数据、算法、语言、数据库、大数据等内容，使学生认识到计算思维的重要性，并能够运用计算思维解决问题；第 4 部分为网络与新技术，使学生了解网络技术的发展和应用前景，增强学生获取和保护信息的能力，同时通过新技术的介绍，拓展学生知识面，进一步培养学生的学习兴趣。

本书包含配套教学资源，读者可登录华信教育资源网（www.hxedu.com.cn）注册后免费下载。

本书由长期从事高校计算机基础教学的骨干教师编写。教材大纲由全体参编教师共同讨论确定，由黄松英、王秀庆担任主编并进行统稿和审稿。由宣华锋、吴佩贤、王涛、李平、陈良、樊长兴等教研室老师共同编写。编者一直致力于计算机基础教育改革，尽最大努力满足计算机基础教学的要求，但由于水平和实际环境所限，书中难免有欠妥和疏漏之处，敬请专家和读者谅解，并诚挚欢迎提出宝贵意见。

编　者

目　录

第1部分　计算机系统

第2部分　办公自动化软件

第 3 部分　数据与计算

第 4 部分　网络与新技术

计算机系统

计算机系统由硬件系统和软件系统组成。本部分主要介绍计算机的诞生与发展，计算机硬件系统的组成及应用、操作系统的功能与分类。

第1章　计算机硬件系统

计算机硬件（Computer Hardware）是指计算机系统中由电子、机械和光电元器件等组成的各种物理装置的总称。这些物理装置按系统结构的要求构成一个有机整体，为计算机软件运行提供物质基础。简言之，计算机硬件的功能是输入并存储程序和数据，以及执行程序，把数据加工成可以利用的形式。在用户需要的情况下，以用户要求的方式进行数据的输出。

从外观上来看，计算机由主机箱和外部设备组成。主机箱内主要包括中央处理器（Central Processing Unit，CPU）、内存、主板、硬盘驱动器、光盘驱动器、各种扩展卡、连接线、电源等；外部设备包括鼠标、键盘等。

1.1　计算机的产生与发展

1.1.1　图灵计算模型

1937 年英国数学家阿兰·麦席森·图灵（1912—1954 年）在《伦敦数学会文集》上发表一篇题为《论数字计算在决断难题中的应用》的论文，引起了广泛的关注。在论文中图灵全面分析了人的计算过程，把计算归结为简单、基本、确定的操作动作，从而用一种简单的方法来描述那种直观上具有机械性的基本计算程序，使任何机械能执行的程序都可以归约为这些动作。

这种简单的方法是以一个抽象自动机概念为基础的，得出的结论是算法可计算函数等同于一般递归函数或图灵机可计算函数。这不仅给计算下了一个完全确定的定义，而且第一次把计算和自动机联系起来，对数理逻辑的发展起了巨大的推动作用。

在论文的附录里，他描述了一种可以辅助数学研究的机器，该机器后来被称为"图灵机"，图灵机由以下几个部分组成。

（1）一条无限长的纸带 TAPE。纸带被划分为一个接一个的小格子，每个格子上包含一个来自有限字母表的符号，字母表中有一个特殊的符号表示空白。纸带上的格子从左到右依次被编号为 0，1，2，…，纸带的右端可以无限伸展。

（2）一个读/写头 HEAD。该读/写头可以在纸带上左、右移动，它能读出当前所指的格子上的符号，并能改变当前格子上的符号。

（3）一套控制规则 TABLE。它根据当前机器所处的状态以及当前读/写头所指的格子上的符号来确定读写头下一步的动作，并改变状态寄存器的值，令机器进入一个新的状态。

（4）一个状态寄存器。它用来保存图灵机当前所处的状态。图灵机的所有可能状态的数目是有限的，并且有一个特殊的状态，称为停机状态。

简单来说，图灵机是一个逻辑机的通用模型，如图 1.1 所示。处理器实际是有限状态控制器，能使读/写头左移或右移，并对存储带进行修改或读出。于是通过有限指令序列就能实现各种演算过程，从而将可计算性这一概念与机械程序和形式系统的概念统一起来。图灵证明，只有图灵机能解决的计算问题，实际计算机才能解决；图灵机不能解决的计算问题，则实际计算机也无法解决，即可计算性等于图灵可计算性。因此，图灵机的能力概括了数字计算机的计算能力，这对计算机的一般结构、可实现性和局限性产生了深远的影响。

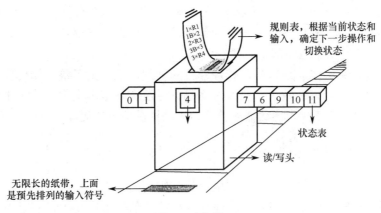

图 1.1　图灵机

图灵模型第一次在纯数学的符号逻辑和实体世界之间建立了联系，并由此开创了"自动机"这一学科分支，促进了电子计算机的研制工作。与此同时，图灵还提出了通用图灵机的概念，它相当于通用计算机的解释程序，这一点直接促进了后来通用计算机的设计和研制工作。在给出通用图灵机的同时，图灵就指出，通用图灵机在计算时，其"机械的复杂性"是有临界限度的，超过这一限度，就要靠增加程序的长度和存储量来解决。这种思想开创了后来计算机科学中计算复杂性理论的先河。

为了纪念图灵对计算机科学的巨大贡献，美国计算机协会（ACM）于 1966 年设立了一年一度的图灵奖，以表彰在计算机科学中做出突出贡献的人，图灵奖被称为计算机界的诺贝尔奖。图灵也被誉为"计算机理论之父"。

1.1.2　冯·诺依曼计算机体系结构

图灵的贡献是建立了图灵机的理论模型，奠定了自动计算及人工智能的理论基础，而冯·诺依曼则首先提出了存储程序和程序控制的现代计算机体系结构，如图 1.2 所示。该体系结构主要包括以下要点。

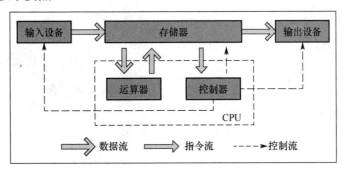

图 1.2　冯·诺依曼计算机体系结构图

（1）计算机处理的数据和指令采用二进制数表示。因为用双稳态电路表示二进制数字 0 和 1 很容易实现，传输和处理时不易出错，可靠性高。而且与十进制数相比，二进制数的运算规则要简单得多，这样可以使运算器的结构得到简化，有利于提高运算速度。

（2）计算机运行过程中，先把要执行的程序和要处理的数据存入内存（存储器），控制器再按地址顺序取出存放在内存中的指令（按地址顺序访问指令），然后分析指令，执行指令的功能，遇到转移指令时，则转移到转移地址，再按地址顺序访问指令（程序控制）。

根据上述原理把计算机硬件系统分为运算器、控制器、存储器、输入设备和输出设备五大基本部件，并定义了这五部分的基本功能。

冯·诺依曼计算机体系结构是现代计算机的基础，现在大多数计算机仍采用冯·诺依曼计算机的组织结构，只是做了一些改进而已，并没有从根本上突破冯·诺依曼计算机体系结构的束缚。冯·诺依曼也因此被人们称为"计算机结构之父"。

1.1.3　计算机的发展历史

从第一台电子计算机的出现到现在虽然只有短短的几十年，但是计算机的发展却取得了惊人的成绩。计算机硬件的发展与构建计算机的元器件紧密相关，每当电子元器件有突破性的进展，就会带来计算机硬件的一次重大变革。因此人们以计算机所使用的物理元器件的变革为标志，将计算机的发展大致分为四代。每一代计算机都使用不同的电子元器件，每一代计算机都具有自己明显的特征。

1. 第一代——电子管计算机（1946－1958 年）

这个时期计算机的主要逻辑元器件采用如图 1.3 所示的电子管，主存先采用延迟线，后采用磁鼓、磁芯，外存使用磁带。软件方面，用机器语言和汇编语言编写程序。这个时期的计算机体积庞大、运算速度慢（通常每秒几千次到几万次）、成本高、可靠性差、内存容量小，主要用于科学计算、军事和科学研究方面的工作。

2. 第二代——晶体管计算机（1959－1964 年）

如图 1.4 所示，于 1948 年发明的晶体管大大促进了计算机的发展，晶体管替代了体积庞大的电子管。第二代计算机体积小、运算速度快、功耗低、性能更稳定。软件方面，开始使用管理程序，后期使用操作系统，同时出现了 FORTRAN、COBOL、ALGOL 等一系列高级程序设计语言。这个时期计算机的应用已经扩展到数据处理、自动控制等方面，其运行速度已提高到每秒几十万次，体积大大减小，可靠性和内存容量也有较大的提高。

图 1.3　电子管

图 1.4　晶体管

3. 第三代——集成电路计算机（1965－1970 年）

在这个时期，中小规模集成电路出现，并逐渐代替了分立元器件，半导体存储器代替了磁芯存储器，外存使用磁盘。软件方面，操作系统进一步完善，高级语言数量增多，出现了并行处理、多处理机、虚拟存储系统以及面向用户的应用软件。计算机的运行速度提高到每秒几百万次，可靠性和存储容量进一步提高，外部设备种类繁多，计算机和通信密切结合，广泛地应用到科学计算、企业管理、自动控制、文字处理、情报检索等领域。小规模集成电路如图 1.5 所示。

图 1.5　小规模集成电路

4. 第四代——大规模和超大规模集成电路计算机（1971 年至今）

这个时期计算机的主要逻辑元器件是大规模和超大规模集成电路。主存采用半导体存储器，外存采用大容量的软、硬磁盘，并开始使用光盘。软件方面，操作系统不断发展和完善，同时发展了数据库管理系统、通信软件等。计算机的发展进入了以计算机网络为特征的时代。计算机的运行速度可达到每秒上千万次至上万亿次，存储容量和可靠性又有了很大提高，功能更加完备。这个时期计算机开始向巨型机和微型机两个方向发展，而微型机的飞速发展使得计算机开始进入办公室、学校和家庭。

过去几十年计算机的高速发展依赖于集成电路技术的高速发展，英特尔（Intel）创始人之一戈登·摩尔曾提出：集成电路上可容纳的元器件的数目，每隔 18～24 个月便会增加一倍，性能也将提升一倍。这就是著名的摩尔定律，它在计算机的发展过程中已经被证实，现在英特尔的微处理器酷睿 i9-7960X，如图 1.6 所示，其采用 7nm 蚀刻工艺，集成了几十亿晶体管。但随着晶体管的尺寸趋于物理极限，摩尔定律将会很快失效，计算机性能提升将不能再依赖于半导体技术的提升。

图 1.6　酷睿 i9-7960X 微处理器

1.1.4　计算机的发展方向

1. 光计算机

光计算机是由光代替电流，实现高速处理大容量信息的计算机。其基础部件是空间光调制器，并采用光内连技术，在运算部分与存储部分之间进行光连接，运算部分可直接对存储部分进行并行存取，突破了传统的用总线将运算器、存储器、输入和输出设备相连接的体系结构，运算速度极高、耗电极低。光具有各种优点：光波在光介质中传输，不存在寄生电阻、电容、电感和电子相互作用问题；光器件无电位差，因此光计算机的信息在传输中畸变或失真小，可在同一条狭窄的通道中传输数量庞大的数据。

2．量子计算机

量子计算机是一类遵循量子力学规律进行高速数字和逻辑运算、存储及处理的量子物理设备，简单来说，量子计算机是采用基于量子力学原理和深层次计算模式的计算机，而不像传统的二进制计算机那样将信息分为 0 和 1 来处理。

3．生物计算机

在运行机理上，生物计算机以蛋白质分子作为信息载体，来实现信息的传输与存储。生物计算机最大的优点是生物芯片的蛋白质具有生物活性，能够跟人体的组织结合在一起，特别是可以和人的大脑及神经系统有机连接，使人机接口自然吻合，免除了烦琐的人机对话。这样，生物计算机就可以听人指挥，成为人脑的外延或扩充部分，还能够从人体的细胞中吸收营养来补充能量，而不需要任何外界的能源。现今科学家已研制出了许多生物计算机的主要部件——生物芯片。

1.2 计算机的特点与应用

1.2.1 计算机的特点

1．运算速度快、计算精确度高

计算机内部的运算是由数字逻辑电路完成的，可以高速准确地完成各种算术运算。当今超级计算机系统的峰值运算速度已达到每秒亿亿次，一般计算机也可达每秒亿次以上，这使大量复杂的科学计算问题得以解决。如卫星轨道的计算、天气预报、模拟核爆等，过去人工计算需要几年、几十年，用大型计算机可能只需几分钟就可完成。

2．逻辑运算能力强

计算机不仅能进行高速、精确的计算，还具有逻辑运算功能，能对信息进行比较和判断，并能根据判断的结果自动执行不同指令。它甚至能模拟人类的大脑，对问题进行思考、判断。

3．存储能力强

计算机内部的存储器具有记忆特性，可以存储海量的数字、文字、图像、视频、声音等信息，并且可以"长久"保存。它还可以保存处理这些信息的程序。

4．自动化程度高

由于计算机具有存储记忆能力和逻辑判断能力，所以人们可以将预先编好的程序纳入计算机内存，在程序控制下，计算机可以连续、自动地工作，不需要人的干预。

5．强大的网络通信功能

在互联网上的所有计算机用户可共享网上资料、交流信息、互相学习，整个世界都可以互通信息。

1.2.2 计算机的应用

计算机的应用已渗透到社会的各个领域，正在改变着人们工作、学习和生活的方式，推动着社会的发展。归纳起来可分为以下几个方面。

1．科学计算

计算机最开始是为解决科学研究和工程设计中遇到的大量数学问题的数值计算而研制的计算工具。随着现代科学技术的进一步发展，数值计算在现代科学研究中的地位不断提高，在尖端科学领域中显得尤为重要。如人造卫星轨迹的计算，房屋抗震强度的计算，火箭、宇宙飞船的研究设计都离不开计算机的精确计算。如果没有计算机系统高速而又精确的计算，许多近现代科学都是难以发展的。

2．信息管理

信息管理是以数据库管理系统为基础，辅助管理者提高决策水平，改善运营策略的计算机技术。信息处理具体包括数据的采集、存储、加工、分类、排序、检索和发布等一系列工作。信息处理已成为当代计算机的主要任务，是现代化管理的基础。据统计，80%以上的计算机主要应用于信息管理，信息管理已成为计算机应用的主导方向，广泛应用于办公自动化、企事业计算机辅助管理与决策、情报检索、图书管理、会计电算化等各行各业。

3．过程控制

过程控制利用计算机实时采集数据、分析数据，按最优值迅速地对控制对象进行自动调节或自动控制。采用计算机进行过程控制，不仅可以大大提高控制的自动化水平，而且可以提高控制的时效性和准确性，从而改善劳动条件、提高产量及合格率。因此，计算机过程控制已在机械、冶金、石油、化工、电力等领域得到广泛的应用。

4．辅助技术

计算机辅助技术包括计算机辅助设计、计算机辅助制造和计算机辅助教学等。

1）计算机辅助设计（Computer Aided Design，CAD）

计算机辅助设计是利用计算机系统辅助设计人员进行工程或产品设计，以实现最佳设计效果的一种技术。CAD 技术已应用于飞机设计、船舶设计、建筑设计、机械设计、大规模集成电路设计等。采用计算机辅助设计，可缩短设计时间，提高工作效率，节省人力、物力和财力，更重要的是提高了设计质量。

2）计算机辅助制造（Computer Aided Manufacturing，CAM）

计算机辅助制造是利用计算机系统进行产品的加工控制过程，输入的信息是零件的工艺路线和工程内容，输出的信息是刀具的运动轨迹。把 CAD 和计算机辅助制造、计算机辅助测试（Computer Aided Test）及计算机辅助工程（Computer Aided Engineering）组成一个集成系统，使设计、制造、测试和管理有机地融合为一体，形成高度的自动化系统，就产生了自动化生产线和"无人工厂"。

3）计算机辅助教学（Computer Aided Instruction，CAI）

计算机辅助教学是利用计算机系统进行课堂教学。教学课件可以用 PowerPoint 或 Flash 等制作。CAI 不仅能减轻教师的负担，还能使教学内容生动、形象、逼真，能够动态演示实验原理或操作过程，激发学生的学习兴趣，提高教学质量，为培养现代化高质量人才提供了有效方法。

5. 多媒体应用

随着电子技术特别是通信和计算机技术的发展，人们已经有能力把文本、音频、视频、动画、图形和图像等各种媒体综合起来，构成一种全新的概念——多媒体（Multimedia）。在医疗、教育、商业、银行、保险、行政管理、军事、工业、广播、交流和出版等领域中，多媒体的应用发展很快。

6. 人工智能

人工智能（Artificial Intelligence，AI）是指计算机模拟人类某些智力行为的理论、技术和应用，如感知、判断、理解、学习、问题的求解、图像声音识别等。人工智能是计算机应用的一个新的领域，这方面的研究和应用正处于发展阶段，在医疗诊断、定理证明、模式识别、智能检索、语言翻译、机器人等方面，已有了显著的成效。2016 年 3 月谷歌围棋人工智能程序 AlphaGo 与韩国棋手李世石进行了 5 轮较量，AlphaGo 以 4:1 获得胜利，震惊世界，这标志着人工智能又向前迈进了一大步。

1.3　计算机硬件系统的组成

根据冯·诺依曼"存储程序和程序控制"原理，计算机硬件系统分成 5 个部分：运算器、控制器、存储器（分为内存和外存）、输入设备、输出设备。由于运算器、控制器、内存 3 个部分是信息加工、处理的主要部件，所以把它们合称为主机，而输入设备、输出设备及外存则合称为外部设备。

微型计算机，也就是个人计算机，是目前人们最常用、最熟悉的计算机，简称为微机，下面以微机硬件系统为例来介绍各个功能部件。一般把微机的硬件系统分为主机和外部设备两大部分，从外观上来看，一台微机由主机箱、显示器、键盘和鼠标组成，还可以加一些外部设备，如打印机、扫描仪和音、视频设备等。

1.3.1　主机

主机是主机箱内各个部件的统称，包括主板、微处理器、存储器、输入/输出接口（I/O接口）、插槽、声卡、显卡、网卡、电源、硬盘驱动器、光盘驱动器等。以下介绍部分主要部件。

1. 主板

主板是主机箱中最大的一块集成电路板，如图 1.7 所示，它被固定在主机箱上，主机部分的大多数部件安装在主机箱内的主板上，外部设备通过输入/输出接口及系统总线与主板相连。

主板是整个计算机内部结构的基础，安装在主板上的各个部件都得靠主板来协调工作，主板的好坏将直接影响微机的整体运行速度和稳定性。主板上的部件主要包括 CPU 插座、芯片组、内存插槽、总线扩展槽、外设接口、SATA 接口、可充电电池以及各种开关和跳线等。现在的芯片组通常还集成了显卡、声卡、网卡等部件。

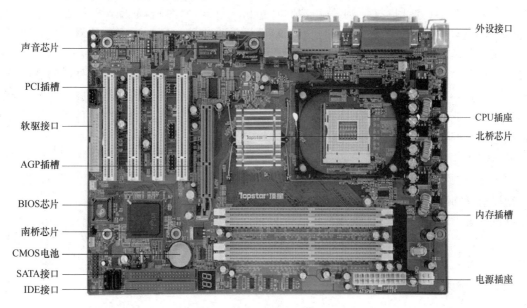

图 1.7　主板

芯片组是主板的核心组成部分，决定了主板的功能，进而影响到整个微机系统性能的发挥。按照在主板上排列位置的不同，芯片组一般分为南桥芯片和北桥芯片。

北桥芯片负责与 CPU 的联系并控制内存数据在北桥内部传输，并提供校验及纠错。为了缩短传输距离、提高通信性能，在主板布局上北桥芯片一般离 CPU 更近些，也习惯称北桥为主桥（Host Bridge）。因为北桥芯片的数据处理量非常大，发热量也大，所以现在的北桥芯片都覆盖着散热片用来加强散热，有些主板的北桥芯片还会配上风扇进行散热。

南桥芯片（South Bridge）一般位于主板上离 CPU 插座较远的地方，这种布局是考虑到它所连接的 I/O 总线较多，离处理器远一点有利于布线，而且更加容易实现信号线等长的布线原则。南桥芯片主要负责 I/O 总线之间的通信，如 USB、LAN、ATA、SATA、音频控制器、键盘控制器、实时时钟控制器、高级电源管理等，这些技术相对来说比较稳定，所以不同芯片组中可能南桥芯片是一样的，不同的只是北桥芯片。相对于北桥芯片来说，南桥芯片数据处理量并不算大，所以南桥芯片一般都不必采取主动散热，有时甚至连散热片都不需要。

主板上的各种插槽、接口的作用是将各种硬件设备与主板相连接，以供主板统一调配指挥。CPU 插槽用于固定连接 CPU；AGP 插槽专门用于高性能图形和视频显示，解决了显卡与内存、CPU 之间带宽不足的问题，使高速、大容量图形显示成为可能；PCI 插槽用于插接各类 PCI 设备，如声卡、网卡和内置解调器等；内存插槽用于插接内存条，以扩充内存；IDE 接口用于连接硬盘、光驱等。

2. 微处理器

微机上的 CPU 一般称为微处理器，它安装在主板 CPU 插槽中。它是计算机的运算核心与控制核心，包括运算器和控制器两大逻辑部件。其功能为解释和执行指令，相当于人的大脑。

运算器是整个计算机系统的运算核心，主要由执行算术及逻辑运算的运算电路、累加器、状态寄存器、通用寄存器组等组成。计算机运行时，运算器的操作和操作种类由控制器决定，运算器处理的数据来自存储器；处理后的结果数据通常送回存储器，或暂时寄存在运算器中。

控制器是指挥计算机各个部件按照指令的功能要求协调工作的部件，是计算机的神经中枢和指挥中心，由指令寄存器、译码器、程序计数器、操作控制器等组成。在系统运行过程中，不断地生成指令地址、取出指令、分析指令、向计算机的各个部件发出微操作控制信号，协调整个计算机有序地工作。

CPU 的主要性能指标是主频和字长。主频说明了 CPU 的工作速度，单位是 MHz，通常主频越高表明 CPU 在单位时间内处理的指令数越多，运算速度越快。字长表示 CPU 每次处理数据的能力，即一次能够处理二进制数的位数，通常所说的 32 位和 64 位就是指该计算机系统中的 CPU 一次性处理二进制数据的位数。

目前，主流的 CPU 一般是由英特尔（Intel）和超微（AMD）两大公司生产的，此外，中国台湾地区的威盛（VIA）也是一家著名的 CPU 生产厂家。

3．存储器

存储器是用于储存信息的设备或装置，是计算机中各种信息的存储和交流中心，可以分为内存和外存。

1）内存

内存主要用于存放计算机运行期间所需要的程序和数据。CPU 工作时执行的指令及处理的数据均从内存中存/取，外存中的程序和数据只有先被读入到内存中才能被 CPU 读取，而 CPU 运算的结果也被先临时写到内存中。

内存按其工作原理的不同，可以分为随机存储器（Random Access Memory，RAM）和只读存储器（Read Only Memory，ROM）。RAM 存储单元的内容可按照需要随意进行读/写，且存/取速度与存储单元所处的位置无关。这种存储器在断电时将丢失其存储内容，故主要用于存储短时间使用的信息。ROM 存储单元的内容只能被读出，而不能随意写入。ROM 中的内容是在设备出厂时由制造商使用特殊的设备和方法写入的，断电后 ROM 中的信息并不会丢失。ROM 主要用来存放一些固定的程序，如主板、显卡上的 BIOS 就固化在 ROM 中，因为这些程序和数据的变动概率都很低。

图 1.8 是被安装在主板上的内存插槽中的 RAM 内存条。

图 1.8　RAM 内存条

计算机工作时 CPU 需要频繁地和内存交换信息，RAM 的读取速度就成了计算机性能的瓶颈，为了有效地解决这一问题，目前的微机还广泛采用了高速缓冲存储器（Cache）技术。Cache 是位于 CPU 和内存之间的高速小容量存储器，可以用高速的静态存储器芯片实现，或者集成到 CPU 芯片内部，存储 CPU 最经常访问的指令或者操作数据。Cache 的引入，极大地减少了存取 RAM 的次数，从而大大提高了计算机的性能。

2）外存

内存直接和 CPU 交换数据，读/写速度快，但存储容量有限，只能临时存放参与运算的程序和数据，而需要长久保存的数据和计算机程序会被存在外存中，需要用到时才被调入内存。微机中最常见的外存是硬盘，目前微机硬盘配置的是固态驱动器（Solid State Disk 或 Solid State Drive，SSD），俗称固态硬盘。固态硬盘是用固态电子存储芯片阵列制成的硬盘。SSD 由控制单元和存储单元（Flash 芯片、DRAM 芯片）组成。SSD 读/写速度快，采用闪存作为存储介质。固态硬盘不用磁头，寻道时间几乎为 0，持续写入的速度非常惊人，达到 500～2000MB/s。随机读/写速度快才是固态硬盘的目标，这最直接体现于绝大部分的日常操作中。与之相关的还有极低的存取时间，最常见的 7200 转机械硬盘的寻道时间一般为 12～14ms，而固态硬盘可以轻易达到 0.1ms 甚至更低。SSD 具有防震抗摔性，传统硬盘都是磁碟型的，数据储存在磁碟扇区里。而固态硬盘是使用闪存颗粒（即 MP3、U 盘等存储介质）制作而成的，所以 SSD 内部不存在任何机械部件，即使在高速移动甚至伴随翻转倾斜的情况下也不会影响正常使用，而且在发生碰撞和震荡时能够将数据丢失的可能性降到最小。另外，SSD 还有低功耗、无噪声、工作温度范围大和轻便的优点，所以逐渐取代传统的机械硬盘，但其价格仍较为昂贵，容量较低，一旦硬件损坏，数据较难恢复。

如图 1.9 所示，从左至右分别为机械硬盘、固态硬盘、SD 卡和 U 盘。

图 1.9　机械硬盘、固态硬盘、SD 卡和 U 盘

4. 显卡

显卡是主机与显示器之间的接口电路，它的主要功能是将要显示的字符或图形的内码转换成图形点阵，并与同步信息形成视频信号，传输给显示器。现在主流 CPU 或主板上都集成有显示核心，能满足大部分实际需要。如果对显示要求比较高，如大型实时游戏、大型的多媒体工作站等，可以使用高性能独立显卡，如图 1.10 所示。

5. 声卡

负责将计算机音频数字信号转换成音频信号，并连接到扬声设备，现在的音频处理芯片大部分都被集成在主板上。

图 1.10　显卡

6．网卡

负责和网络上其他计算机之间进行信息传输，一般也集成在主板上。

1.3.2 外部设备

在微机的硬件系统中，除主机以外，必须配备相应的外部设备，计算机才能正常地工作。外部设备是人与微机系统的接口，是用户使用微机的工具和桥梁。外部设备对数据相关信息起着传输、转送和存储的作用。

1．输入设备

输入设备的主要功能是接收用户输入的原始数据和程序，将人们熟悉的信息形式转换为计算机能够识别的信息形式并存放到存储器中。目前常用的输入设备有键盘、鼠标、扫描仪、数码摄像机、触摸屏、绘图板、麦克风等。各种输入设备和主机之间通过相应的接口适配器连接。

2．输出设备

输出设备的主要功能是把计算机处理后的结果以人们能够接收的信息形式表示出来。目前常用的输出设备有显示器、投影仪、打印机（常见的打印机有针式打印机、喷墨打印机、激光打印机）、绘图仪和音响等。

习　题

一、填空题

1．计算机硬件由_____、_____、_____、输入设备和输出设备组成。

2．著名数学家冯·诺依曼提出了电子计算机_____和程序控制的计算机基本工作原理。

3．U 盘是一种可移动的存储器，通过通用的_____接口接插到计算机上。

4．由美国计算机协会设立的_____被称为计算机界的诺贝尔奖。

5．芯片组是主板的核心组成部分，按照其在主板上排列位置及功能的不同，一般分为_____和_____，其中_____离 CPU 更近。

二、选择题

1．在下列设备中，属于输入设备的是（　　）。

A．扫描仪　　　　B．打印机　　　　C．显示器　　　　D．音响

2．计算机的内存主要由 RAM 组成，其中存储的数据在断电后（　　）丢失。

A．不会　　　　B．完全　　　　C．部分　　　　D．不一定

3．（　　）指出集成电路上可容纳的元器件的数目，每隔 18～24 个月便会增加一倍，性能也将提升一倍。

A．冯·诺依曼定律　　　　　　　　B．摩尔定律

C．图灵定律　　　　　　　　　　D．英特定律

4．内存中的每一个基本单元都被赋予一个唯一的序号，称为（　　　）。

A．地址　　　　　　B．编号　　　　　　C．字节　　　　　　D．容量

5．关于计算机外部设备中的固态硬盘，下列说法正确的是（　　　）。

A．只能作为输入设备　　　　　　B．只能作为输出设备

C．属于外存　　　　　　D．属于内存

第 2 章　软件与操作系统

计算机软件（Software，也称软件）是指计算机系统中的程序及其文档，程序是计算任务的处理对象和处理规则的描述；文档是为了便于了解程序所需的阐明性资料。程序必须装入机器内部才能工作，文档一般用于用户查阅，不一定装入机器。

计算机软件总体分为系统软件和应用软件两大类。系统软件负责管理计算机系统中各种独立的硬件，使得它们可以协调工作。系统软件使得计算机使用者和其他软件将计算机当作一个整体，而不需要顾及底层每个硬件是如何工作的。应用软件是为了某种特定的用途而被开发的软件。它可以是一个特定的程序，如一个图像浏览器，也可以是一组功能联系紧密，可以互相协作的程序的集合，如微软的 Office 软件，还可以是一个由众多独立程序组成的庞大的软件系统，如数据库管理系统。

2.1　程序与软件

程序用计算机语言编写，是算法的实现，计算机只有通过执行程序才能完成任务。软件是一个覆盖范围更广的概念，如操作系统软件、办公软件、财务软件、游戏软件等。

2.1.1　程序

程序是计算机进行某种任务操作的一系列步骤。算法是抽象于语言的，是一个通用的表达，而程序则与具体的设计语言相结合。因此，程序通常被解释为算法加语言。程序设计的一部分工作是实现算法，另一部分工作是将算法的过程、结果以用户能理解的方式呈现出来，并实现与用户的交互。程序设计需要严格缜密的技术，同时需要丰富的想象，要有很好的用户体验。程序设计是一项具有创造性、创新性和成就感的工作。

1. 机器语言和指令

指令是计算机设计者赋予机器实现某种基本操作的命令。它包括两部分内容：一部分称为操作码，指出机器要进行什么类型的操作；另一部分称为地址码，指出参与操作数的地址。操作码决定了指令的功能，地址码可以给出一个操作数地址，也可给出两个或三个操作数地址。指令格式如图 2.1 所示，不同机器其操作码与地址码形式是不同的。

图 2.1　指令格式

类似于伪代码那样的程序设计语言，因为在语法表达上接近自然语言，可以被称为"高级语言"，与此对应，机器语言则被称为"低级语言"。低级语言分机器语言（二进制语言）和汇编语言（符号语言），这两种语言都是面向机器的，和具体机器的指令系统密切相关。机器语言用指令代码编写程序，而汇编语言用指令助记符编写程序。

计算机程序设计语言的级别就是根据它们和机器的密切程度划分的：越接近硬件的语

言级别越低，越远离硬件的语言级别越高。只有以机器语言编写的程序才能被计算机直接执行。高级语言程序"看不见"机器的硬件结构，不能用于编写直接访问机器硬件资源的系统软件或设备控制软件；而汇编语言"看得见"硬件资源，适合用于编写对速度和代码长度要求高的程序和直接控制硬件的程序。

汇编程序的作用是把源文件转换成用二进制代码表示的目标文件（OBJ 文件）。在转换过程中，汇编程序将对源程序进行扫视，如果源程序中有语法错误，则汇编结束后，汇编程序将指出源程序中的错误，用户可以编辑、修改源程序中的错误，得到无语法错误的 OBJ 文件。OBJ 文件虽然已经是二进制文件，但它还不能直接上机运行，必须经过连接程序（LINK）把目标文件与库文件或其他目标文件连接在一起形成可执行文件（EXE 文件），才能上机运行。源程序经过汇编、连接后形成可执行文件的过程如图 2.2 所示。

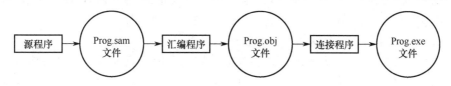

图 2.2　程序的汇编及连接过程

2. 高级语言

20 世纪 60 年代出现了与机器指令系统无关、表达形式更接近于被描述问题的高级语言。高级语言的出现，使得程序的可阅读性、可移植性有了质的飞跃，程序编写不再乏味，只要掌握了高级语言的语法规范就可以编写程序了。高级语言分为面向过程和面向对象两类。

面向过程的程序设计，它的每条语句都是为了完成一个特定的任务而对计算机发出执行的命令。编程时，程序员必须知道所要遵循的过程，过程常由顺序、分支和循环三种语句结构构成。常用的面向过程的高级语言有 Basic、C、Pascal、Fortran、COBOL 等。

面向对象的程序设计（Object-Oriented Programming，OOP），使用类（Class）作为程序的基本形态，类中有数据和对数据的操作，对象（Object）是类的实例。程序员使用对象的属性和行为构造程序，而不需要知道对象的细节。就如驾驶汽车（对象）时，无须知道如何造车，只需知道汽车的性能（属性）、汽车的操作（行为）就可以了。面向对象的程序设计具有以下特点。

（1）封装：是把对象的属性和操作结合在一起，构成一个独立体。

（2）继承：是指新建的类可以继承已经存在的类，继承提高了软件代码的复用性。

（3）多态性：是指某些对象可以有多种操作行为，多态性提高了软件的可扩展性。

常见的面向对象程序设计语言有 Visual Basic、Java、C++、PHP、Python 等。

Java 在 C 语言的基础上改进而成，是第一个被市场广泛接受的面向对象语言。Java 语言编写的程序具有平台（操作系统）无关性，解决了一直困扰软件界的软件移植问题。Java 语言已扩展到各个应用领域，能满足产品快速开发的需要，成为网络程序、移动应用开发的首选语言，也是目前程序员最多使用的编程语言之一。

PHP 即"超文本预处理器"，是在服务器端执行的脚本语言，尤其适用于 Web 开发并可嵌入 HTML 中，该语言的主要目标是允许 Web 开发人员快速编写动态网页。PHP 语言作为当今最热门的网站程序开发语言，具有成本低、速度快、可移植性好、内置丰富的函数库等优点。

Python 能够把其他语言编写的程序连接在一起。Python 中提供了很多帮助实现爬虫项目的半成品，即爬虫框架。爬虫框架允许开发人员根据具体项目的情况，调用框架的接口，编写少量的代码实现一个爬虫。编写网络爬虫的主要目的是将互联网上的网页下载到本地并提取出相关数据。此外，简洁易读、可扩展性强的特点使得 Python 在系统任务管理和网络程序中得到广泛应用。

2.1.2 软件

软件是用户与硬件之间的接口界面，用户通过软件与计算机进行交流。软件是计算机系统设计的重要依据，为了使计算机系统具有较高的总体效用，在设计计算机系统时，必须通盘考虑软件与硬件的结合，以及用户的要求和软件的要求。

计算机软件总体分为系统软件和应用软件两大类。

系统软件负责管理计算机系统中各种独立的硬件，整合其他软件和硬件成为一个完整的计算机系统。系统软件包含操作系统，如 Windows、Linux、UNIX 等，其他如编译程序、数据库管理程序、操作系统的补丁程序及硬件驱动程序等，也属于系统软件。

应用软件是为了某种特定的用途而开发的软件。它可以是一个特定的程序，也可以是一组功能联系紧密、互相协作的程序集合。例如，写论文需要文字处理软件，统计、分析数据需要电子表格软件，工程制图需要计算机辅助设计软件。

对特殊用途的软件，通用软件往往无法满足需要，必须根据需求另行开发。因此，世界上有数百万人从事程序编写或软件开发的工作。普通用户也许无须理解程序是如何设计的，也不必自己动手编写程序代码，但可能需要找人编写自己所从事行业的专门软件，那就应该知道如何给开发人员提出设计要求。简单地说，软件与生活息息相关。

软件有版权，不同的软件一般都有对应的软件许可，软件使用者必须在取得所使用软件的许可证的情况下方可合法地使用软件。未经软件版权所有者许可的软件复制将会引发法律问题，不可购买和使用盗版软件。

2.2 操作系统

计算机系统由硬件系统和软件系统组成，操作系统（Operating System，OS）是配置在计算机硬件上的第一层软件，它在计算机系统中占据了特殊重要的地位。其他所有的软件，如汇编程序、编译程序、数据库管理系统等系统软件以及大量的应用软件，都将依赖于操作系统的支持，取得它的服务。

计算机最初诞生时还未出现操作系统，此时由用户采用人工操作方式直接使用计算机硬件系统，即由程序员将事先已穿孔的纸带（对应于程序和数据）装入纸带输入机，再启动它们将程序和数据输入计算机，然后启动计算机运行。当程序运行完毕并取走计算结果后，才让下一个用户上机。一台计算机的全部资源只能由一个用户独占，并且当用户进行装带、卸带等操作时，CPU 处于闲置状态。可见，人工操作方式严重降低了计算机资源的利用率，效率低下。随着 CPU 速度的提高、系统规模的扩大，人机矛盾变得日趋严重。在此背景下，人们考虑将每个程序运行都涉及的、对计算机系统资源的操作独立出来，由专门的程序对其进行管理，而程序员专心于与应用直接相关的编程工作即可，从而出现了操作系统。

在现代计算机系统中，如果视硬件系统为人的"躯体"，那么操作系统可以看作人的"灵魂"。操作系统是一组控制和管理计算机硬件和软件资源，合理地对各类作业进行调度，以及方便用户使用的程序的集合。它为计算机硬件与其他软件之间提供接口，是计算机系统中最基本的系统软件，更是整个计算机系统的控制中心，如图 2.3 所示。操作系统采用合理有效的方法组织用户共享各种计算机系统资源，最大程度地提高了系统资源的利用率。

操作系统有多种。如实时操作系统应用于生产制造、过程控制、军事装备等对时间响应有严格要求的领域；分时系统允许多个用户共享主机中的资源，每

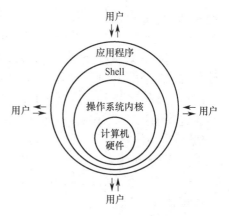

图 2.3　计算机系统的组成

个用户都可通过各自的终端以交互方式使用计算机；目前用于个人和移动设备的多为单用户多任务操作系统，一个人使用，但可以同时执行多个任务。

2.2.1　操作系统功能

在多道程序环境下，系统通常无法同时满足所有作业的资源要求，为使多道程序能有条不紊地运行，操作系统应具有这样几方面的功能，以实现对资源的管理：存储器管理功能、处理机管理功能、设备管理功能和文件管理功能。此外，为了方便用户使用操作系统，还须向用户提供一个使用方便的用户接口。

1．存储器管理功能

存储器管理的主要任务是为多道程序的运行提供良好的环境，方便用户使用存储器，提高存储器的利用率，以及能从逻辑上来扩充内存。为此，存储器管理应具有以下功能：内存分配、内存保护、地址映射和内存扩充等。

1）内存分配

内存分配的主要任务是为每道程序分配内存空间，使它们"各得其所"，提高存储器的利用率，以减少不可用的内存空间，允许正在运行的程序申请附加的内存空间，以适应程序和数据动态增长的需要。操作系统在实现内存分配时，可采取以下两种方式。

静态分配方式：每个作业的内存空间是在作业装入时确定的，在作业装入后的整个运行期间，不允许再申请新的内存空间，也不允许作业在内存中"移动"。

动态分配方式：每个作业所要求的基本内存空间也是在装入时确定的，但允许作业在运行过程中，继续申请新的附加内存空间，以适应程序和数据的动态增长，也允许作业在内存中"移动"。

为了实现内存分配，在内存分配的机制中应具有专门的内存分配数据结构，用于记录内存空间的使用情况，作为内存分配的依据。系统按照一定的内存分配算法为用户程序分配内存空间。同时，系统对用户不再需要的内存，通过用户的释放请求，去完成系统的回收功能。

2）内存保护

内存保护的主要任务是确保每道用户程序都在自己的内存空间中运行，互不干扰。绝不允许用户程序访问操作系统的程序和数据，也不允许转移到非共享的其他用户程序中去执行。

为了确保每道程序都只在自己的内存区域内运行，必须设置内存保护机制。一种比较简单的内存保护机制是设置两个界限寄存器，分别用于存放正在执行程序的上界和下界。系统需对每条指令访问的地址进行越界检查，如果发生越界，便发出越界中断请求，以停止该程序的执行。越界检查通常都由硬件实现，对发生越界后的处理，还须与软件配合来完成。

3）地址映射

一个应用程序经过编译后，通常会形成若干个目标程序，这些目标程序再经过链接而形成可装入程序。这些程序的地址都是从"0"开始的，程序中的其他地址都是相对于起始地址计算的，由这些地址所形成的地址范围称为"地址空间"，其中的地址称为"逻辑地址"或"相对地址"。此外，由内存中的一系列单元所限定的地址范围称为"内存空间"，其中的地址称为"物理地址"。

在多道程序环境下，地址空间中的逻辑地址和内存空间中的物理地址是不可能一致的。因此，存储器管理必须提供地址映射功能，以将地址空间中的逻辑地址转换为内存空间中与此对应的物理地址。该功能同样在硬件的支持下完成。

4）内存扩充

由于物理内存的容量有限，因而难以满足用户的需要，势必影响到系统的性能。在存储器管理中，内存扩充任务并非是去增加物理内存的容量，而是借助于虚拟存储技术，从逻辑上去扩充内存容量，使用户感觉到的内存容量比实际内存容量大得多。这样，既满足了用户的需要，改善了系统性能，又不用增加额外的硬件投资。

操作系统必须具有内存扩充机制，允许在仅装入一部分用户程序和数据的情况下，启动该程序运行。在运行过程中，当发现继续运行时所需的程序和数据尚未装入内存时，可向操作系统发出请求，由操作系统将所需部分调入内存，以便继续运行。若内存中已无足够的空间来装入需要调入的部分时，系统应能将内存中的一部分暂时不用的程序和数据调至硬盘等外存上，以便腾出内存空间，然后再将所需部分调入内存。

2．处理机管理功能

处理机管理的主要任务是对处理机进行分配，并对其运行进行有效的控制和管理。在多道程序环境下，处理机的分配和运行都是以进程为基本单位的，因而对处理机的管理可归结为对进程的管理。它包括以下几方面。

1）进程控制

在多道程序环境下，要使作业运行，必须先为它创建一个或几个进程，并分配必要的资源。进程运行结束时，要立即撤销该进程，以便及时回收该进程所占用的各类资源。进程控制的主要任务是为作业创建进程，撤销已结束的进程，以及控制进程在运行过程中的状态转换。在操作系统中，通常是利用若干条进程控制语句或系统调用语句，来实现进程控制的。

2）进程同步

任务运行过程中，进程是以异步方式运行的，并以人们不可预知的速度向前推进，为使多个进程能有条不紊运行，系统中必须设置进程同步机制。进程同步的主要任务是对各进程的运行进行协调，有以下两种协调方式。

进程互斥方式：指各进程在对临界资源进行访问时，应采用互斥方式。

进程同步方式：指在相互合作完成共同任务的进程间，由同步机构对它们的执行次序加以协调。

最简单的，用于实现进程互斥的机制是为每一种临界资源配置一把锁 w，并为该锁设置一对关锁原语 Lock（w）和开锁原语 Unlock（w）。当锁打开时，进程可以对临界资源进行访问；而关上时，则禁止进程访问该临界资源。实现进程同步最常用的方法是信号量机制。

3）进程通信

在多道程序环境下，可由系统为一个应用程序建立多个进程。这些进程相互合作去完成一个共同任务，而在这些相互合作的进程之间，往往需要交换信息。例如，有 3 个相互合作的进程：输入进程、计算进程和打印进程。输入进程负责将输入的数据传送给计算进程，计算进程利用输入数据进行计算，并把计算结果传送给打印进程，由打印进程将结果打印出来。进程通信的任务是实现相互合作进程之间的信息交换。

当相互合作的进程处于同一计算机系统时，通常采用直接通信方式，即由源进程利用发送命令直接将消息挂到目标进程的消息队列上，以后由目标进程利用接收命令从其他消息队列中取出消息。

当相互合作的进程处于不同的系统中时，常采用间接通信方式，即由源进程利用发送命令将消息送入一个存放消息的中间实体，以后由目标进程利用接收命令从中间实体中取走消息。

4）调度

运行中的进程具有 3 种基本状态：运行、阻塞、就绪。这 3 种状态构成了最简单的进程生命周期，进程在其生命周期内的任何时刻都处于这 3 种状态中的某种状态，进程的状态将随着自身的推进和外界环境的变化而变化，由一种状态变迁到另一种状态，如图 2.4 所示。

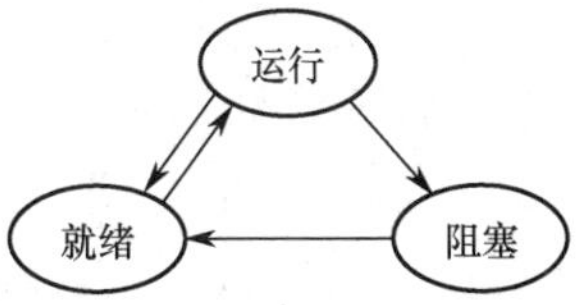

等待在后备队列上的每个作业，通常要经过调度（包括作业调度和进程调度两步）才能执行。作业调度的基本任务是从后备队列中按照一定的算法，选择出若干个作业，为它们分配必要的资源，如内存。在将它们调入内存后，便为它们建立进程，使之成为可能获得处理机的就绪进程，并将它们按一定算法插入就绪队列。而进程调度的任务，则是从进程的就绪队列中，按照一定的算法选出一个新进程，把处理机分配给它，并为它设置运行现场，使进程投入运行。

图 2.4　进程状态变迁图

在进行作业调度和进程调度时，都必须遵循某种调度算法。例如，先来先服务（FCFS）调度算法，即先调度的先进入后备队列中的作业（进程）。又如，优先权高者优先算法，系统为每个作业（进程）赋予一个优先权，调度程序对队列中的作业或进程的优先权进行比较，从中选出优先权高的作业（进程），进入内存（或分配处理机）。

3. 设备管理功能

设备管理的主要任务是完成用户提出的 I/O 请求，为用户分配 I/O 设备；提高 CPU 和 I/O 设备的利用率；提高 I/O 速度；方便用户使用 I/O 设备。为实现上述任务，设备管理应具有缓冲管理、设备分配、设备处理以及设备独立性和虚拟设备等功能。

1）缓冲管理

缓冲管理的基本任务是管理好各种类型的缓冲区，如字符缓冲区和字符块缓冲区，以缓和 CPU 和 I/O 速度不匹配的矛盾，最终达到提高 CPU 和 I/O 设备利用率，进而提高系统吞吐量的目的。

对于不同的系统，可以采用不同类型的缓冲区机制。最常见的有单缓冲区机制，能实现双向同时传送数据的双缓冲区机制，以及能供多个设备同时使用的公用缓冲区机制。

2）设备分配

设备分配的基本任务是根据用户的 I/O 请求，为之分配所需的设备。通常，为主机配置的 I/O 设备较多，如果这些设备都直接与 CPU 通信，无疑会加重 CPU 负担。因而常通过增加一级 I/O 通道，代替 CPU 与各设备控制器进行通信，从而实现对它们的控制。图 2.5 为具有通道的 I/O 系统结构。

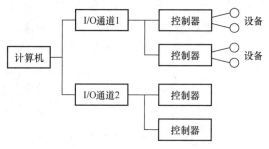

图 2.5　具有通道的 I/O 系统结构

为了实现设备分配，系统中应配置设备控制表、控制器控制表等数据结构，用来记录设备及控制器的标识符和状态。它们还可用来说明该设备是否可用、是否忙碌，以供设备分配时参考。在进行设备分配时，针对不同的设备类型应采用不同的设备分配方式。对于独占设备（临界资源）的分配，还应考虑到该设备被分配出去后，系统是否安全。设备用完后，还应立即加以回收。

3）设备处理

设备处理程序又称为设备驱动程序，其基本任务通常是实现 CPU 和设备控制器之间的通信，即由 CPU 向设备控制器发出 I/O 指令，要求它完成指定的 I/O 操作，并能接收由设备控制器发来的中断请求，给予及时的响应和相应的处理。

处理过程为：设备处理程序首先检查 I/O 请求的合法性，了解设备的状态是否空闲，了解有关传递参数以及设置设备的工作方式；然后向设备控制器发出 I/O 命令，启动 I/O 设备去完成指定的 I/O 操作；最后及时响应由控制器发来的中断请求，并根据该中断请求的类型调用相应的中断处理程序进行处理。对于设置了通道的计算机系统，设备处理程序还应能根据用户的 I/O 请求，自动地构成通道程序。

4）设备独立性和虚拟设备

设备独立性是指应用程序独立于物理设备，以使用户编制的程序与实际使用的物理设备无关。这种独立性不仅能提高用户程序的可适应性，使程序不局限于某具体的物理设备，而且易于实现输入、输出的重定向。

虚拟设备功能可把每次仅允许一个进程使用的物理设备，改造为能同时供多个进程共享的设备，或者说，它能把一个物理设备变换为多个对应的逻辑设备。这样不仅提高了设备的利用率，而且还加速了程序的运行，使每个用户都感觉到自己在独占该设备。

4．文件管理功能

文件管理的主要任务是对用户文件和系统文件进行管理，以方便用户使用，并保证文件的安全性。为此，文件管理应具有对文件存储空间的管理，目录管理，文件的读、写管理和存、取控制等功能。

1）文件存储空间的管理

为了方便用户的使用，对于一些当前需要使用的系统文件和用户文件，都必须存放在可随机存、取的磁盘或其他存储设备上。多用户环境下，若由用户自己对文件的存储进行管理，不仅困难，而且低效。因而，需要由文件系统对诸多文件及文件的存储空间实施统一的管理。其主要任务是为每个文件分配必要的外存空间，提高外存的利用率，并有助于提高文件系统的工作速度。

为了实现对文件存储空间的管理，系统应设置相应的数据结构，用于记录文件存储空间的使用情况，以供分配存储空间时参考；系统还应具有对存储空间进行分配和回收的功能。为了提高存储空间的利用率，对存储空间的分配通常采用离散分配方式，以减少外存零头，并以盘块为基本分配单位。

2）目录管理

为了使用户能方便地在外存上找到所需的文件，通常由系统给每个文件建立一个目录项。目录项包含文件名、文件属性、文件在磁盘上的物理位置等。由若干目录项可构成一个目录文件。目录管理的主要任务是为每个文件建立其目录项，并对众多的目录项加以有效的组织，以实现按名存、取，即用户只需提供文件名，即可对该文件进行存、取。其次，目录管理还应能实现文件共享，这样，只需在外存上保留一份该共享文件的副本。此外，还应能提供快速的目录查询手段，以提高对文件的检索速度。

3）文件的读、写管理和存、取控制

读、写管理是最基本的功能，即根据用户的请求，从外存中读取数据或将数据写入外存。在进行文件读、写时，系统先根据用户给出的文件名检索文件目录，从中获得文件在外存中的位置；然后利用读、写指针，对文件进行读、写；一旦读、写完成，便修改读、写指针，为下一次读、写做好准备。

另外，文件系统中必须提供有效的存、取控制功能，以防止未经核准的用户存、取文件，防止冒名顶替存、取文件，防止以不正确的方式使用文件等非法操作。

5．用户接口

用户接口负责用户与操作系统之间的交互。通过用户接口，用户能向计算机系统提交服务请求，而操作系统通过用户接口提供用户所需的服务。

操作系统面向不同的用户提供了不同的用户接口——人机接口和 API 接口。前者供使用和管理计算机应用程序的人使用，包括普通用户和管理员用户。后者是应用程序接口，供应用程序使用。

通常，为使用和管理计算机应用程序的用户提供的用户接口称为命令控制界面，它由一组以不同形式表现的操作系统命令组成。当然，对普通用户和管理员用户提供的命令集不一样。命令控制界面的常见形式有命令行界面和图形用户界面。API 接口由一组系统调用组成。通过系统调用，程序员可以在程序中获得操作系统的各类底层服务，能使用或访问系统的各种软、硬件资源。

在命令行界面中，用户在终端或控制台上每输入一条命令，系统便立即转入命令解释程序，对该命令进行解释并执行该命令。在完成指定功能后，控制又返回到终端或控制台上，等待用户输入下一条命令。这样，用户通过输入不同的命令，来实现对作业的控制，直到作业完成。图 2.6 是 Windows 操作系统的命令行界面，显示的是命令 ipconfig 及其输出。通常，用户通过命令行与系统交互比通过图形用户界面更高效。但是，通过命令行界面使用操作系统时，必须对系统提供的命令，包括参数、命令格式等都非常了解。

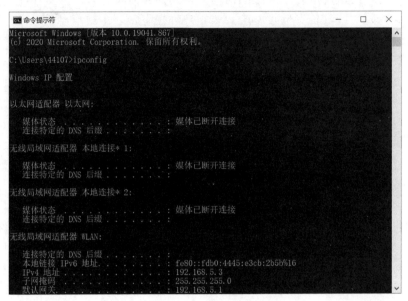

图 2.6　命令行界面

图形用户界面是指采用图形方式显示的操作系统用户接口，如常见的 Windows 系列操作系统的桌面环境。图形用户界面用非常容易识别的各种图标（Icon）将系统的各项功能、各种应用程序和文件直观、逼真地表示出来。图形用户界面主要由桌面、窗口、菜单、对话框、按钮等元素构成，用户可通过鼠标、触摸屏等设备来完成对应用程序和文件的操作。图形用户界面把用户从烦琐而且单调的操作中解放出来，也使计算机成为一种非常有效且生动有趣的工具。

2.2.2　典型操作系统

伴随着计算机硬件系统的迅猛发展，处于计算机软件系统中核心地位的操作系统也呈献出日新月异的变化。操作系统的类型很多，涉及的应用范围很广，如工业用途、商业用途以及个人应用领域等。

1. Windows 操作系统

Windows 操作系统由微软公司开发，版本 1.0 诞生于 1985 年，早期的 Windows 需要 DOS 操作系统来提供系统内核。Windows 操作系统的名称源于基于图形的桌面上的那些矩形工作区，即视窗。每一个工作区窗口用于显示不同的文档或程序，为操作系统的多任务处理能力提供了可视化模型。Windows 操作系统有着友好的用户界面和简单的操作，如图 2.7 所示。

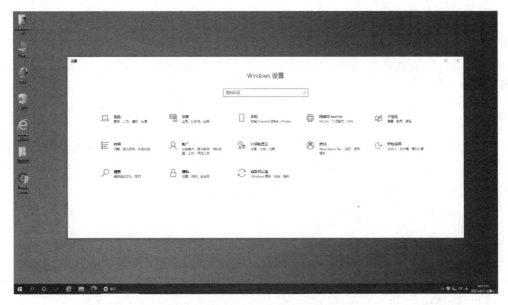

图 2.7　Windows 10 操作系统的桌面

除了个人计算机上的操作系统，微软公司还开发了适合网络服务器的操作系统，如 Windows Server 2003 等。

2. UNIX 和 Linux 操作系统

多用户多任务的含义是允许多个用户通过各自的终端使用同一台主机，共享主机系统中的各类资源，而每个用户程序又可细分为几个任务，使它们并发执行，从而进一步提高资源利用率，增加系统吞吐量。UNIX 就是最流行的多用户多任务操作系统。UNIX 最早的版本于 1969 年由 AT&T 公司下属的贝尔实验室开发推出。五十多年来，UNIX 凭借其在多用户环境下的可靠性获得了良好的声誉，它的众多版本也被大型机、小型机和微型机使用。

Linux 是一个性能稳定的多用户网络操作系统，由芬兰学生 Linus Torvalds 于 1991 年开发推出。Linux 的灵感来自 UNIX 的衍生版 MINIX。但是，Linux 并没有使用 UNIX 的一行代码，而是完全从头构建的操作系统。因此，Linux 不是 UNIX 的衍生版，它是一个全新的操作系统。

从根本上讲，UNIX 和 Linux 最大的区别在于前者是对源代码实行知识产权保护的传统商业软件；而 Linux 是一个开放源代码的产品，任何个人或者公司都可以修改 Linux 内核的源代码，实现或者增强自己想要的功能。比较知名的 Linux 系统有红旗、Debian、Fedora、Oracle Linux 等。

3. Mac OS 和 OS X

苹果电脑公司创立于 1976 年，总部位于美国加利福尼亚州，早期主要开发和销售个人计算机。2007 年更名为苹果公司，公司业务从生产计算机转为以生产数码产品为主。

1984 年 1 月，Apple Macintosh（麦金塔，俗称 Mac 机）发布，该计算机配有全新的、具有革命性的操作系统 Mac OS，Mac OS 是首个在商用领域取得成功的图形用户界面操作系统。Mac 机一经推出，受到热捧。2011 年 7 月推出的第十代 Mac OS 更名为 OS X，与

iOS、tvOS、watchOS 相对应。iOS 是苹果公司开发的移动操作系统，最初为 iPhone 设计，后来陆续套用到 iPod Touch、iPad 上。2020 年 6 月，苹果正式发布了 Mac OS 的下一个版本 Mac OS 11.0，正式称为 Mac OS Big Sur。该版本使用了新的界面设计，增加了 Safari 浏览器的翻译功能等。

Mac OS 的内核也是基于 UNIX 的，系统的稳定性、可靠性高。OS X 向上兼容，可以双启动，包含虚拟机平台。如同苹果的计算机、数码产品一样，OS X 有着精美的交互界面，流畅的操作，用户体验好，这也是苹果公司成功的一个重要因素。OS X 中的应用程序以全屏模式运行，用户通过滑动鼠标就可以在应用程序之间切换，也可以通过窗口查看各种应用，苹果公司的数码产品可通过手指滑动操作。

4．Android

随着移动智能设备的普及和发展，移动软件的开发越来越受到开发者的青睐。在三大移动开发领域（iOS、Android、Windows Phone）中以 Android 发展最为迅猛。Android 一词的本意指"机器人"，是一款基于 Linux 内核的轻量级、功能全面的操作系统，主要应用于移动设备，如智能手机、智能手表、平板电脑、电视、数码相机、游戏机、汽车的行车电脑等。Android 操作系统最初由 Andy Rubin 开发，2005 年 8 月由谷歌公司收购注资。2007 年 11 月，谷歌与多家硬件制造商、软件开发商及电信营运商组建开放手机联盟，共同研发改良 Android 系统。随后谷歌以 Apache 开源许可证的授权方式，发布了 Android 的源代码。

Android 平台的特性之一在于其开放性。首先是 Android 源代码的开放，每一个应用程序可以调用其内部任何核心应用源代码；其次是平台的开放，Android 平台不存在任何阻碍移动产业创新的专有权限制，任何联盟厂商都可以根据自己的需要自行定制基于 Android 操作系统的手机产品；再次是运营的开放，手机使用什么方式接入网络，已不受运营商的控制，用户可以更加方便地连接网络。

Android 平台的特性之二在于其有着丰富的硬件选择。Android 提供给第三方开发商一个宽泛、自由的环境。开放的平台有利于吸引各方移动终端厂商加入 Android 联盟。由于其开放性，众多厂商会推出千奇百怪、功能各具特色的多种产品，同时又不影响相互间的数据同步以及软件的兼容。

此外，谷歌服务，如地图、邮件、搜索等已成为连接用户和互联网的重要纽带，Android 平台恰恰能将移动设备与这些优秀的服务软件无缝接合。

习　　题

一、判断题

1．对于各种程序设计语言，计算机都能直接识别、运行。

2．计算机软件未经授权直接复制的行为有利于软件的推广，值得鼓励。

3．随着芯片研发技术的进步，操作系统的地位逐渐弱化，甚至可能被硬件所取代。

4．物理内存容量有限，可最大程度满足用户使用内存的需要，是操作系统的内存管理功能之一。

5．C、C++和 Java 等编程语言都属于面向对象的程序设计语言。

6．资源共享是现代操作系统的一个基本特征。

7．先来先服务（FCFS）算法是一种简单的调度算法，其特点是效率很高。

二、选择题

1．以下选项中，不属于操作系统的有（　　　）。

  A．UNIX   B．Linux   C．WPS   D．鸿蒙

2．以下选项中，不属于操作系统功能的有（　　　）。

  A．内存管理   B．文件管理   C．设备管理   D．病毒查杀

3．相较其他操作系统，实时操作系统追求的首要目标是（　　　）。

  A．高吞吐率   B．充分利用内存 C．快速响应   D．减少系统开销

4．为了对紧急进程或重要进程进行调度，调度算法应采用（　　　）。

  A．优先数策略   B．先进先出策略

  C．最短作业优先策略   D．定时轮转策略

5．现代操作系统的两个基本特征是（　　　）和资源共享。

  A．多道程序设计   B．程序的并发执行

  C．中断处理   D．实现分时与实时处理

6．在一段时间内，只允许一个进程访问的资源称为（　　　）。

  A．共享资源   B．临界区   C．临界资源   D．共享区

7．一条计算机指令中规定其执行功能的部分称为（　　　）。

  A．源地址码   B．操作码   C．目标地址码   D．数据码

第 2 部分

办公自动化软件

    本部分阐述了 Microsoft Office 2019 办公软件的高级应用技术,并以应用为目标,运用大量的案例,讲解了文字处理、长文档编辑、Excel 数据处理、图表操作、演示文稿设计等。

    本部分提供相关案例视频和考核系统供读者学习和练习。

第3章 文字处理软件

文字处理是指通过文字处理软件进行文字录入、编辑、排版等格式化操作，它是计算机应用的一个重要方面，并且是日常办公中使用最频繁的一种应用，小到证明、通知、合同的制作，大到论文、书籍的撰写。

Microsoft Office Word（简称 Word）是微软公司的一个文字处理软件，在当前办公应用中占有巨大优势。

3.1 Word 文档的编辑

3.1.1 Word 工作界面

Word 启动后，进入工作界面，如图 3.1 所示。Word 工作界面主要由快速访问工具栏、选项卡、功能区、文本编辑区和视图切换按钮等部分组成。

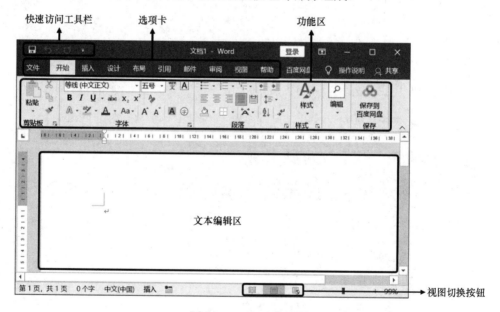

图 3.1 Word 工作界面

1. 快速访问工具栏

默认情况下，快速访问工具栏包含了"保存""撤销""恢复"等命令。用户可以自定义快速访问工具栏来添加或删除命令。单击快速访问工具栏右侧的下拉按钮，在弹出的下拉菜单中选择"其他命令"，在打开的"Word 选项"对话框中，可进行添加或删除命令。

2．选项卡和功能区

Word 工作界面的顶部区域为选项卡，默认情况下有"开始""插入""设计""布局""引用""邮件""审阅""视图""帮助"等。这些选项卡是编辑文档所需的各种命令集合。选择某个选项卡即可展开对应的功能区，每个区包含了不同的命令，如图 3.1 所示，在"开始"选项卡中有"剪贴板""字体""段落""样式"等组。有些组的右下角还有对话框启动器按钮，单击该按钮可打开相应的对话框进行更为详细的设置。

3．文本编辑区

文本编辑区是输入和编辑文本的区域。文本编辑区中有一个不停闪烁的竖线焦点，即文本插入点，用来定位文本输入的起始位置。文本编辑区的上方和左侧有标尺，便于用户掌握文档的整体布局，若标尺没有显示，在"视图"|"显示"组中，勾选"标尺"复选框即可。

4．视图切换按钮

在 Word 工作界面的底部区域是状态栏，显示当前文档的页数、总页数、字数等信息。状态栏右侧是视图切换按钮，可在相应视图模式之间切换。默认的视图为页面视图，它是文档编辑最常用的视图，常用的设置都是在该视图下完成的。

视图切换按钮的右侧是调整文档的显示比例区域，通过单击加、减按钮以及拖曳滑块的位置可调节页面的显示比例，方便用户查看文档。

3.1.2 Word 文档编辑过程

通过 Word 编辑文档的一般步骤为：

（1）启动 Word，创建新文档；

（2）在文档中输入文字内容；

（3）文字输入完成后，进行基本的编辑操作，如修改、删除，设置字体格式、段落格式等；

（4）保存编辑的文档；

（5）为了防止他人随意查看文档，还可为文档设置密码保护。

以下按照 Word 编辑文档的过程来介绍 Word 的基本操作。

1．创建文档

启动 Word 之后，可以创建空白文档，也可以利用模板创建新文档。

1）创建空白文档

空白文档其实也是一种模板，这种模板非常简单，建立之后没有任何内容，以默认的字体、字号和纸张等待用户输入。

单击"文件"|"新建"命令，选择"空白文档"选项，即可创建新文档。

2）利用模板创建新文档

Word 中提供了多种模板类型，如信函、简历、公文等，用户还可以通过关键字搜索，下载联机模板。

利用模板，可以快速地创建出格式专业、外观精美的文档，从而节省排版时间，提高文档处理效率。

与创建空白文档类似，单击"文件"|"新建"命令，在右侧窗口中选择所需的模板，单击"创建"按钮，即可创建一个带有格式和基本结构的文档，用户只需要编辑文档中相应的内容即可创建新文档。

2．输入文本

创建新文档之后，在文档编辑区将会出现一个闪烁的竖线焦点，提示此处为文字输入的起始位置。

输入中文时，应先切换到中文输入法。单击 Windows 任务栏中的"输入法指示器"，进行中文输入法的选择，或者按【Ctrl+Shift】组合键在系统已安装的输入法之间进行切换。

在中文输入法下，如果要输入英文，按【Shift】键在中、英文之间进行切换。

段落输入结束，按回车键，会在当前位置插入"↵"标记，称为硬回车符，它是段落标记，强制换行，开始新的段落。

3．选择文本

对文本进行操作时，首先必须选择待编辑的文本。熟练掌握文本的选择方法，能够提高工作效率。

1）选择任意的文本

用鼠标拖动的方法选择文本是最常用也是最灵活的方法。在要选择文本的起始位置，按住鼠标左键进行拖动，直到要选定部分的末尾，鼠标指针所经过区域的文本变成灰底高亮状态，释放鼠标，即可选定文本。

2）选择一行

将鼠标指针移到该行左侧的空白位置，鼠标指针变成右上箭头时，单击鼠标。

3）选择一段

将鼠标指针移到该段左侧的空白位置，鼠标指针变成右上箭头时，双击鼠标。

此外，在该段任意位置，连续单击鼠标 3 次，也可选定整个段落。

4）选择整篇文档

将鼠标指针移到该段左侧的空白位置，鼠标指针变成右上箭头时，连续单击鼠标 3 次。或按【Ctrl+A】组合键，也可以选择整篇文档。

4．修改文本

可以对输入错误的文本进行修改，修改方法有插入文本、改写文本和删除文本等。

1）插入与改写

修改文本，可以在插入状态或改写状态下进行。默认情况下，Word 处于插入状态，工作界面下方的状态栏中可以看见 插入 状态，将光标定位到文档某一位置修改时，输入新文字内容后，原来该位置上的文字自动向右移动。

在状态栏中单击 插入 状态，切换至 改写 状态。定位到文档某一位置修改时，输入的新文字内容将替换原来该位置开始向右相同数量的文字。

2）删除

选择文本后，按【Delete】键或【Backspace】键均可删除文档中不需要的文本。

【Delete】键和【Backspace】键的区别：在不选择文本的情况下，按【Delete】键删除光标后面的文本，按【Backspace】键删除光标前面的文本。

5．移动与复制文本

编辑文档过程中，经常有将一段文本移动或复制到另一个位置的情形。无论是移动还是复制文本，首先都要选择移动或复制的文本。

1）移动文本

移动文本是指将选择的文本移动到另一个位置，原位置不再保留该文本。操作方法如下。

鼠标拖动法：选择待移动的文本，将鼠标指针置于选择的文本上，按住鼠标左键进行拖动，拖动到目标位置后释放鼠标，完成文本的移动。这种方法适合于小段文本在文档内的移动。

快捷键法：选择待移动的文本，按【Ctrl+X】组合键，选择的文本将剪切到"剪贴板"，定位到目标位置，按【Ctrl+V】组合键，文本将会粘贴到该位置。

按【Ctrl+X】组合键剪切文本后，可以多次按【Ctrl+V】组合键进行粘贴，即一次剪切，多次粘贴。

命令按钮法：选择待移动的文本，单击"开始"|"剪贴板"组中的"剪切" 命令，定位到目标位置，单击"剪贴板"组中的"粘贴"命令，完成移动。

2）复制文本

复制文本与移动文本类似，只是移动文本后，原位置将不再保留该文本，而复制文本后，原位置仍然保留该文本。

鼠标拖动法：选择待复制的文本，将鼠标指针置于选择的文本上，按住【Ctrl】键的同时按住鼠标左键进行拖动，拖动到目标位置后释放鼠标，完成文本的复制。

快捷键法：选择待复制的文本，按【Ctrl+C】组合键，选择的文本将复制到"剪贴板"，定位到目标位置，按【Ctrl+V】组合键，文本将会粘贴到该位置。

与移动文本一样，按【Ctrl+C】组合键复制文本后，可多次按【Ctrl+V】组合键进行粘贴，即一次复制，多次粘贴。

命令按钮法：选择待复制的文本，单击"开始"|"剪贴板"组中的"复制" 命令，定位到目标位置，单击"剪贴板"组中的"粘贴"命令，完成粘贴。

如果移动或复制的文本是具有格式的文本，那么在粘贴时可以通过粘贴选项来选择如何处理粘贴文本的格式。"粘贴"选项主要有"保留源格式""合并格式""只保留文本"等。

当用户粘贴了带有格式的文本之后，会在粘贴位置显示粘贴选项浮动栏 📋(Ctrl)▾，按【Esc】键可退出该选项设置。

6．查找和替换

在文档中，若要快速查找特定内容，或者将特定内容更改为另外内容，逐个查找效率低下，而且会有遗漏，使用 Word 的"查找与替换"功能则可以快速实现。

1）查找

查找可以帮助用户快速找到指定内容及其位置。

选择"开始"|"编辑"组中的"查找"命令或按【Ctrl+F】组合键，将在 Word 工作界面的左侧打开"导航"窗格，如图 3.2 所示。在导航下方的文本框中输入要查找的内容，如输入"Word"后，文档中所有的"Word"将以黄色底纹突出显示，同时在文本框下显示搜索的结果：第 26 个结果，共 149 个结果。

2）替换

替换是指在文档中查找到特定内容，并快速更改为另外的内容。

单击"开始"|"编辑"组中的"替换"命令或按【Ctrl+H】组合键，打开"查找和替换"对话框，如图 3.3 所示。在"查找内容"文本框中输入要查找的内容，如"Word"，在"替换为"文本框中输入要替换的内容，如"字处理"，单击"全部替换"按钮，即可将文档中所有的"Word"文本全部替换为"字处理"，并弹出对话框，提示替换了多少处。

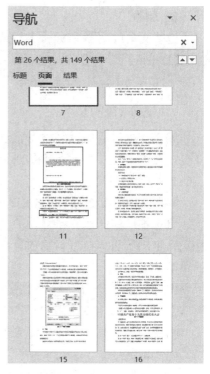

图 3.2　"导航"窗格

图 3.3　"查找和替换"对话框

"查找和替换"功能非常强大，不仅可以查找指定的文本，还可以使用通配符来查找具有某种特征的文本，甚至可以使用一些代码命令来查找。在文档的编辑中，熟练使用查找和替换功能可以快速解决很多问题。

【例题 3-1】图 3.4 的文档中含有多个不同的书名，要求将所有的书名字体设置为黑体，颜色为红色。

由于书名不统一，因此查找的内容不固定，但所有书名都有共同特征，即书名文字都包含在书名号"《》"之间，因此根据书名号这一特征进行查找。

如何表示所有的书名呢？可以使用通配符。通配符有两种："*"和"？"，其中"*"表示任意多个字符，"？"表示任意一个字符。表示这些不同的书名，可写成"《*》"。

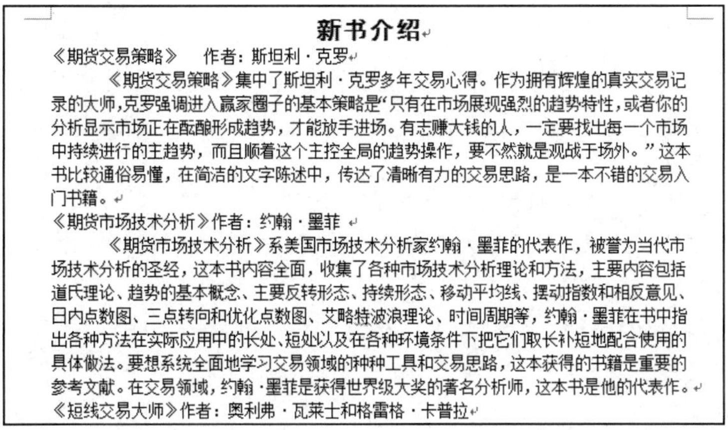

新书介绍

《期货交易策略》　作者：斯坦利·克罗

　　《期货交易策略》集中了斯坦利·克罗多年交易心得。作为拥有辉煌的真实交易记录的大师，克罗强调进入赢家圈子的基本策略是"只有在市场展现强烈的趋势特性，或者你的分析显示市场正在酝酿形成趋势，才能放手进场。有志赚大钱的人，一定要找出每一个市场中持续进行的主趋势，而且顺着这个主控全局的趋势操作，要不然就是观战于场外。"这本书比较通俗易懂，在简洁的文字陈述中，传达了清晰有力的交易思路，是一本不错的交易入门书籍。

《期货市场技术分析》作者：约翰·墨菲

　　《期货市场技术分析》系美国市场技术分析家约翰·墨菲的代表作，被誉为当代市场技术分析的圣经，这本书内容全面，收集了各种市场技术分析理论和方法，主要内容包括道氏理论、趋势的基本概念、主要反转形态、持续形态、移动平均线、摆动指数和相反意见、日内点数图、三点转向和优化点数图、艾略特波浪理论、时间周期等，约翰·墨菲在书中指出各种方法在实际应用中的长处、短处以及在各种环境条件下把它们取长补短地配合使用的具体做法。要想系统全面地学习交易领域的种种工具和交易思路，这本获得的书籍是重要的参考文献。在交易领域，约翰·墨菲是获得世界级大奖的著名分析师，这本书是他的代表作。

《短线交易大师》作者：奥利弗·瓦莱士和格雷格·卡普拉

图 3.4　文档截图

【操作要点】

①　按【Ctrl+H】组合键，打开"查找和替换"对话框，在"查找内容"文本框中输入"《*》"。

②　由于只改变书名文字的格式，文字本身并不改变，因此将光标定位在"替换为"文本框中，不输入任何内容，只需设置其格式即可。单击"更多"按钮，展开"查找和替换"对话框，单击"格式"按钮，选择"字体"，打开"替换字体"对话框，中文字体设置为"黑体"，字体颜色设置为"红色"，单击"确定"按钮，返回到"查找和替换"对话框。

③　由于使用了通配符"*"，因此必须勾选"使用通配符"复选框，如图 3.5 所示，单击"全部替换"按钮，完成所有书名的格式设置。

图 3.5　"查找和替换"设置

7．保存文档

在编辑文档的过程中，需要经常对文档进行保存，避免因意外情况导致编辑的文档内容丢失。

保存方法如下：

（1）单击"快速访问"工具栏上的"保存"按钮。

（2）单击"文件"|"保存/另存为"命令。

（3）按【Ctrl+S】组合键。

第 1 次保存新建的文档，会打开"另存为"对话框，需要在该对话框中选择保存的位置，输入相应的文件名。

8．保护文档

1）文档加密

若防止他人随意查看文档内容，可以对文档进行加密来保护文档。保护文档的操作过程如下：

① 选择"文件"|"信息"中的"保护文档"命令，在弹出的下拉菜单中选择"用密码进行加密"命令，打开"加密文档"对话框。

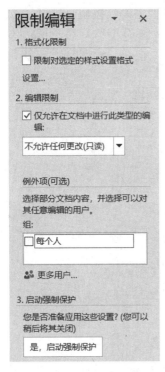

图 3.6 "限制编辑"窗格

② 在"加密文档"对话框中输入保护密码，单击"确定"按钮，显示"确认密码"对话框，再次输入刚刚设置的密码进行确认。

③ 返回到 Word 编辑界面，单击快速访问工具栏上的"保存"按钮▣，保存上述设置，关闭文档后重新打开文档，将显示"密码"对话框，只有输入正确的密码，才能打开该文档。

要删除文档的保护密码，选择"文件"|"信息"中的"保护文档"命令，在弹出的下拉菜单中选择"用密码进行加密"命令，在打开的"加密文档"对话框中，直接删除密码即可。

2）限制编辑

通过保护文档还可以限制他人对文档进行编辑。选择"文件"|"信息"中的"保护文档"命令，在弹出的下拉菜单中选择"限制编辑"命令，打开"限制编辑"窗格，如图 3.6 所示。若要进行格式化限制，则勾选"限制对选定的样式设置格式"复选框；若要进行编辑限制，则勾选"仅允许在文档中进行此类型的编辑"复选框，在其下方的列表框中选择"不允许任何更改（只读）"选项，然后单击"是，启动强制保护"按钮，在打开的"启用强制保护"对话框中选择保护方法，设置用户密码或用户验证，最后单击"确定"按钮，完成限制编辑。

3.2 格式

文档的文字输入完成后，需要对文字、段落和页面进行格式设置，使得文档格式规范、重点突出、结构清晰和页面美观，便于阅读。

3.2.1 字体格式

字体格式主要包括字体类型、字号大小、字体外形和字体颜色等。通过字体格式的设置，可以使文字重点突出，展示清晰。

字体格式设置，一般是在"开始"|"字体"组中进行的；或单击"字体"组右下角的对话框启动器按钮，打开"字体"对话框，如图 3.7 所示，在该对话框中对字体进行详细的格式设置（注意：截图中"下划线"正确写法应为"下画线"）。

图 3.7 "字体"对话框

1．字体

字体是文字的外在形式特征，也是文字的风格。Word 中默认的中文字体是宋体，它是一种常见的印刷字体，绝大多数书籍的字体都采用的是宋体；默认的英文字体是"Times New Roman"。

设置字体的方法：选择待设置字体的文本，在"字体"组中，单击"字体"右侧的下拉按钮，从列表中选择所需的字体。

2．字号

字号是指文字的大小。设置字号的方法：选择待设置字号的文本，在"字体"组中，单击"字号"右侧的下拉按钮，在列表中选择所需的字号。

Word 中，字号的大小有两种表达方式：一种是几号字，从大到小依次为初号、小初、一号、小一、二号、小二、三号、小三、四号、小四、五号、小五、六号、小六、七号、八号；另一种是字号的磅数，可以在"字号"列表中选择，也可以在字号框中输入具体的数字，按回车键确定，磅数越大，字号就越大。也可单击"增大字号"按钮 $A^\blacktriangle$ 和"减小字号"按钮 $A^\blacktriangledown$，进行字号的快速调整。

3．字形

字形是指文字的外形，Word 中的字形有粗体、斜体、下画线、删除线等。

设置字形的方法：选择待设置字形的文本，在"字体"组中单击相应的字形按钮，其中 B 表示粗体、I 表示斜体、U 表示下画线、~~abc~~表示删除线、X_2 表示下标，X^2 表示上标。单击 U 右侧的下拉按钮，可以选择下画线的线型和设置下画线的颜色。

字形的这些按钮都是开关式的，即单击一下，按钮选中，选择的文本具有该字形效果，再次单击一下，选择取消，选择的文本字形效果取消。

4．字体颜色

在"字体"组中，单击"字体颜色"右侧的下拉按钮 A，弹出"调色板"，选择所需的颜色。

字体颜色可以是纯色，也可以是多种颜色的渐变效果。

5．文本效果

在"字体"组中，单击"文本效果和版式"右侧的下拉按钮 A▾ ，可以对选择的文本设置艺术字和艺术效果，如阴影、发光、映像等。

图 3.8 "段落"对话框

此外，在"字体"组中，还可以设置一些其他常用格式，如以不同颜色突出显示文本，给文字添加拼音，更改英文的大小写等。

3.2.2 段落格式

段落是指以"段落标记" ↵ 为结束特征的一段文本，其中"段落标记"为不可打印字符。

Word 文档通过设置合理的段落格式，可以使文档层次分明，结构清晰，便于阅读。

段落格式的设置是对整个段落有效的，如果只设置一个段落的格式，则将光标定位在该段的任意位置；如果要设置多个段落的格式，则需要选择这些段落。

段落格式设置的主要操作是对齐、缩进、行距与段间距等。设置段落格式，可以在"开始"|"段落"组中进行；或单击"段落"组右下角的对话框启动器按钮 ⬓，打开"段落"对话框，如图 3.8 所示，在该对话框中对段落进行设置。

1．对齐

段落的对齐方式主要有 5 种："左对齐""居中""右对齐""两端对齐""分散对齐"，分别对应"段落"组中的对齐按钮 ▤ ▤ ▤ ▤ ▤ 。

"两端对齐"使段落两边同时与页面的左边距和右边距对齐，在英文排版时使用较多，由于要迁就英文单词在一行要保持整体性，"左对齐"常常会造成页面右边无法对齐的情况，如图 3.9 所示，采用"两端对齐"则可以让整段文字两侧具有整齐的边缘，如图 3.10 所示。

2．缩进

段落缩进是指段落左、右两边的文字与页边距之间的距离，包括左缩进、右缩进、首行缩进和悬挂缩进。

首行缩进是指段落第 1 行缩进，在中文排版习惯中一般段落首行缩进两个字符。

悬挂缩进是指段落的首行起始位置不变，其余各行都缩进一定的距离。

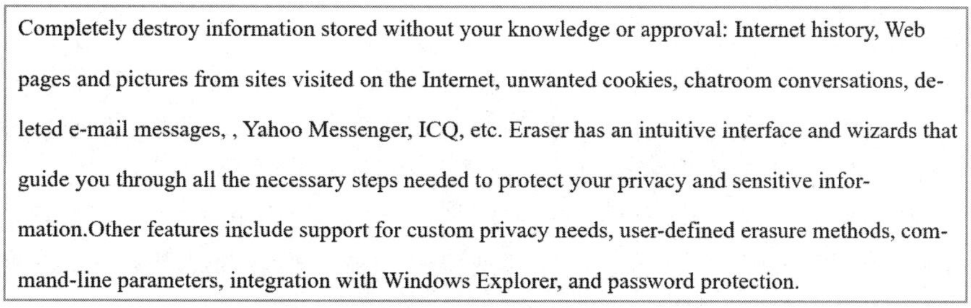

Completely destroy information stored without your knowledge or approval: Internet history, Web pages and pictures from sites visited on the Internet, unwanted cookies, chatroom conversations, deleted e-mail messages, , Yahoo Messenger, ICQ, etc. Eraser has an intuitive interface and wizards that guide you through all the necessary steps needed to protect your privacy and sensitive information.Other features include support for custom privacy needs, user-defined erasure methods, command-line parameters, integration with Windows Explorer, and password protection.

图 3.9　段落左对齐效果

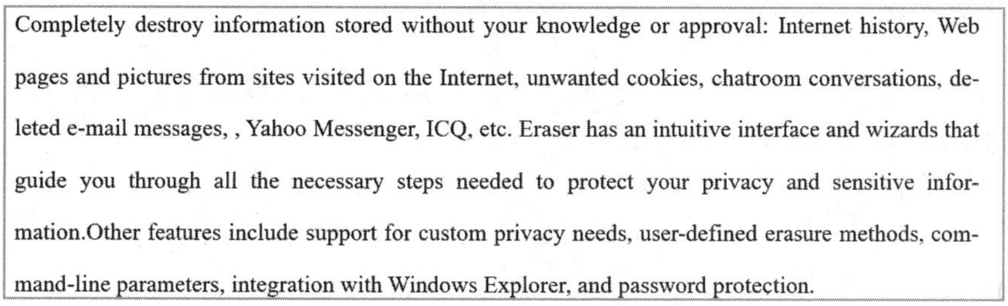

Completely destroy information stored without your knowledge or approval: Internet history, Web pages and pictures from sites visited on the Internet, unwanted cookies, chatroom conversations, deleted e-mail messages, , Yahoo Messenger, ICQ, etc. Eraser has an intuitive interface and wizards that guide you through all the necessary steps needed to protect your privacy and sensitive information.Other features include support for custom privacy needs, user-defined erasure methods, command-line parameters, integration with Windows Explorer, and password protection.

图 3.10　段落两端对齐效果

　　为了精确设置各种缩进量的值，可在"段落"对话框的"缩进和间距"选项卡中设置，如图 3.8 所示，在"特殊"下拉列表中，可以选择首行缩进、悬挂缩进以及段落无缩进等方式。

3．行距和段落间距

　　行距是指段落内各行文字之间的距离，默认的行距是单倍行距。

　　段落间距是指相邻两段之间的距离，包括段前和段后的距离，在文档中，段落间距应略大于行距，使段落之间有间隔，展示清晰。

　　如图 3.8 所示，在"段落"对话框中，可以设置段落的行距以及段前、段后间距。也可以单击"行和段落间距"按钮，进行行距和段落间距的快速设置。

　　此外，在"段落"对话框中，切换到"换行和分页"选项卡，还可以对孤行、分页、行号、断字等细节进行设置，在"中文版式"选项卡中，可以对中文文稿的特殊版式进行设置，如按中文习惯控制首尾字符、允许标点溢出边界等。

4．项目符号和编号

　　项目符号和编号是指放在段落前的符号或数字编号，具有引导的作用。合理使用项目符号和编号可以使文档的条理更加清晰。

　　选择"段落"组中"项目符号"右侧的下拉按钮，展开"项目符号库"列表，从中选择需要的符号，也可以更改符号的类型，在"项目符号库"列表中，单击"定义新项目符号"命令，打开"定义新项目符号"对话框，选择符号类型。

　　设置编号的方法与设置项目符号类似，选择"段落"组中"编号"右侧下拉按钮，在展开的"编号库"列表中选择。

5．格式刷

　　格式刷是 Office 提供的一个工具，能够将指定的段落格式或文本格式快速复制到其他段落或文本上，提高排版效率。

操作方法：选择已经设置格式的段落或文本，单击"开始"|"剪贴板"组中的"格式刷"命令，将光标移至文档正文上时，光标呈现刷子的形状；按住鼠标选择目标段落或文本，释放鼠标，目标段落或文字就会复制原位置处的段落或文本格式。

格式复制完成后，鼠标指针恢复成默认的指针状态，不能再次进行格式复制，即单击格式刷命令只能复制一次格式；若要连续多次格式复制，双击格式刷命令，一直保持在格式刷状态，格式全部复制完成后，按【Esc】键退出格式刷状态。

3.2.3 页面格式

页面格式主要包括对页边距、纸张大小、纸张方向、版式和文档网格等进行设置。Word 页面由不同区域组成，如图 3.11 所示。

页面格式的设置一般都在"布局"|"页面设置"组中进行，或单击"页面设置"组右下角的对话框启动器按钮，打开"页面设置"对话框，如图 3.12 所示，在该对话框中可以对页边距、纸张、布局和文档网格进行设置。

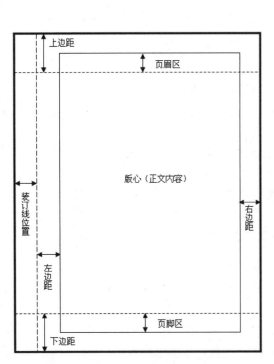

图 3.11 页面组成

图 3.12 "页面设置"对话框

1. 版心设置

版心是指页面中除上、下、左、右页边距后正文内容所在的区域，如图 3.11 所示。版心大小是通过页边距的设置来确定的，在"页面设置"对话框的"页边距"选项卡中，如图 3.12 所示，可以设置上、下、左、右页边距，装订线位置和纸张方向等。

2．纸张

新建的 Word 文档，默认为 A4 纸张类型，方向为纵向。

在"页面设置"对话框的"纸张"选项卡中，可以为文档设置所需的纸张类型；在"宽度"和"高度"文本框中输入相应数值，单击"确定"按钮即可。还可自定义页面的纸张大小。

在设置纸张大小的时候，经常会遇到"A4""B5""16 开"等型号，这些都是纸张的规格。纸张的规格是指纸张制成后，经过修整切边，裁成一定的规格尺寸。我国采用 K（开）型来表示纸张的大小，如 16 开或 32 开等。国际标准是规定以 A0、A1、A2、B1、B2 等标记来表示纸张的幅面规格。把用于复印和打印的纸张按面积分成 A 规格和 B 规格，A 规格的纸张中 A0 最大，幅面面积为 $1m^2$，尺寸为 841mm×1189mm，B 规格的纸张中 B0 最大，幅面面积为 $1.4m^2$，尺寸为 1000mm×1414mm。若将 A0 纸张沿长度方向对开，便成为 A1 规格，将 A1 纸张沿长度方向对开，便成为 A2 规格，如此对开至 A8 规格；B0 纸张亦按此法对开至 B8 规格。K 型纸张的命名略有不同，它是把一张大小为 1K 的纸，幅面面积为 787mm×1092mm，沿长度方向对开，每一张就是 2K，把 2K 纸沿长度方向对开，就是 4K，直至 32K，K 型纸没有 3K、5K、6K 等之说。

鉴于国内外不同的标准，Word 在纸型设置时提供了不同标准的纸型选择，如 B5 就分为 ISO 标准（国际标准）和 JIS 标准（日本工业标准），在使用时应根据实际需要选择。

3．布局

在"页面设置"对话框的"布局"选项卡中，可以设置页眉和页脚区域距边界的位置、页面垂直对齐方式，以及给文档的段落添加行号和设置页面边框等，如图 3.13 所示。

在"页眉"或"页脚"文本框中输入的值是页眉或页脚距边界的尺寸。注意，不是页眉或页脚本身的尺寸。

勾选"奇偶页不同"复选框，可以对文档的奇数页和偶数页设置不同的页眉和页脚。如专业书籍的正面和反面页眉文字描述不同，页脚的位置也不同，就是通过该选项来控制的。

在文档编辑时，如文档的第 1 页是封面页，其后的内容才是正文页，在给正文页添加页眉或页脚后，作为第 1 页的封面也会显示页眉或页脚，这是不希望看到的，因此可以勾选"首页不同"复选框，使得第 1 页无页眉和页脚。

"垂直对齐方式"用于设置文本在页面垂直方向上的对齐方式，包括 4 种对齐方式：顶端对齐、居中、两端对齐和底端对齐，注意"段落"组中的对齐命令是用来设置段落在页面水平方向上的对齐方式。

图 3.13　"布局"选项卡

4. 文档网格

"页面设置"对话框中的"文档网格"选项卡用来设置页面的行数和字符数，如图 3.14 所示。

图 3.14 "文档网格"选项卡

在该选项卡中可以设置文字排列的方向、栏数以及页面的行数和每行的字符数，注意在设置行数和字符数时，必须先设置字符的大小，再设置行数和字符数，否则文本内容会超出页面版心。

单击"绘图网格"按钮，可以设置页面网格线的大小。网格线是一系列纵横交错的线条组合，用来辅助对齐文档中的对象，就像日常绘图时使用坐标纸上的网格一样。每个网格的大小可以根据需要进行调整。

在进行图形、图片移动操作时，移动一次的距离是以绘图网格的一格为单位的，移到某个位置，被移动的图形、图片会对齐到网格上显示出来。因此，网格的间距越大，移动的距离就越大，反之，网格的间距越小，则移动的距离也就越小。若要进行微量移动，则应该将网格的间距调到最小。

绘制形状也与网格大小紧密相关，如绘制一条直线，直线的长度是网格间距的整数倍，起点和终点都会对齐到网格。

总之，在编辑文档之前应先设置文档的页面，养成良好的编辑习惯，若先编排文档，再进行页面格式设置，则可能会导致文档结构混乱，事倍功半。

3.2.4 分页和分节

编写文档时通常需要将新的章节另起一页，不建议采用不断按回车键强制换行的方法将内容调整到新页面上，因为对文档进行增、删、修改时，由于这些空段的存在，会造成文档结构的混乱。正确的分页方法应采用分页与分节命令。

1. 分页

分页符是 Word 中的一种特殊符号，在该符号位置处将强制开始下一页。若要在某个特定的位置强制分页，则可以手动插入分页符。如撰写毕业论文时，在每个章节名称前插入分页符后，不论前面章节的内容如何变化，都可以确保后续章节内容总是从新页开始。

将光标定位在待分页的位置，选择"布局"|"页面设置"组中的"分隔符"命令，在展开的列表中选择"分页符"命令，即可实现将光标后的内容另起到新页；或按【Ctrl+Enter】组合键，进行强制分页。

2．分节

节（Section）是用来设置一个独立的排版单元或区域，Word 是以节为单位来设置页面格式的。新建文档时，Word 将整个文档的所有页默认为一个节。

节是页面排版中最小的有效单位，为了使页面排版多样化，可以将文档分割成任意数量的节，用户根据需要为每一个节设置不同的外观格式。

文档编辑过程中，对同一个文档不同页面的纸张、页边距、方向、页面垂直对齐方式、页眉页脚等进行不同的设置时，就需要分节。尤其在长文档的排版中，经常对文档的章节进行分节，从而使得文档不同的章节具有不同的页眉或页脚。

1）插入分节符

将光标定位在需要分节的位置，选择"布局" | "页面设置"组中的"分隔符"命令，在展开的列表中选择所需的"分节符"命令，光标所在的位置会插入一个分节符，其后面的内容显示在新节中。在"页面视图"中，分节符标记并不直接显示，单击"开始" | "段落"组中的"显示/隐藏编辑标记"命令 ↵，可以看到分节符标记，如图 3.15 所示。

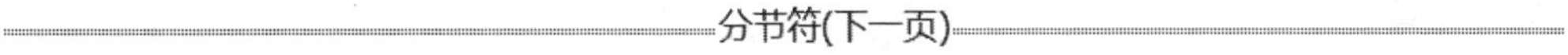

---分节符(下一页)--

图 3.15　分节符标记

2）分节符类型

Word 中有 4 种分节符类型，其作用如表 3-1 所示。

表 3-1　分节符的类型与作用

类　　型	作　　用
下一页	光标当前位置之后的全部内容作为新的一节，移到下一页中。此时同时完成了分页和分节
连续	在光标当前位置插入分节符，只是分节，并不分页。分栏采用的就是连续分节符
奇数页	新节从下一个奇数页开始，同时完成了分节和分页。光标当前位置之后的内容将转移到下一个奇数页上。例如，将文档第 3 页上的内容进行奇数页分节，新节的内容显示在第 5 页上，文档第 4 页为空白页。有些书稿要求每一章总是显示在奇数页，就可以使用该分节符
偶数页	与"奇数页"类似，只是新节从下一个偶数页开始。例如，在文档的第 2 页上进行偶数页分节，新节的内容将显示在第 4 页上，第 3 页为空白页

3）删除分节符

若分节符标记没有显示，则单击"显示/隐藏编辑标记"命令，将其显示，然后选择需要删除的分节符，按【Delete】键删除。注意，在删除分节符时，其前面的文字将合并到后面的节中，并采用后者的格式设置。

【例题 3-2】新建空白文档，由 3 页组成，要求如下：

（1）第 1 页第 1 行内容为"中国"，样式为"标题 1"，页面垂直对齐方式为"居中"，页面方向为"纵向"，纸张大小为"16 开"。

（2）第 2 页第 1 行内容为"美国"，样式为"标题 2"，页面垂直对齐方式为"顶端对齐"，页面方向为"横向"，纸张大小为"A4"，并对该页面添加行号，起始编号为"1"。

（3）第 3 页第 1 行内容为"日本"，样式为"正文"，页面垂直对齐方式为"底端对齐"，页面方向为"纵向"、纸张大小为"B5"。

由于这 3 页的纸张大小、方向和页面垂直对齐方式都不一样，因此需要通过分节来分页。

【操作要点】

① 新建空白文档，输入文字"中国"，单击"开始"|"样式"组中的"标题 1"，将其设置为"标题 1"样式；默认的页面为"纵向"，无须设置；双击水平标尺的灰色区域，打开"页面设置"对话框，在"纸张"选项卡中，设置为"16 开"；切换到"布局"选项卡，在页面垂直对齐方式下拉列表中选择"居中"。

② 光标定位在"中国"后，单击"布局"|"页面设置"组中的"分隔符"命令，选择"分节符"中的"下一页"，光标将移至新节所在的第 2 页，并将原光标位置处的样式带入新节，输入文字"美国"，在"样式"组中，选择"标题 2"样式；在"页面设置"对话框的"纸张"选项卡中，设置纸张大小为"A4"，纸张方向为"横向"；在"布局"选项卡中，设置页面垂直对齐方式为"顶端对齐"，单击"行号"按钮，添加行号。

③ 通过分节插入第 3 页，输入文字"日本"，设置相应的页面格式。

3.2.5 分栏

分栏是排版中常见的一项设置，使页面呈现不再单一。

选择待分栏的段落文字，单击"布局"|"页面设置"组中的"栏"命令，在弹出的列表中选择需要的栏数即可，若对分栏进行细节设置，则在列表中单击"更多栏"命令，打开"栏"对话框，如图 3.16 所示，在对话框中进行详细设置。

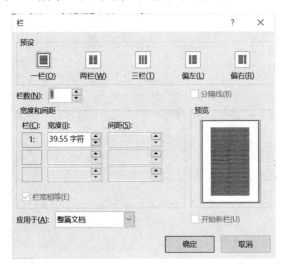

图 3.16 "栏"对话框

3.3 插入对象

Word 文档中除了可以输入文本内容，还可以插入其他对象，如图片、图标、形状、表格、图表和公式等。这些对象的插入，极大地丰富了 Word 文档的内容，使得文档更加丰富和多样化。

选择"插入"选项卡,可以插入各种对象,如图 3.17 所示。

图 3.17　"插入"选项卡

3.3.1　表格

表格是文档处理中不可缺少的对象,它形式简单、表达直观,尤其适合数据展示,使数据条理清晰,简洁明了。

1. 插入表格

在 Word 中,插入表格的方式有多种。

1)使用即时预览插入表格

通过"即时预览"插入表格的方法是最简单也是最直观的一种方式。

将光标定位在插入点,选择"插入"|"表格"组中的"表格"命令,在即时预览区域中,按住鼠标左键进行拖动,列表上方显示插入表格的列数和行数,如图 3.18 所示,"3×4 表格"表示 3 列 4 行。移动鼠标确定行数和列数时,用户同时可以在文档中预览表格的变化。

插入表格后,Word 功能区中将自动打开"表格工具"|"设计"上下文选项卡,用户可以通过该上下文选项卡对表格进行格式和属性的设置。

2)使用"插入表格"命令

将光标定位在插入点,单击"插入"|"表格"组中的"表格"命令,在弹出的下拉列表中选择"插入表格"命令,打开"插入表格"对话框,如图 3.19 所示,在对话框中输入表格的行数和列数。

图 3.18　即时预览

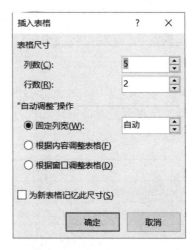

图 3.19　"插入表格"对话框

在"自动调整"操作中,还可以根据实际情况选择"固定列宽"、"根据内容调整表格"或"根据窗口调整表格"单选按钮来调整表格的宽度。

3）文本转换成表格

Word 中还可以把文本直接转换成表格。将文本转换成表格前需要在文本中设置相应的分隔符，分隔符可以是段落标记、逗号、空格、制表符或其他自定义的字符。

例如，以制表符为分隔符，将文本转换成表格的操作如下。

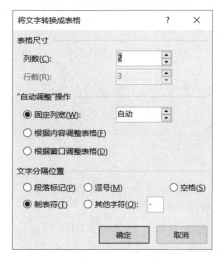

图 3.20 "将文字转换成表格"对话框

输入文本时，在分隔位置按【Tab】键，插入制表符；在换行的位置按回车键，如输入以下文本内容：

姓名：→阿尔伯特·爱因斯坦↵
生日：→公元 1879 年 3 月 14 日↵
职业：→思想家、哲学家、科学家↵

选择文本，单击"表格"组中的"表格"命令，在下拉列表中选择"文本转换成表格"命令，打开"将文字转换成表格"对话框，如图 3.20 所示，Word会自动识别出分隔符以及表格的行数和列数，上述文字将转换成 3 行 2 列的表格，单击"确定"按钮，文本就可转换成表格。

4）使用表格模板

表格模板是系统已设计好的固定格式表格，插入表格模板后，只需将模板中的内容进行修改即可。

将光标定位在插入点处，单击"表格"组中的"表格"命令，在下拉列表中选择"快速表格"命令，从中选择需要的内置模板样式，然后在插入的表格中修改数据。

2．套用表格样式

样式是字体、颜色、边框和底纹等格式的组合。Word 中内置了 98 种表格样式，应用这些样式可以对表格中的字体、边框和底纹等进行快速格式设置。

套用表格样式，方法如下：

将光标置于表格内，在"表格工具"|"设计"上下文选项卡中，单击"表格样式"组右侧的"其他"按钮 ▾，在弹出的下拉列表中选择所需的表格样式。

3．选择

在表格不同范围的选择中，主要涉及整张表格、行、列和单元格的选择。根据选择范围的不同，选择方法也有差异，具体选择方法如表 3-2 所示。

表 3-2　表格的选择

选 择 范 围	操 作 方 法
整张表格	鼠标指针停留在表格上，表格左上角出现表格移动图柄 ✛，单击表格移动图柄即可选定整张表格
一行或多行	鼠标指针移到表格最左侧，指针呈 ⟋ 形状，单击相应行的左侧
一列或多列	鼠标指针移到表格最顶部，指针呈 ↓ 形状，单击相应列的顶部边框
一个单元格	鼠标指针移至单元格左侧，指针呈 ➚ 形状，单击该单元格左边缘

4．边框和底纹

对表格的边框进行一些个性化设置，可在"表格工具"|"设计"上下文选项卡"边框"组中进行，通过"边框""笔样式""笔颜色"等命令可以对表格的边框设置合适的线型、线宽和颜色等。

设置底纹的方法与设置边框的方法类似，选择需要设置底纹的单元格或表格，单击"表格样式"组中的"底纹"命令，在展开的调色板中选择需要的颜色。

5．行、列的插入与删除

行、列的插入：将光标置于需要插入行、列的位置，右击鼠标，在弹出的快捷菜单中选择"插入"命令，在展开的子菜单中选择插入行、列的相关命令。

行、列的删除：将光标置于需要删除行、列的位置，右击鼠标，在弹出的快捷菜单中选择"删除单元格"命令，打开"删除单元格"对话框，选择"删除整行"或"删除整列"命令。

6．单元格的合并与拆分

合并单元格是指将多个邻近的单元格合并为一个单元格，用于制作不规则表格。选择要合并的多个单元格，右击鼠标，在弹出的快捷菜单中选择"合并单元格"命令，即将选择的多个单元格合并成为一个单元格。

与合并单元格相反，拆分单元格是将一个单元格拆分成多个单元格。选择要拆分的单元格，右击鼠标，在弹出的快捷菜单中选择"拆分单元格"命令，打开"拆分单元格"对话框，输入拆分后的列数和行数即可。

7．单元格大小的调整

选择需要调整大小的单元格，在"表格工具"|"布局"上下文选项卡的"单元格大小"组中，输入"高度"和"宽度"值，精确设置单元格的行高和列宽。

在"单元格大小"组中，单击"自动调整"命令，在下拉列表中选择相应的命令，自动调整表格的行高与列宽；若单击"分布行"命令，则可使选中的行或单元格行高相等；若单击"分布列"命令，则可使选中的列或单元格列宽相等。

8．对齐方式

在"表格工具"|"布局"上下文选项卡的"对齐方式"组中，可以根据需要设置单元格中内容的对齐方式。

9．标题行跨页重复

当表格跨越多页显示时，如果希望每一页都能够有标题行，则可通过设置"重复标题行"来实现。将光标定位在标题行单元格，在"表格工具"|"布局"上下文选项卡的"数据"组中，单击"重复标题行"命令，即可实现表格跨页时每页自动加上标题行。

10．表格公式

Word 中的表格还可以对数据进行计算和排序。

1）计算

【例题 3-3】如表 3-3 所示，计算每个学生的总分。

表 3-3 学生成绩表

学　　号	姓　　名	语　　文	数　　学	英　　语	总　　分
20210001	张三	78	99	91	
20210002	李四	89	74	90	
20210003	王五	82	86	88	

【操作要点】

① 将光标定位在"总分"列下方的单元格，在"表格工具"|"布局"上下文选项卡的"数据"组中，单击"公式"按钮，打开"公式"对话框，如图 3.21 所示，其中 SUM 是求和函数，括号里面的参数"LEFT"表示光标所在单元格左侧同一行上所有的数据，单击"确定"按钮，即可计算出总分。

② 将第 1 个计算的总分复制到其他 2 个单元格中，选择这 2 个单元格，按【F9】键更新，系统自动计算其他行的总分值，如图 3.22 所示。

学号	姓名	语文	数学	英语	总分
20210001	张三	78	99	91	268
20210002	李四	89	74	90	253
20210003	王五	82	86	88	256

图 3.21 "公式"对话框　　　　　　图 3.22 公式计算的结果

在实际计算过程中，计算的方法和范围可能发生变化，应根据具体情况修改函数名和函数参数。如图 3.21 所示，公式可以在公式下的文本框中自行输入，也可以在"粘贴函数"下拉列表中选择。函数名称前的"="不能省略，还可以在"编号格式"下拉列表中选择计算结果的显示格式，如设置小数位数等。

常用的函数有：SUM()求和函数、AVERAGE()求平均值函数、MAX()求最大值函数、MIN()求最小值函数、COUNT()计数函数。

常用的参数有：ABOVE 上面所有数字单元格、LEFT 左侧所有数字单元格、RIGHT 右侧所有数字单元格。

单元格地址表示：A1 表示第 1 行第 1 列单元格，其中字母表示列序号，数字表示行序号，如"A1:B3"是指 A1 到 B3 连续的单元格区域。

2）排序

为了方便查看表格中的数据，Word 还提供了表格数据的排序功能。排序是指以关键字为依据，将原本无序的记录序列调整为有序的记录序列的过程。

【例题 3-4】在例题 3-3 基础上，对学生成绩表按"总分"从高到低排序，当总分相同时，按"学号"升序排序。

【操作要点】

① 将光标定位在表格中的任意一个单元格内，在"表格工具"|"布局"上下文选项卡的"数据"组中，单击"排序"命令，打开"排序"对话框，如图 3.23 所示。

② 在"排序"对话框中选择关键字、排序类型和排序方式，如图 3.23 所示。

图 3.23 "排序"对话框

3.3.2 图表

图表用于表达各种数据之间的关系，能使复杂和抽象的问题变得直观、清晰。Word 提供了多种类型的图表，如柱形图、折线图、饼图等，能够为 Word 中的表格生成图表。

在例题 3-4 基础上，对学生成绩表建立一个簇状柱形图，展示每个学生每门课的成绩。操作步骤如下：

① 将光标定位在文档中，选择"插入"|"插图"组中的"图表"命令，打开"插入图表"对话框。

② 在该对话框左侧选择图表类型"柱形图"，右侧选择"簇状柱形图"，单击"确定"按钮，生成默认图表，并打开 Excel 窗口，如图 3.24 所示。

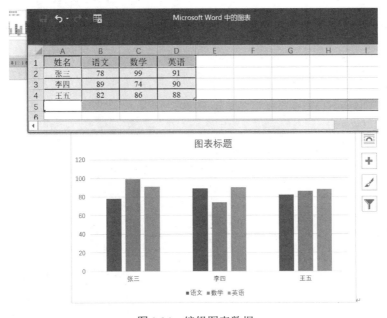

图 3.24 编辑图表数据

③ 复制学生成绩表中从"姓名"列到"英语"列的所有内容，切换到 Excel 中，在 A1 单元格中执行粘贴命令，并删除 Excel 中第 5 行多余的数据，Word 中同步显示图表结果，如图 3.24 所示。最后关闭 Excel 窗口。

3.3.3 图文混排

除了文字、表格等对象，图形也是 Word 文档中的常用对象。合理的插入图形，能使文档更加美观，条理更加清晰。

1. 形状、图片和艺术字的插入

1）插入形状

选择"插入"|"插图"组中的"形状"命令，打开形状列表，选择列表中的形状，在文档中按住鼠标左键拖动鼠标至合适的位置，释放鼠标，即完成对形状的绘制。形状绘制完成后，选项卡上出现"绘图工具"|"格式"上下文选项卡，可以对形状进行各种格式的设置。

2）插入图片

插入图片的方法与插入形状类似，将光标定位在插入点，单击"插图"组中的"图片"命令，选择"此设备"，打开"插入图片"对话框，从计算机上选择目标图片文件，单击"插入"按钮即可。图片插入后，选项卡出现"图片工具"|"格式"上下文选项卡，可以对图片进行各种格式的设置。

3）插入艺术字

艺术字是经过加工的汉字变形字体，是对字体的艺术创新，具有装饰性。

选择"插入"|"文本"组中的"艺术字"命令，打开艺术字样式列表，选择所需的样式，在文本编辑区显示"请在此放置您的艺术字"提示符，在提示框中直接输入文字。

2. 图文混排

文字环绕方式是图形和周边文本之间位置关系的描述，常用的有嵌入型、紧密型环绕、四周型环绕、衬于文字下方等。选择不同环绕方式将显示不同的图文混排效果，各种环绕方式含义如表 3-4 所示。

表 3-4　环绕方式含义

环 绕 方 式	图文混排效果
嵌入型	图形插入文字层，因为图形比文字大，造成图形所在行的行距较大
四周型环绕	文字环绕在图形四周，文字和图形之间有一定的间隙
紧密型环绕	文字显示在图形轮廓周围，紧密环绕，间隙较小
衬于文字上方	嵌入在文档上方的绘图层，文字位于图形下方
衬于文字下方	嵌入在文档下方的绘图层，文字位于图形上方
上下行环绕	文字只能位于图形之前或之后，不在图形的两侧

设置图形在页面上的布局：选择图形后，在"图片工具"或 "绘图工具"|"格式"上下文选项卡中，选择"排列"组中的"位置"命令，在"文字环绕"列表中选择需要的布局方式，若要进行详细的设置，则单击"其他布局选项"命令，打开"布局"对话框，切

换到"文字环绕"选项，根据需要进行设置。

3.3.4　域

使用域代码可以在 Word 中实现数据的自动更新和文档处理自动化。大多数用户不是很了解 Word 中的域，以为它很深奥，难以理解。其实，在很多 Word 操作中，用户已经在不知不觉中使用它，如通过"插入"|"页码"命令生成的页码，用"拼音指南"命令给文字添加拼音，在表格中通过公式计算，都应用了域。

1．域相关概念

域是指嵌入 Word 文档中实现自动插入文字、图形等特定内容，或自动完成某些复杂功能的特殊代码。域就像是一段程序代码，文档中显示的是域代码运行的结果，如 DATE 域用于插入系统当前的日期。

正确使用 Word 中的域，可以在文档中实现很多复杂问题的自动录入，提高效率，并降低错误概率。

域的相关概念如下。

（1）域名：域的标识名称，如 PAGE、TIME 等都是域名。

（2）域代码：由域名及其相关的定义符构成的一串指令，对域进行编辑时，需要切换到域代码状态。

（3）域开关：在域代码里，为完成某些特定的操作而增加的指令，同一个域名使用不同的域开关组成的域代码，可以得到不同的域结果。

（4）域标记：域标记为一对自动生成的花括号，任何一串域代码必须写在域标记中才能被 Word 识别和执行。

（5）域结果：通常情况下，文档中显示的是域结果，它是域代码运行后得到的值，即 Word 执行域指令插入到文档中的文字或图形。

（6）域底纹：当选中域代码或域结果时，突出显示的灰色底纹。可以通过相关命令来设置域底纹是否显示。单击"文件"|"选项"命令，打开"Word 选项"对话框，选择"高级"选项，在"显示文档内容"中进行设置。

2．域指令构成

域指令由域标记、域名、域开关和其他相关元素组成，具体格式如下：

{ 域名 \开关 其他条件元素 }

如要在文档中插入系统当前的日期，如"2021-4-21"，可按【Alt+Shift+D】组合键实现。选择该日期，按【Shift+F9】组合键，切换到域代码状态，可以看到如下一组域代码：

{ DATE \@ "yyyy-M-d" }

域名　域开关　其他条件元素

若要将日期格式由"2021-4-21"修改为"二○二一年四月二十一日"，则可修改域代码中的"其他条件元素"，"其他条件元素"用来设置数据显示的格式，修改后的域代码为：

{ DATE\@ "EEEE 年 O 月 A 日"}

3．更新域

在文档中直接输入域代码或对域代码修改后，需要更新域。更新域的方法有：

（1）利用切换视图状态来更新域，即在不同的文档视图间切换，如将页面视图切换到大纲视图，Word 会自动更新文档中的域结果。

（2）将光标定位在域代码上，右击鼠标，在快捷菜单中选择"更新域"命令完成对域结果的更新，若是刚输入的域代码，则可选择"切换域代码"将域代码切换到域结果状态。

（3）将光标定位到域代码上，按【F9】键进行更新。

4．域类型

根据域的不同用途，可将 Word 中域分为 9 大类。

1）编号域

编号域用于在文档中插入不同类型的编号，在"编号"类别下共有 10 个域，如表 3-5 所示，其中 Page、Section 域在文档处理中较常使用。

表 3-5　编号域

域　　名	作用与说明
AutoNum	插入自动段落编号
AutoNumLgl	插入正规格式的自动段落编号
AutoNumOut	插入大纲格式的自动段落编号
BarCode	插入收信人的地址条码
ListNum	在列表中插入一组编号
Page	插入当前页码，用于在页眉和页脚之间插入页码
RevNum	插入文档的保存次数，该信息来源于文档属性"统计"选项
Section	插入当前节的编号
SectionPages	插入本节的总页数
Seq	插入自动序列编号

2）等式和公式域

等式和公式域用于执行计算、操作字符、构建等式和显示符号，在"等式和公式"类别下共有 4 个域，如表 3-6 所示。

表 3-6　等式和公式域

域　　名	作用与说明
=（Formula）	计算表达式的结果
Advance	将一行内随后的文字向左、向右、向上或向下偏移
Eq	创建科学公式
Symbol	插入特殊字符

3）链接和引用域

链接和引用域用于将外部文件与当前文档链接起来，或将当前文档的一部分与另一部分链接起来，在"链接和引用"类别下共有 11 个域，如表 3-7 所示。

表 3-7　链接和引用域

域　名	作用与说明
AutoText	插入"自动图文集"词条
AutoTextList	插入基于样式的文字
Hyperlink	插入带有提示文字的超链接，可以从此处跳转到其他位置
IncludePicture	通过文件插入图片
IncludeText	通过文件插入文字
Link	使用 OLE 插入文件的一部分
NoteRef	插入脚注或尾注编号
PageRef	插入包含指定书签的页码
Quote	插入文字类型的文本
Ref	插入用书签标记的文本
StyleRef	插入指定样式的文本

4）日期和时间域

日期和时间域用于插入文档编辑、保存、打印的日期和时间，在"日期和时间"类别下共有 6 个域，如表 3-8 所示。

表 3-8　日期和时间域

域　名	作用与说明	域　名	作用与说明
CreateDate	文档的创建时间	PrintDate	上次打印文档的日期
Date	当前日期	SaveDate	上次保存文档的日期
EditTime	文档编辑时间总计	Time	当前时间

5）索引和目录域

索引和目录域用于创建和维护目录、索引、引文目录，在"索引和目录"类别下共有 7 个域，如表 3-9 所示。

表 3-9　索引和目录域

域　名	作用与说明
Index	创建索引
RD	在多篇文档之间创建索引、目录、图表目录、引文目录
TA	标记引文目录项
TC	标记目录项
TOA	创建引文目录
TOC	创建目录
XE	标记索引项

6）文档信息域

文档信息域对应于文档属性"摘要"选项上的内容，在"文档信息"类别下共有 14 个域，如表 3-10 所示。

表 3-10 文档信息域

域　名	作用与说明	域　名	作用与说明
Author	"摘要"信息中的文档作者的姓名	LastSaveBy	文档的上次保存者
Comments	"摘要"信息中的备注	NumChars	文档的字符数
DocProperty	插入在"Word 选项"中选择的属性值	NumPages	文档的页数
FileName	文档的名称和位置	NumWords	文档的字数
FileSize	文档的大小	Subject	"摘要"信息中的文档主题
Info	"摘要"信息中的数据	Template	文档选用的模板名
KeyWords	"摘要"信息中的关键字	Title	"摘要"信息中文档的标题

7）文档自动化域

文档自动化域大多用于构建自动化的格式，该域可以执行一些逻辑操作并允许用户运行宏，在"文档自动化类别下"共有 6 个域，如表 3-11 所示。

表 3-11 文档自动化域

域名	作用与说明
Compare	比较两个值并返回数字 1（结果为真）或 0（结果为假）
DocVariable	插入赋予文档变量的字符串
GoToButton	将插入点移至新位置
If	按条件估算参数
MacroButton	运行宏
Print	将打印命令发送到打印机

8）用户信息域

在"用户信息"类别下共有 3 个域，如表 3-12 所示。

表 3-12 用户信息域

域　名	作用与说明
UserAddress	用户的通信地址
UserInitials	用户信息的缩写
UserName	用户信息的姓名

9）邮件合并域

邮件合并域用于邮件合并时的相关操作，在"邮件合并"类别下共有 14 个域，如表 3-13 所示。

表 3-13 邮件合并域

域　名	作用与说明
AddressBlock	插入邮件合并地址块
Ask	提示用户指定书签文字
Compare	比较两个值并返回数字 1（结果为真）或 0（结果为假）
DataBase	插入外部数据库中的数据
Fillin	提示用户输入要插入到文档中的文字

（续表）

域　　名	作用与说明
GreetingLine	插入邮件合并问候语
If	按条件估算参数
MergeField	插入邮件合并域
MergeRec	合并当前记录号
MergeSeq	合并记录序列号
Next	转到邮件合并的下一条记录
NextIf	按条件转到邮件合并的下一条记录
Set	为书签指定新文字
SkipIf	在邮件合并时按条件跳过一条记录

众多域名及其语法结构，不必都记住，只需了解域的分类，掌握域的插入方法即可。

5．域操作

1）插入域

编辑文档时，有时执行某项操作会自动插入域，如插入"页码""日期和时间"等将自动在文档中插入 Page 域或 Date 域。文档中插入域的方法如下。

单击"插入"|"文本"组中的"文档部件"命令，选择"域"命令，打开"域"对话框进行插入，如图 3.25 所示，这是一种最简单有效的方法，对域不是很熟悉的用户，建议采用此方法。在"域"对话框中，选择一种域名之后，关于该域的作用会在对话框下方的说明中显示。

图 3.25　"域"对话框

也可进行域代码的编写，这是一种灵活多变的插入域的方法，要求用户对域名及其语法非常熟悉。在输入时需要细心，输错一个字符，甚至一个空格，都会导致域结果的错误。输入域代码之前，按【Ctrl+F9】组合键，需插入域标记，然后在域标记内输入域代码。

2）编辑域

编辑域代码，可以在"域"对话框中进行，也可以直接在域代码上进行。选择域，按【Shift+F9】组合键，切换到域代码状态，即可对域代码进行编辑。

删除域，选择域结果或域代码，按【Delete】键删除。

3）与域相关的快捷键

与域相关的快捷键一般是含有【F9】或【F11】的组合键，使用快捷键操作更为简单、快捷。与域相关的快捷键如表 3-14 所示。

表 3-14　与域相关的快捷键

快　捷　键	作用与说明
Ctrl+F9	插入域标志
F9	更新域
Shift+F9	显示或隐藏特定域代码，在域结果和域代码间切换
Alt+F9	显示或隐藏文档中所有域的域代码
Ctrl+Shift+F9	将域结果转换为常规文本，使其不再有域的特征，不能再更新
Ctrl+F11	锁定域，防止选择的域被更新
Ctrl+Shift+F11	解除锁定，允许对该域进行更新
F11	下一个域，选择文档中的下一个域
Shift+F11	上一个域，选择文档中的上一个域

【例题 3-5】新建空白文档，共 6 页，要求如下。

（1）第 1、2 页为一节，第 3、4 页为一节，第 5、6 页为一节。

（2）每页显示内容为 3 行，居中对齐，样式为"正文"。每页具体内容为，第 1 行显示：第 x 节，第 2 行显示：第 y 页，第 3 行显示：共 z 页，其中 x、y、z 通过插入的域自动生成，并以中文数字（如壹、贰、叁）形式显示。

（3）每页行数均为 40 行，每行 30 个字符。

（4）每行文字均添加行号，从 1 开始编号，每节重新开始编号。

【操作要点】

① 新建空白文档，输入 3 行文字，依次是"第节""第页""共页"，水平居中显示。

② 将光标定位在"第"和"节"之间，单击"插入"|"文本"组中的"文档部件"命令，再选择"域"命令，打开"域"对话框，在"类别"下拉列表中选择"编号"，"域名"列表中选择"Section"，"格式"列表中选择"壹，贰，叁…"，如图 3.25 所示，单击"确定"按钮。

③ 同理，将光标定位在"第"和"页"之间，插入"编号"类别中的"Page"域，格式也设置为"壹，贰，叁…"；再将光标定位在"共"和"页"之间，在"域"对话框的"类别"下拉列表中选择"文档信息"，域名选择"NumPages"，格式设置为"壹，贰，叁…"。

④ 选择 3 行文字，按【Ctrl+C】组合键进行复制，将光标定位在第 3 行的末尾，单击"布局"|"页面设置"组中的"分隔符"命令，再选择"分页符"命令，插入第 2 页，按【Ctrl+V】组合键进行粘贴，删除第 2 页末尾的空行。

⑤ 再次单击"分隔符"命令，选择"分节符"中的"下一页"命令，插入第 3 页，让

1、2 页在同一节，第 3 页在新节中，继续按
【Ctrl+V】组合键进行粘贴，删除第 3 页末尾的空
行。类似地，第 4 页通过"分页符"命令插入，第
5 页通过"分节符"命令插入，插入新页时均执行
粘贴操作，删除每页末尾的空行。

　　⑥ 双击水平标尺灰色区域，打开"页面设置"
对话框，切换到"文档网格"选项卡，如图 3.26 所
示，"应用于"设置为"整篇文档"，选择"指定行
和字符网格"单选按钮，"字符数"设置为每行 30，
"行"设置为每页 40；切换到"布局"选项卡，单
击"行号"按钮，勾选"添加行编号"复选框，在
"编号"下选择"每节重新编号"单选按钮。

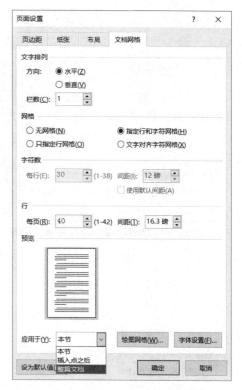

图 3.26　"页面设置"对话框

3.4　长文档编辑

　　日常学习和工作中，长文档的编辑与处理是常
常面对的一项工作，如毕业论文、营销报告、企业
申报书、宣传手册、科技书籍等。长文档结构复
杂，内容较多，长达数十页甚至上百页，若采用不
规范的排版方法，会费时费力，而且排版效果也不尽如人意。

　　本节详细介绍长文档排版中涉及的各项操作，理解分节和分页的作用；利用标题样式
快速设置文档的标题格式和关联多级编号；利用引用功能
自动生成目录、图表目录、题注和尾注等；通过域插入不
同节的页眉和页码；利用批注和修订功能查看文档的修改
状况。

3.4.1　样式

　　样式是命名并保存一系列格式的集合。使用样式能够
减少长文档排版过程中大量重复格式的设置。

1．内置样式

　　Word 内置了丰富的样式类型，如"标题 1""标题 2"
"标题 9""正文"等。在"开始"|"样式"组中列出了常
用的快速样式库。对样式进行设置可在"样式"窗格中进
行，单击"样式"组右下角的对话框启动器按钮，打开
"样式"窗格，如图 3.27 所示。

　　默认情况下，"样式"窗格显示了当前文档应用的样
式。将系统内置的样式添加到"样式"窗格的方法如下：

　　单击"样式"窗格下方的"管理样式"按钮，打开

图 3.27　"样式"窗格

"管理样式"对话框，切换到"推荐"选项卡，如图 3.28 所示卡，从列表中选择所需的内置样式，单击"显示"按钮，则所选的样式就会在"样式"窗格中显示出来。

2. 创建样式

不仅可以直接应用 Word 内置样式，还可以创建样式。在"样式"窗格中，单击下方的"新建样式"按钮，打开"根据格式化创建新样式"对话框，如图 3.29 所示。

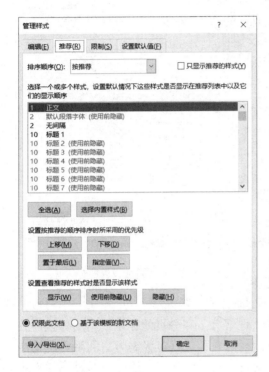

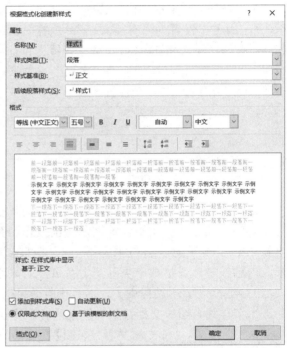

图 3.28 "管理样式"对话框　　图 3.29 "根据格式化创建新样式"对话框

在该对话框中可以设置创建的样式属性和格式等内容。

（1）名称：创建的样式名称应和文件命名规则类似，尽量做到见名知意。

（2）样式类型：类型的选择需要考虑创建样式的目的与作用，从而选定合适的类型。

（3）样式基准：选择已有的样式作为新样式的基础，新样式继承原有样式的全部格式；如果不需要样式基准，则选择"无样式"。在创建样式时，由于新样式会继承基准样式的全部格式，所以样式基准的选择非常重要。

（4）后续段落样式：定义创建样式后面的段落应用的样式。

设置完成后，单击"确定"按钮，创建的样式就可以在当前文档中应用了。

3. 修改样式

若内置样式或创建的样式无法满足某些格式要求，可以在现有样式的基础上进行修改。如要修改"标题 2"样式，在"样式"窗格中，单击"标题 2"样式右侧的下拉按钮，在下拉列表中，选择"修改"命令，打开"修改样式"对话框，根据需要对"标题 2"样式进行修改，样式一旦修改，文档中所有基于"标题 2"样式的文字样式也会随之更新。

4．删除样式

不再需要某个样式时，可以将该样式删除。样式删除后，文档中原来由这个样式格式化的段落或文字将改变为"正文"样式。

在"样式"窗格中，选择要删除的样式，单击右侧的下拉按钮，选择"删除"命令，但 Word 内置样式无法通过此方法删除。

5．标题样式

标题样式是 Word 用于文档标题格式而内置的样式，在 Word 中提供了 9 级标题样式，分别从"标题 1"到"标题 9"。这 9 级标题对应的大纲级别分别为 1 级到 9 级。如在设置书籍中标题文字的样式时，"章"标题设置为"标题 1"样式，节标题设置为"标题 2"样式，小节标题设置为"标题 3"样式，以此类推，一般建议文档中应用的标题样式最多到 4 级，即从"标题 1"到"标题 4"，标题层级太多，会使文档的结构显得过于复杂，不利于用户阅读。

6．多级列表

一般文档中并列关系的内容可以添加项目符号，先后关系的内容可以添加编号。像毕业论文、专业书籍等文档，篇幅长，内容多，通常会将文档分成章、节、小节等结构层次，并为每一层次添加编号，对此可以使用 Word 提供的"多级列表"功能自动为各级标题设置编号，免去人工编号的烦琐。

多级编号是建立在大纲级别基础上的，首先必须将标题文字设置为对应的标题样式，如"标题 1""标题 2""标题 3"等，才能对其设置多级编号。

多级编号设置方法：单击"开始"|"段落"组中的"多级列表"命令，从列表库中选择某个列表样式或定义新的多级列表。

【例题 3-6】图 3.30 是一篇文档部分章节的截图，对其设置如下。

（1）将章、节和小节标题文字分别设置为"标题 1""标题 2""标题 3"样式，其中"标题 1"水平居中，"标题 2""标题 3"左对齐。

（2）使用多级列表对章、节和小节标题自动编号，编号格式如下。

① 章编号：第 X 章（如第 1 章），其中 X 为数字编号。

② 节编号：X.Y（如 1.1），其中 X 为章的数字编号，Y 为节的数字编号。

③ 小节编号：X.Y.Z，其中 X、Y 含义同上，Z 为小节的数字编号。

（3）创建样式，样式名为"文档正文样式"，要求如下。

① 字体：中文字体为楷体、小四号。

② 段落：首行缩进 2 字符，段前、段后分别为 0.5 行，1.5 倍行距。

③ 将该样式应用到文档正文中。

【操作要点】

1）设置文档各级标题样式

① 显示隐藏的样式：在"样式"窗格中，查看"标题 1""标题 2""标题 3"样式是否都显示，若没有，则单击"样式"窗格下方的"管理样式"按钮，打开"管理样式"对话框，切换到"推荐"选项卡，从列表中选择所需的标题样式，单击"显示"按钮。

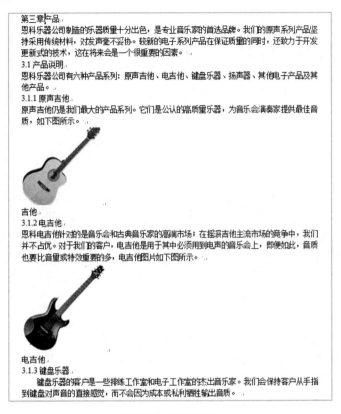

第三章 产品
恩科乐器公司制造的乐器质量十分出色，是专业音乐家的首选品牌。我们的原声系列产品坚持采用传统材料，对发声毫不妥协。较新的电子系列产品在保证质量的同时，还致力于开发更新式的技术，这在将来会是一个很重要的因素。
3.1 产品说明
恩科乐器公司有六种产品系列：原声吉他、电吉他、键盘乐器、扬声器、其他电子产品及其他产品。
3.1.1 原声吉他
原声吉他仍是我们最大的产品系列。它们是公认的高质量乐器，为音乐会演奏家提供最佳音质，如下图所示。

吉他
3.1.2 电吉他
恩科电吉他针对的是音乐会和古典音乐家的高端市场；在摇滚吉他主流市场的竞争中，我们并不占优。对于我们的客户，电吉他是用于其中必须用到电声的音乐会上，即便如此，音质也要比音量或特效重要的多，电吉他图片如下图所示。

电吉他
3.1.3 键盘乐器
　　键盘乐器的客户是一些排练工作室和电子工作室的杰出音乐家。我们会保持客户从手指到键盘对声音的直接感觉，而不会因为成本或私利牺牲输出音质。

图 3.30　文档截图

　　② 修改样式：在"样式"窗格中，单击"标题 1"样式右侧的下拉按钮，选择"修改"命令，在"修改样式"对话框中，将对齐方式设置为水平居中；类似地，修改"标题2""标题 3"样式的对齐方式为左对齐。

图 3.31　列表库

　　③ 应用样式：将光标定位在文档标题文字上，分别设置对应的标题样式。

　　④ 通过"替换"命令，删除章、节和小节标题的手工编号。按【Ctrl+H】组合键，打开"查找和替换"对话框，在"查找内容"文本框中输入"第?章"，单击对话框下方的"更多"按钮，展开对话框，勾选"使用通配符"复选框，单击"全部替换"按钮，文档章标题的手工编号都被删除；类似地，删除节和小节手工编号，在"查找内容"文本框中输入"?.?"和"?.?.?"，单击"全部替换"按钮。

　　2）多级列表与标题样式关联

　　应用标题样式后，文档各级标题就具有相应的级别，执行"多级列表"命令完成多级编号的设置。

　　① 将光标定位在文档章标题所在行，单击"开始"|"段落"组中的"多级列表"命令，从列表库中选择某一列表样式，如图 3.31 所示。

② 再次单击"多级列表"命令，选择列表下方的"定义新的多级列表"命令，打开"定义新多级列表"对话框，单击"更多"按钮，展开对话框，如图 3.32 所示，在"单击要修改的级别"列表中选择"1"，即对应"标题 1"，因其编号为"第 X 章"形式，所以在"输入编号的格式"中修改编号形式：在数字"1"前输入"第"，"1"后输入"章"，删除"1"后面的小圆点，在"将级别链接到样式"列表中选择"标题 1"。如图 3.32 所示。

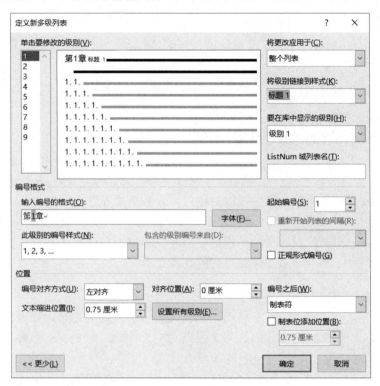

图 3.32　"定义新多级列表"对话框

③ 1 级标题标号格式设置完成后，在"单击要修改的级别"列表中选择"2"修改 2 级编号格式，"输入编号的格式"为"1.1"，并将其与"标题 2"样式链接；类似地，3 级标题的编号格式为"1.1.1"，与"标题 3"样式链接，单击"确定"按钮，文中的章、节和小节标题将自动添加定义的多级编号格式。

在一些项目报告、科技论文中，要求 1 级标题的编号为"一，二，三，…"，2 级标题的编号为"1.1，1.2，…"。在"定义新多级列表"对话框中，将级别"1"的编号格式设置为"一，二，三，…"，此时，级别"2"的编号格式为"一.1"，再勾选"正规形式编号"复选框即可。

3）创建样式

① 将光标定位在正文中，单击"样式"窗格中的"新建样式"按钮 ，打开"根据格式创建新样式"对话框，由于新建的样式要应用到正文中，"样式基准"应为"正文"；在"格式"下拉列表中，设置字体为"楷体"，字号为"小四"；单击对话框下方的"格式"按钮，选择"段落"命令，打开"段落"对话框，在该对话框中，设置首行缩进为 2 字符，段前、段后为 0.5 行，行距选择 1.5 倍行距，单击"确定"按钮返回文档，光标处的正文就应用了创建的样式。

② 将创建的样式应用到所有正文的快速方法为：在"样式"窗格中，单击"正文"样式右侧的下拉按钮，选择"所有*个实例"选项，则文档正文全部选中，然后单击"文档正文样式"按钮，所有正文就应用了该样式。

3.4.2 脚注和尾注

脚注和尾注是对正文内容添加的注释。脚注和尾注由两部分组成：插入文档中的引用标记和注释文本。脚注的注释文本显示在页面的底部，尾注的注释文本显示在文档的末尾。

1．脚注和尾注的插入

在文档中插入脚注或尾注时，操作如下：

① 将光标定位在待插入脚注或尾注的位置。

图 3.33 "脚注和尾注"对话框

② 单击"引用"|"脚注"组中的对话框启动器按钮，打开"脚注和尾注"对话框，如图 3.33 所示，在该对话框中可以对位置、编号格式等进行设置。

③ 单击"插入"按钮，脚注或尾注引用标记将插入到文档的相应位置，光标自动置于页面底部或文档末尾，输入脚注或尾注的注释文本即可。

2．脚注和尾注的编辑

移动、复制或删除脚注或尾注时，处理的实际上是注释标记，而非注释文字。移动、复制或删除脚注或尾注后，编号会自动改变。

（1）移动脚注或尾注：选择脚注或尾注注释标记，直接拖动到新位置。

（2）复制脚注或尾注：选择脚注或尾注注释标记，执行"复制"和"粘贴"命令。

（3）删除脚注或尾注：选择脚注或尾注的标记后，按【Delete】键，脚注或尾注的标记和注释文本直接被删除。

3．脚注和尾注相互转换

Word 中，脚注和尾注可以相互转换。选择页面底部的脚注编号，右击鼠标，在弹出的快捷菜单中选择"转换至尾注"命令，也可以按照同样的方法将尾注转换成脚注。

【例题 3-7】给如图 3.34 所示报告的作者添加脚注。贾文、陈辞的注释文字为"市场 1 部"，章杰的注释文字为"市场 2 部"。

恩科乐器市场销售分析报告

贾文 陈辞 章杰

图 3.34 添加脚注

【操作要点】

① 将光标定位在"贾文"后,单击"引用"|"脚注"组的"插入脚注"命令,光标转移至页面底部,输入注释文字"市场 1 部"。

② 采用同样方法对"陈辞"插入脚注,则注释语句重复显示,不符合论文的规范要求。若多个脚注引用同一个注释文字,则可使用"交叉引用"命令。将光标定位在"陈辞"后,单击"引用"|"题注"组中的"交叉引用"命令,打开"交叉引用"对话框,如图 3.35 所示,引用类型选择为"脚注",引用内容为"脚注编号",单击"插入"按钮,脚注编号"1"插在"陈辞"文字后,选择编号"1",单击"开始"|"字体"组中的"上标"按钮 X^2,将编号"1"调整为上标形式。

③ 选择"贾文"的脚注编号,按【Ctrl】键,拖动到"章杰"后,编号自动变为"2",修改其注释文字为"市场 2 部"。

图 3.35 "交叉引用"对话框

3.4.3 题注和交叉引用

有时需要对书籍中的图片和表格添加包含章编号的多级编号,如"图 1.1""表 1-1"等形式;引用图片、表格时,形式为"如图 1.1 所示""如表 1-1 所示"等。当图片、表格很多时,采用手动编号,过程烦琐且容易出错,对此可以通过 Word 提供的题注和交叉引用功能来实现自动编号和引用。

题注是对表格、公式和图表等对象添加标签和自动编号,方便查找和阅读。

交叉引用是将文档中的图表、表格和公式等内容与其正文说明内容建立对应关系。Word 中可以对标题、脚注、尾注、编号段落等创建交叉引用,既方便阅读,又能在修改后自动更新。

1. 插入题注

图片的题注标注在其下方,表格的题注标注在其上方。题注由三个部分构成:标签、编号和相关文字说明。单击"引用"|"题注"组中的"插入题注"命令,打开"题注"对话框,如图 3.36 所示。单击"标签"右侧的下拉按钮,可在下拉列表中选择标签名称,默认的有表格、公式和图表 3 项,也可自定义标签,单击"新建标签"按钮,如输入"图"。题注的编号自动按阿拉伯数字序列编号,若编号包含章节号,则单击"编号"按钮,在打开的"题注编号"对话框中,勾选"包含章节号"复选框,如图 3.37 所示。注意,使用多级编号的前提是文档的标题使用了样式和多级列表。

2. 题注的交叉引用

对图片或表格等对象插入题注后,在正文中需要与其建立对应关系,如"如图 1.1 所示"或"如表 2-1 所示"。可以通过交叉引用来实现引用。

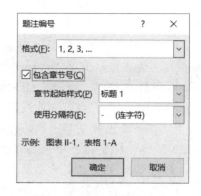

图 3.36　"题注"对话框　　　　图 3.37　"题注编号"设置

操作过程如下。

① 将光标定位在引用的位置，输入文字"如所示"，再将光标定位在文字"如"之后，单击"引用"|"题注"组中的"交叉引用"命令，打开"交叉引用"对话框。

② 在"引用类型"下拉列表中选择引用的题注标签，如"图"，在"引用内容"下拉列表中选择"仅标签和编号"，在"引用哪一个题注"列表中选择引用的对象，单击"插入"按钮，完成交叉引用设置。

3．编号项的交叉引用

论文中，某些论据或观点通常要引用一些专业文献资料，这些文献资料通常在文档的末尾一一列举出来，并与正文位置一一对应。可以通过交叉引用的"编号项"来实现。操作过程如下。

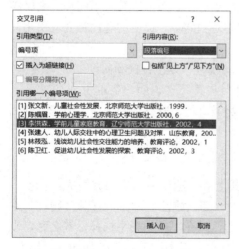

图 3.38　"交叉引用"对话框

① 为论文中的参考文献添加编号：选择全部参考文献，在"开始"|"段落"组中选择"编号"命令，由于参考文献的规范要求编号两侧使用方括号，需要自定义编号格式，设置自定义编号，在编号项两侧输入方括号。

② 在"交叉引用"对话框中，选择引用类型为"编号项"，引用内容设置为"段落编号"，在"引用哪一个编号项"列表中选定指定的编号项，如图 3.38 所示，单击"插入"按钮。

4．更新编号和交叉引用

题注和交叉引用发生修改后不会主动更新，需要用户自行更新。选择题注或交叉引用编号，右击鼠标，在快捷菜单中选择"更新域"命令，即可更新自动编号。如果多处题注或交叉引用需要更新，则按【Ctrl+A】组合键，选择整篇文档，然后按【F9】键，或在快捷菜单中选择"更新域"命令，完成更新。

3.4.4　页眉和页脚

页眉和页脚是指文档页面页边距的顶部和底部区域。用户可以在页眉、页脚位置插入章、节标题或页码等内容。

1．页码

文档的页码一般在页脚处，单击"插入"|"页眉和页脚"组中的"页码"命令，在弹出的下拉列表中选择页码的位置和样式，插入页码。

书籍中，一般前言、目录部分和正文部分的页码格式不同，如目录部分的页码使用罗马字符（Ⅰ，Ⅱ，Ⅲ，…），正文部分的页码使用阿拉伯数字。要对文档的不同部分设置不同的页码格式，必须对文档分节。目录部分为一节，正文为一节。分节后，为每一节插入页码时，还需设置页码格式。单击"插入"|"页眉和页脚"组中的"页码"命令，选择"设置页码格式"命令，打开"页码格式"对话框，如图 3.39 所示，在该对话框中除了设置编号格式，页码编号的设置也非常重要，为某

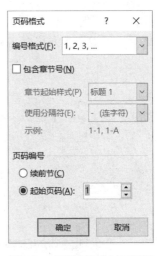

图 3.39　"页码格式"对话框

一节内容设置页码时，若页码的编号重新开始，则应在"起始页码"中设置，如输入"1"，表示该节的页码从"1"开始重新编号。

2．设置不同节页眉

一般情况下，若书籍没有按章进行分节，在设置页眉时，所有页的页眉都相同。对于书籍，通常要求目录页无页眉，正文中的各个章节页的页眉内容也不一样，需要对书籍不同的部分进行分节，如目录部分为一节，各章各自为一节，这样就可以设置个性化的页眉。

即便采用了分节，在默认情况下，各个节之间的页眉也是关联的，修改某一节的页眉，其他节的页眉也会随之变化。只有在修改某一节页眉前，取消与前一节的链接，新修改的页眉才不会影响到前一节的页眉。修改方法如下：

图 3.40　取消页眉之间的链接

双击页眉区，进入页眉编辑状态，选择"页眉和页脚工具"的"设计"上下文选项卡，在"导航"组中单击"链接到前一节"命令，如图 3.40 所示，断开前、后节页眉的链接关系。

3．使用域为奇偶页引用章、节标题

为文档的奇偶页设置不同的页眉，首先应设置页眉"奇偶页不同"，如图 3.40 所示，勾选"奇偶页不同"复选框，才可以分别设置"奇数页页眉"和"偶数页页眉"。

在专业书籍中，通常要求奇数页页眉是章标题，偶数页页眉是节标题，并且页眉会随着章、节的不同而自动变化。而书籍章节较多，采用手动输入页眉，工作量庞大而烦琐，效率低下。

可以通过域为奇偶页的页眉引用章、节标题。

在奇数页页眉区，单击"插入"|"文本"组中的"文档部件"命令，选择"域"命令，打开"域"对话框，如图 3.41 所示。

在"类别"列表中选择"链接和引用"，在"域名"列表中选择"StyleRef"，因为章标题设置了"标题 1"样式，所以在"样式名"列表中选择"标题 1"，单击"确定"按钮，

即在奇数页引用章标题，若要添加章的编号，则再次选择"StyleRef"域，选择"标题 1"之后，勾选"插入段落编号"复选框。

图 3.41　使用"域"插入页眉

类似地，偶数页的页眉为节标题，只需要在"样式名"中，选择"标题 2"，即可将节标题引用到偶数页页眉上。

3.4.5　目录和索引

目录和索引分别定位了文档中标题、关键词等所在的页码，便于阅读和查找。

目录通常是文档中的各级标题及其页码的列表，一般位于书籍正文之前。目录的作用在于方便用户快速查看或定位到选择的内容，同时也有助于了解文档的章、节结构。

Word 中可以创建文档目录和图表目录等多种目录。

基于标题样式或大纲级别自动生成目录前，标题文字应进行各级标题样式或大纲级别的预设。

1．根据内置样式插入目录

对文档标题文字设置 Word 内置的各级标题样式或大纲级别，再插入目录，是插入目录最简单和快速的方法。

将光标定位在待插入目录的位置，单击"引用"|"目录"组中的"目录"命令，选择"自定义目录"命令，打开"目录"对话框，如图 3.42 所示。在"显示级别"中设置目录显示的标题级别，如设置"3"，目录显示的内容是设置了标题 1 到标题 3 样式的 3 级标题文字，单击"确定"按钮，即可插入目录。

插入的目录默认效果是各级目录标题之间字体格式相同，不能体现出标题的级别和层次性，因此可以设置各级目录标题的字体格式来进行区分。注意，不能直接在插入的目录上进行字体格式设置，因为更新目录时，目录又会恢复成默认的格式效果。如图 3.42 所示，在"目录"对话框中，单击"修改"按钮，打开"样式"对话框，在该对话框中，选择待修改的某一级目录，单击"修改"按钮，设置该级目录的字体和段落格式。

图 3.42　"目录"对话框

2. 更新目录

当文档标题及其样式级别发生更改，或文档的页码发生变化时，都需要及时更新目录。更新目录的方法如下：

在目录上右击，从快捷菜单中选择"更新域"命令，弹出"更新目录"对话框。选择更新类型，若选择"更新整个目录"，则目录将更新所有标题内容及页码的变化，若选择"只更新页码"，则目录仅更新文档中页码的变化。

3. 图表目录

图表目录是指文档中的插图或表格的索引。对于包含大量插图或表格的书籍来说，插入图、表目录，会给用户查找带来很大方便。

图表目录自动生成的基础是文档中所有的插图或表格都添加了题注。

图表目录的创建方法和文档目录类似，操作过程如下：

① 对文档中所有的插图或表格添加题注。

② 将光标定位在待插入图表目录的位置，单击"引用"|"题注"组中的"插入表目录"命令，打开"图表目录"对话框，如图 3.43 所示。

③ 在"题注标签"下拉列表中，选择要插入图表目录的题注标签，如选择"图"标签，单击"确定"按钮，就在文档中为所有的插图创建了一个图目录。

图 3.43 "图表目录"对话框

4．索引

索引可以列出文档中关键词或主题所在的页码，以便快速检索与查询。索引常用于一些科技书籍和专业论文中。

创建索引的方法有两种：手动索引和自动索引，无论采用哪一种创建方法，都需要对创建索引的关键词进行标记，只有标记了索引项之后，才可以插入索引。手动索引和自动索引的区别就在于标记索引项的方法不一样。

以下通过一个案例介绍自动索引的创建过程。

【例题 3-8】创建自动索引。建立文档"索引.docx"，由 6 页组成。

（1）第 1 页内容为"浙江"，第 2 页内容为"江苏"，第 3 页内容为"浙江"，第 4 页内容为"江苏"，第 5 页内容为"安徽"，第 6 页空白。

（2）在文档页脚处插入"第 X 页共 Y 页"形式的页码，居中显示。

（3）建立索引自动标记文件"Index.docx"，"浙江"主索引项为"Zhejiang"，"江苏"主索引项为"Jiangsu"，"安徽"主索引项为"Anhui"，通过自动标记文件，在文档第 6 页中创建索引。

【操作要点】

① 新建空白文档，文件名保存为"索引"，在第 1 页上输入文字"浙江"，通过"分页符"，插入第 2 页至第 6 页，在各页上输入相应文字，第 6 页空白。

② 单击"插入"|"页眉和页脚"组中的"页码"命令，选择"页面底端"的"加粗显示的数字 2"样式，即在页面底端插入"X/Y"形式的页码，X 表示页码，Y 表示页数，对

页码显示的形式进行修改，在"X"前输入"第"，"X"后输入"页"，删除"/"，输入"共"，"Y"后输入"页"，选择页码所有内容，统一字体格式和大小，双击正文区，返回正文，保存文档。

③ 新建一个空白文档，插入一个 3 行 2 列的表格，输入文字内容，如图 3.44 所示，文件名保存为"Index"并关闭。

浙江	Zhejiang
江苏	Jiangsu
安徽	Anhui

图 3.44　索引项标记

④ 将光标定位在"索引"文档的第 6 页，单击"引用"|"索引"组中的"插入索引"命令，打开"索引"对话框，如图 3.45 所示。

图 3.45　"索引"对话框

⑤ 单击"自动标记"按钮，显示"打开索引自动标记文件"对话框，选择"Index.docx"文件后，单击"打开"按钮。

⑥ 单击"插入索引"命令，在"插入索引"对话框中，对索引的"格式""栏数"等进行设置，单击"确定"按钮，在第 6 页上生成索引，如图 3.46 所示。

图 3.46　索引效果

以下通过一个案例详细介绍目录、页眉和页码的插入与引用。

【例题 3-9】在例题 3-6 基础上，继续对文档进行排版，要求如下：

（1）在第 1 章标题文字前插入 3 个分节符，依次生成文档的目录、图目录和表目录。

（2）对正文的每一章进行分节，要求每一章总是从奇数页开始的。

（3）通过域插入页码，居中显示，要求目录、图目录、表目录的页码形式为罗马字符（Ⅰ，Ⅱ，Ⅲ，...)，正文的页码为阿拉伯数字序号，从 1 开始编号。

（4）更新目录、图目录和表目录。

（5）对正文各页添加页眉，居中显示，各目录页无页眉，正文的奇数页页眉为章编号和章标题，偶数页的页眉为节编号和节标题。

【操作要点】

1）插入目录

① 将光标定位在第 1 章标题编号上，选择"分节符"中的"下一页"类型，在第 1 章前插入一个空白页，再次通过"下一页"分节，插入第 2 个空白页，由于题（2）要求每一章都是显示在奇数页，因此在插入第 3 页的时候，分节符类型选择"奇数页"，确保第 1 章在奇数页分节。

② 在第 1 张空白页上输入文字"目录"，"目录"文字显示自动编号"第 1 章"，这是因为采用分节符分页时，光标定位在第 1 章标题编号上，分节时，会自动将光标处的样式带入到新节中，单击"开始"|"段落"组中的"编号"命令，取消"目录"文字的编号。类似地，在第 2 页上输入"图目录"、第 3 页上输入"表目录"，同时取消自带的编号。

③ 将光标定位在"目录"文字后，单击"引用"|"目录"组中的"自定义目录"命令，在"目录"对话框中，设置"显示级别"为"3"，单击"确定"按钮，插入文档目录。

④ 将光标定位在"图目录"文字后，单击"引用"|"题注"组中的"插入表目录"命令，在"图表目录"对话框中，"题注标签"选择"图"，单击"确定"按钮，插入图目录。类似地，在第 3 页上"表目录"文字后插入"表目录"。

2）按章奇数页分节

将光标定位在第 2 章标题编号上，采用"奇数页"分节，类似地，对其余各章均进行"奇数页"分节。

3）通过域插入页码

① 双击目录页的页脚区，进入"页眉和页脚"编辑状态，设置水平居中，单击"插入"|"文本"组中的"文档部件"命令，选择"域"命令，打开"域"对话框，选择"编号"类别中的"Page"域，"格式"设置为罗马字符（Ⅰ，Ⅱ，Ⅲ，...)，如图 3.47 所示，单击"确定"按钮，在页脚中插入该格式页码。

② 对目录进行更新时，发现"目录"中各目录部分的页码并没有显示为罗马字符的编号，需要对页码进行格式设置，在页脚中，光标定位在页码"Ⅰ"左侧，单击"插入"|"页眉和页脚"组中的"页码"命令，选择"设置页码格式"命令，打开"页码格式"对话框，如图 3.39 所示，选择"编号格式"为"Ⅰ，Ⅱ，Ⅲ，..."，单击"确定"按钮。类似地，修改图、表目录的页码格式。

③ 将光标定位在文档第 1 章的第 1 页页码左侧，此时第 1 页页码格式也是罗马字符编号，直接删除该页码会将整篇文档的页码一起删除，选择"页眉和页脚工具"的"设计"上下文选项卡，单击"导航"组中的"链接到前一节"按钮，断开该节与前面各目录页所

在节的联系，再选择页码，按【Delete】键删除。删除页码后，重新以域的方式插入格式为阿拉伯数字形式的页码。但插入的页码不是从 1 开始编号的，在"页码格式"对话框中设置"起始页码"为 1，这样正文的页码就可从 1 开始编号了。

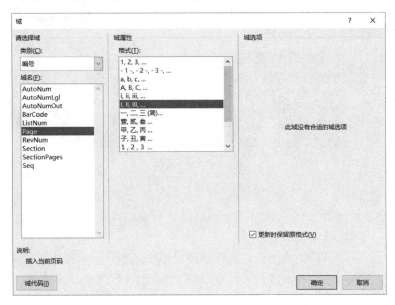

图 3.47　"域"对话框

④ 页码设置完成后，返回文档各目录处，对各目录的页码进行更新。

4）设置奇偶页的不同页眉

① 在正文第 1 页上，双击页眉区，设置水平居中，由于奇偶页页眉不同，在"页眉和页脚工具"的"设计"上下文选项卡中，在"选项"组中勾选"奇偶页不同"复选框，此时，偶数页页码删除，通过域方式重新插入偶数页页码。

② 由于各目录页无页眉，因此在正文第 1 页页眉区，首先断开"链接到前一节"。各章标题文字设置的是"标题 1"样式，通过"StyleRef"域引用各章的标题。如图 3.41 所示，选择"链接和引用"中的"StyleRef"域，在"样式名"列表中选择"标题 1"，单击"确定"按钮，即可在各奇数页引用对应的章标题。

③ 将光标定位在正文第 2 页偶数页的页眉区，同样断开"链接到前一节"，类似地，选择"StyleRef"域，在"样式名"中选择"标题 2"，单击"确定"按钮，即可在偶数页引用对应节的编号和标题。

3.4.6　批注和修订

像论文、书籍等长文档制作完成后，通常交由导师或他人对文档进行审阅。审阅完成之后，审阅人对论文标注出修改意见或建议，再返回到作者处进行修改和更正。Word 为用户提供了这种协同工作的功能，即批注和修订。审阅人通过插入批注和修订的方式将意见和建议等显示出来，不会影响原文档的排版格式。

1. 批注

批注是附加在文档上的注释，显示在文档的页边距或"审阅窗格"中。批注不是文档的一部分，只是审阅者提出的意见和建议等信息。

1）插入批注

① 选择需要插入批注的文本。

② 单击"审阅"|"批注"组中的"新建批注"命令，即可插入批注，审阅者只需在批注框内输入文字即可，如图 3.48 所示。

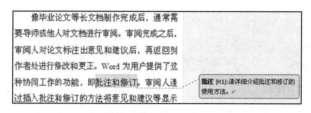

图 3.48　批注效果

2）删除批注

根据审阅者批注中提出的建议修改文档后，就可以删除批注。可以有选择性地删除单个或部分批注，也可以删除所有的批注。

删除单个批注：右击待删除的批注，在快捷菜单中选择"删除批注"命令。

删除所有批注：单击"审阅"|"批注"组中的"删除"命令，再选择"删除文档中的所有批注"命令。

删除指定审阅者的批注：若一篇文档有多个审阅者，要删除指定审阅者的批注，必须先单独显示该审阅者的批注，然后对所显示的批注进行删除。

2．修订

如果审阅者直接对文档进行修改，又希望作者看出来，此时可以采用"修订"功能。修订功能可以对文档中所做的任何操作，如插入、删除和修改等进行标记。

单击"审阅"|"修订"组中的"修订"命令，文档进入修订状态。在修订状态下，对文档的任何操作都会被标记出来。

1）接受修订

单击"审阅"|"更改"组中的"接受"命令，选择"接受修订"、"接受所有显示的修订"或"接受所有修订"等命令，可分别接受单个修订、某个审阅者的修订或所有审阅者的修订。

当接受修订后，修订将转为常规文字或格式应用到最终文本，修订标记自动删除。

2）拒绝接受修订

单击"审阅"|"更改"组中的"拒绝"命令，可以拒绝接受审阅者所做的任何修改，拒绝接受修订后，修订标记也将自动删除。

3.5　特殊文档制作

3.5.1　批量文档

在日常办公中经常会批量处理一些文档，如信函、准考证和证件等，这些文档具有共同的特点：一是格式和主要内容相同，只是具体对象或数据有变化；二是数量大，批量制作。对此可以通过 Word 中邮件合并功能，准确、快速地完成这些文档的制作。

1. 邮件合并概念

邮件合并不是合并邮件，只是基于邮件批量处理文档的思想，即在邮件文档的固定内容中，合并一些与发送信息相关的通信资料，如 Excel 表、Access 数据表等，从而批量生成需要的邮件文档，提高工作效率，邮件合并由此产生。

在 Word 中使用邮件合并功能的文档通常都具备两个特点：

（1）制作的文档数量大。

（2）文档上的内容分为固定不变的内容和变化的内容，如信封上的寄信人地址和邮政编码、信函中的落款等，这些都是固定不变的内容，这种文档在邮件合并中称为范本文档；而收信人的地址、邮编等就属于变化的内容，其中变化的部分由含有标题行的数据记录表获得，如图 3.49 所示。

学号	姓名	语文	数学	英语	信息技术	总分	名次
20120001	张三	85	75	80	88	328	2
20120002	李四	75	70	75	80	300	3
20120003	王五	90	85	85	90	350	1
20120004	陈六	65	70	70	80	285	4

图 3.49　数据记录表

数据记录表由字段列和记录行构成，表中的第 1 行为标题行，每个标题（又叫字段名）规定该列存储的信息，从表中的第 2 行开始为记录行，一行为一条记录，每条记录存储着一个对象具体的信息，在邮件合并中把这样的数据记录表称为数据源。数据源通常由 Excel 或 Access 制作完成。

2. 邮件合并过程

邮件合并涉及 3 个文档，分别是范本文档、数据源和合并文档，范本文档和数据源通过邮件合并功能生成合并文档。

1）建立范本文档

范本文档就是文档中固定不变的主体内容，它是合并文档的模板，决定了合并文档的外观结构，如范本文档是一封信函，合并后的文档也是一封信函。

2）准备数据源

数据源就是一张数据记录表，其中包含着相关的字段名和记录条，一般通过 Excel 或 Access 制作完成。在制作数据源时应注意以下几个问题：

① 要求首行为标题行，即字段名，它是后续各行的标题。

② 除标题行外的每一列中的数据应具有相同的数据类型。

③ 每条记录中的单元格数量应相等，不得出现纵向合并的单元格。

3）把数据源合并到范本文档中

有了范本文档和数据源，就可以把数据源中相应字段合并到范本文档的相应位置，通常情况下，数据源中记录的条数，决定了合并文档的页数。

3. 向导法制作邀请函

如 XX 大学的百年校庆，拟向众多校友发放邀请函，结合"校友录.xlsx"中各位校友的信息，给每人制作一份邀请函。

1) 创建范本文档

邀请函中除了邀请对象的姓名不同，其余内容完全一样，范本文档效果如图 3.50 所示。

图 3.50 范本文档效果

① 新建空白文档，纸张方向设置为横向，对于这种页面内容较少的文档，在"页面设置"对话框中，切换到"文档网格"选项卡，选择"指定行和字符网格"单选按钮，设置每页行数为 10，每行字符数为 30，然后单击"字体设置"按钮，设置字号为"二号"、字形为"加粗"，单击"确定"按钮，完成页面设置。

② 输入文字内容，并设置标题字体为合适的大小。

③ 设置页面背景纹理，单击"设计"|"页面背景"组中的"页面颜色"命令，选择"填充效果"命令，打开"填充效果"对话框，切换到"纹理"选项卡，从内置的纹理中选择一种样式，单击"确定"按钮。

④ 为了增强邀请函的视觉艺术效果，为邀请函的页面添加花边边框。单击"设计"|"页面背景"组中的"页面边框"命令，打开"边框和底纹"对话框，如图 3.51 所示，在"艺术型"列表中选择一种边框样式，单击"确定"按钮。

2) 建立数据源

数据源文件通过 Excel 制作完成，本例数据源"校友录.xlsx"文件内容如图 3.52 所示。

3) 利用向导进行邮件合并

① 将光标定位在范本文档"尊敬的"文字后，单击"邮件"|"开始邮件合并"组中的"开始邮件合并"命令，选择"邮件合并分步向导"命令，打开"邮件合并"任务窗格，如图 3.53（a）所示。

② 选择"信函"单选按钮，单击"下一步：开始文档"按钮，在"邮件合并"窗格中，选择"使用当前文档"单选按钮，继续单击"下一步：选择收件人"按钮，如图 3.53（b）所示，选择"使用现有列表"单选按钮，单击"浏览"按钮，在"选取数据源"对话

框中，从本机上选择"校友录.xlsx"文件，并单击"打开"按钮，出现"选择表格"对话框，如图 3.54 所示，从中选择数据所在的工作表标签，本例校友录内容保存在 Sheet1 工作表中，因此选择"Sheet1\$"。

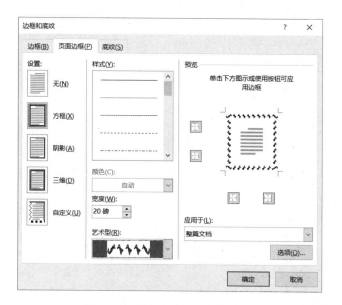

图 3.51　"边框和底纹"对话框

序号	姓名	邮编	电话	地址
001	张三	312000	89781234	绍兴
002	李四	312000	88734214	绍兴
003	黄华	312000	88991122	绍兴
004	贾六	312000	88991123	绍兴
005	曹杰凡	312000	88991124	绍兴
006	陈凌	312000	88991125	绍兴
007	陈茜玺子	312000	88991126	绍兴
008	陈珊	312000	88991127	绍兴
009	陈雪	312000	88991128	绍兴
010	陈洋	312000	88991129	绍兴
011	董芬	312000	88991130	绍兴

图 3.52　数据源截图

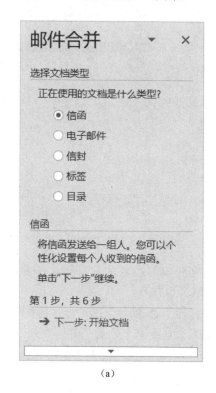

（a）

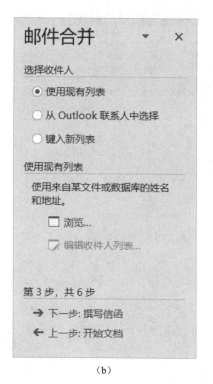

（b）

图 3.53　"邮件合并"任务窗格

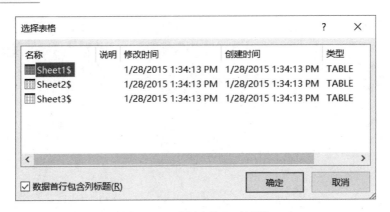

图 3.54 "选择表格"对话框

③ 打开"邮件合并收件人"对话框，如图 3.55 所示，若不需要进行调整，则直接单击"确定"按钮。

④ 单击"下一步：撰写信函"按钮，选择"其他项目"命令，打开"插入合并域"对话框，"校友录.xlsx"数据源标题行中各标题显示在对话框中，如图 3.56 所示。由于邀请函中只显示姓名信息，因此选择"姓名"域，单击"插入"按钮。

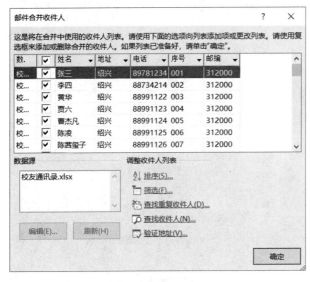

图 3.55 "邮件合并收件人"对话框

图 3.56 "插入合并域"对话框

⑤ 单击"下一步：预览信函"按钮，此时数据源中的姓名引用到范本文档中，显示在"尊敬的"之后，单击 [<<] 或 [>>] 按钮，可进行一一预览和查看。

⑥ 单击"下一步：完成合并"按钮，选择"打印"命令，打开"合并到打印机"对话框，在该对话框中可以设置打印记录的范围；选择"编辑单个信函"命令，打开"合并到新文档"对话框，通过设置，生成合并文档。

4．工资条的制作

邮件合并的过程就是范本文档从数据源中读取数据信息，通过邮件合并命令，将结果在合并文档中显示出来的过程。

【例题 3-10】图 3.57 所示是工资明细表的一部分，请制作工资条，每页纸打印 5 人。

序	姓名	基本工资	浮动工资	养老金	医疗	公积金	失业金	扣税	实发合计
1	陈洋	1500.00	1265.69	120.00	30.00	150.00	15.00	116.57	2334.12
2	董芬	2900.00	2489.10	232.00	58.00	290.00	29.00	568.36	4211.74
3	高婷	4600.00	150.42	368.00	92.00	460.00	46.00	472.56	3311.86
4	郭璐	2750.00	2740.19	220.00	55.00	275.00	27.50	583.53	4329.16
5	江晓	4600.00	2035.64	368.00	92.00	460.00	46.00	1007.13	4662.51
6	蒋琪	1850.00	539.34	148.00	37.00	185.00	18.50	78.93	1921.91
7	金瑛	3100.00	734.31	248.00	62.00	310.00	31.00	335.15	2848.16
8	李晨	1700.00	1584.79	136.00	34.00	170.00	17.00	168.48	2759.31
9	李红	1900.00	1813.65	152.00	38.00	190.00	19.00	317.05	2997.60
10	廖连	2200.00	562.00	176.00	44.00	220.00	22.00	116.20	2183.80
11	林琳	4000.00	804.80	320.00	80.00	400.00	40.00	480.72	3484.08
12	吕丹	2900.00	1531.08	232.00	58.00	290.00	29.00	424.66	3397.42
13	潘红	3600.00	350.72	288.00	72.00	360.00	36.00	352.61	2842.11
14	邱萍	3000.00	2807.13	240.00	60.00	300.00	30.00	631.07	4546.06
15	邱榫	2750.00	2528.55	220.00	55.00	275.00	27.50	551.78	4149.27
16	任安	2900.00	2666.89	232.00	58.00	290.00	29.00	595.03	4362.86
17	沈泽	1850.00	1027.12	148.00	37.00	185.00	18.50	127.71	2360.91
18	施月	1050.00	853.56	84.00	21.00	105.00	10.50	15.18	1667.88
19	孙璐	3450.00	667.59	276.00	69.00	345.00	34.50	377.64	3015.45
20	谭林	1350.00	1308.70	108.00	27.00	135.00	13.50	105.87	2269.33

图 3.57 工资明细表截图

1）建立主文档

创建空白文档，页面方向为横向；插入 2 行 10 列的表格，输入相应标题，如图 3.58 所示。

序	姓名	基本工资	浮动工资	养老金	医疗	公积金	失业金	扣税	实发合计

图 3.58 工资条范本

2）准备数据源

如图 3.57 所示，在 Excel 中制作"工资明细表"数据源，并保存。

3）插入合并域

① 在范本文件中，单击"邮件"|"开始邮件合并"组中的"选择收件人"命令，选择"使用现有列表"命令，选择数据源文件"工资明细表.xlsx"，单击"确定"按钮。

② 将光标定位在表格的第 2 行第 1 个单元格，单击"邮件"|"编写和插入域"组中的"插入合并域"命令，依次将"序""姓名""基本工资"等合并域插入到相应的单元格中，如图 3.59 所示。

序	姓名	基本工资	浮动工资	养老金	医疗	公积金	失业金	扣税	实发合计
《序》	《姓名》	《基本工资》	《浮动工资》	《养老金》	《医疗》	《医疗》	《失业金》	《扣税》	《实发合计》

图 3.59 插入合并域的范本文档

4）查看合并记录

在范本文档中插入了对应的合并域后，可以查看合并的记录是否正确，数据格式是否正常等。

① 单击"邮件"|"预览结果"组中的"预览结果"命令，工资条范本文档进入查看合

并数据模式，如图 3.60 所示。

序	姓名	基本工资	浮动工资	养老金	医疗	公积金	失业金	扣税	实发合计
1	陈洋	1500	1265.6900000000001	120	30	30	15	116.56999999999999	2334.1199999999999

图 3.60　查看合并数据模式

② 单击 |◀ ◀ 1 ▶ ▶| 中的"向前""向后"按钮，一一查看各条记录的合并结果是否正确。

如图 3.60 所示，部分数据格式出现了问题，如浮动工资、扣税和实发合计等，Word 在邮件合并时读取数据源中的浮点数时，会出现与原数据不符的情况。

5）恢复数据

① 选择表格第 2 行第 3 列中的"《浮动工资》"合并域，按【Ctrl+F9】组合键，插入域标记，光标处输入"="，即"{ =《浮动工资》}"。

② 类似地，修改"扣税"和"实发合计"合并域，再次预览结果时，数据均恢复正常。

6）合并文档

范本文档设置完成，合并文档。

单击"邮件"|"完成"组中"完成并合并"命令，选择"编辑单个文档"命令，在"合并到新文档"对话框中选择"全部"单选按钮，合并后的新文档默认名称为"信函 1"，每页显示一条记录，将其重新命名保存。

7）一页显示多条记录

合并文档中每页只显示一条记录，若要一页打印多条记录，如每页显示 5 条记录，操作方法如下：

① 选定范本文档中的表格进行复制，在表格下方空白位置粘贴，注意表格之间空几行，便于打印后裁剪，如图 3.61 所示。

序	姓名	基本工资	浮动工资	养老金	医疗	公积金	失业金	扣税	实发合计
《序》	《姓名》	《基本工资》	1265.69	《养老金》	《医疗》	《医疗》	《失业金》	《扣税》	《实发合计》

序	姓名	基本工资	浮动工资	养老金	医疗	公积金	失业金	扣税	实发合计
《序》	《姓名》	《基本工资》	1265.69	《养老金》	《医疗》	《医疗》	《失业金》	《扣税》	《实发合计》

图 3.61　多工资条设置

② 将光标定位在第 2 个表格"《序》"合并域左侧，单击"邮件"|"编写和插入域"组中的"规则"命令，选择"下一记录"命令，Word 将在"《序》"合并域前插入"《下一记录》"Word 域，表示该表格指向上面表格所在记录的下一条记录。

③ 将已设置指向下一记录的第 2 个表格选中，执行复制命令，在其下方粘贴 3 次，注意表格之间应有空行，单击"预览结果"按钮，可以看到主文档中显示 5 条信息，合并后，合并文档每页也显示 5 条记录信息。

5．带照片的胸卡制作

胸卡是悬挂在胸前以示工作身份的卡片，起到介绍的作用。在企业、公司、机构以及服务窗口等广泛应用。尺寸大小一般为 80mm×57mm，显示的内容一般为单位名称、Logo

图片、姓名、编号、职务、部门和相片等，如图 3.62 所示为某单位的胸卡样式。

1）建立主文档

① 新建空白文档，设置页面大小：宽 8cm，高 5.7cm，页边距均为 0.3cm，设置页面背景颜色。

② 胸卡的版面设计可以通过表格来实现。插入一个 4 行 3 列的表格，将第 1 行的最后两列合并，2、3、4 行的最后一列合并，调整表格大小，使其占满整个页面，单元格的对齐方式均为水平居中，在第 1 个单元格中插入单位 Logo 图片，相应单元格输入文字内容，设置相应字体的格式，如图 3.63 所示。

图 3.62　胸卡效果图

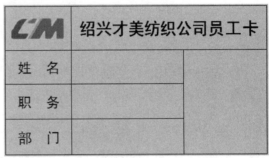

图 3.63　使用表格制作胸卡范本

③ 单击表格左上角的表格移动图柄 ⊞ ，选定表格，设置表格为"无框线"。

④ 选择表格第 1 行，单击"设计"|"边框"组中的"笔颜色"命令，在调色板中选择合适的颜色，在"笔画粗细"下拉列表中选择"6 磅"，单击"边框"命令中"下框线"选项，表格第 1 行下方绘制出一条设置了颜色的粗直线，效果如图 3.64 所示。

图 3.64　修改胸卡范本

2）准备数据源

由于邮件合并时，需要合并照片，为了便于操作，将所有职员的照片保存在同一个文件夹中，并按序命名，然后在数据源"照片"标题列中写出每张照片的完整路径，照片的扩展名也要写上。路径中的"\"在 Excel 中应写成"\\"，这种表示图片存储路径的方法称为绝对路径。

绝对路径不具有通用性和移植性，可以将数据源文件和照片文件夹"photo"保存在同一个文件夹中，用相对路径表示，如图 3.65 所示，"photo"前面不写任何路径，表示其和数据源文件在同一个文件夹中。

职工编号	姓名	性别	职务	部门	照片
1001	苏艳	女	办公室主任	行政部	photo\\1.jpg
1002	王梅	女	车间主任	生产部	photo\\2.jpg
1003	刘红	女	工程师	技术开发部	photo\\3.jpg
1004	陈焕	男	工程师	技术开发部	photo\\4.jpg
1005	宣亮	男	工程师	技术开发部	photo\\5.jpg
1006	倪妮	女	秘书	行政部	photo\\6.jpg
1007	黄河	男	行政主管	行政部	photo\\7.jpg
1008	吴琼	女	销售科长	市场营销部	photo\\8.jpg
1009	邹凯	男	高级工程师	生产部	photo\\9.jpg
1010	董凯	男	高级工程师	技术开发部	photo\\10.jpg
1011	李岩	男	销售经理	市场营销部	photo\\11.jpg

图 3.65 相对路径照片

3）插入合并域

① 在范本文档中，通过"邮件"|"开始邮件合并"组中的"选择收件人"命令，打开数据源，在姓名、职务和部门单元格中依次插入对应的合并域，如图 3.66 所示。

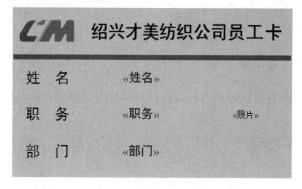

图 3.66 插入合并域的胸卡

② 显示照片的单元格插入"照片"合并域后，显示照片的相对路径。选择"《照片》"合并域，按【Ctrl+F9】组合键，插入域标记，在光标处输入域名"IncludePicture"后，按空格键。

③ 设置完成后，将范本文档保存在与数据源文件相同的文件夹中，单击"预览结果"按钮，查看照片，若没有显示照片，则按【F9】键进行更新。

4）合并到新文档

若合并文档中没有显示照片或显示的照片都是同一个人，则按【Ctrl+A】组合键，全选文档，然后按【F9】键进行更新。

6. 成绩通知书与信封制作

【例题 3-11】通过"学生信息表.xlsx"中的数据，为每位学生制作一份成绩通知书和信封，其中成绩通知书效果如图 3.67 所示。

1）成绩通知书的制作

① 按照效果图制作成绩通知书范本文档，通过"邮件"选项卡中相应命令打开数据源，将姓名、各科成绩等合并域依次插入到范本文档的相应位置，并设置"《姓名》"合并域字体格式为红色。

成绩通知书

尊敬的刘昌明家长：

　　2011 年第一学期已经结束，以下是刘昌明同学在该学期的学习

情况，请您关注，并督促其学习，祝您全家幸福快乐。

科目	成绩	科目平均分	说明
语文	72	72.5	通过
数学	66	68.7	通过
英语	75	72.9	通过
化学	68	70.2	通过
物理	58	71.2	开学需补考

图 3.67　成绩通知书效果

　　② 将光标定位到"说明"下的第 1 个单元格，单击"邮件"|"编写和插入域"组中的"规则"命令，再选择"如果…那么…否则"命令，打开"插入 Word 域：如果"对话框，如图 3.68 所示。

图 3.68　"插入 Word 域：如果"对话框

　　③ 在"域名"下选择"语文"，"比较条件"下选择"小于"，"比较对象"下输入"60"，然后输入满足条件和不满足条件的文字内容，如图 3.68 所示。

　　④ 类似地，设置其他科目的"插入 Word 域：如果"条件。最后生成合并文档。

　　2）利用信封向导制作信封

　　在信封上，变化的是每个收信人的姓名、家庭地址以及邮编，不变的是寄信人的地址和邮编等，因此，信封的制作也可以使用邮件合并功能来完成。信封有一定的标准和规范，可以通过"信封制作向导"命令来一一设置。

　　① 单击"邮件"|"创建"组中的"中文信封"命令，打开"信封制作向导"对话框，单击"下一步"按钮，选择信封样式为"国内信封-DL（220×110）"，如图 3.69 所示。

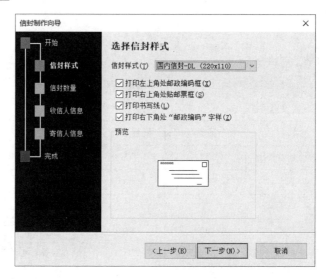

图 3.69　选择信封样式

② 单击"下一步"按钮，在"选择生成信封的方式和数量"对话框中，选择"基于地址簿文件，生成批量信封"单选按钮，继续单击"下一步"按钮。

③ 在"从文件中获取并匹配收信人信息"对话框中，单击"选择地址簿"按钮，选择数据源文件，由于数据源是 Excel 文件，在"打开"对话框中，将"打开"按钮上方默认的"Text"类型选择为"Excel"类型。

④ 在"匹配收信人信息"中依次设置收信人姓名、地址和邮编的合并域。

⑤ 单击"下一步"按钮，输入寄信人的相关信息后，单击"完成"按钮，完成信封的批量制作，信封效果如图 3.70 所示。

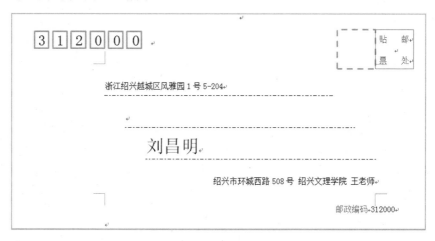

图 3.70　信封效果

3.5.2　书籍折页

书籍折页是指把一张纸对折成两页，形成正反四个页面，从右侧打开，如折合式贺卡、请柬、折页宣传小册子和菜单等类型的文档，都以折页形式打印。

书籍折页在"页面设置"对话框中设置。在"页边距"选项卡中，单击"多页"右侧的下拉按钮，Word 提供了普通、对称页边距、拼页、书籍折页和反向书籍折页等多种页面设置方式，"多页"各选项及其含义如表 3-15 所示。

表 3-15　"多页"各选项及其含义

选　项	含　义	图　示
普通	默认的打印方式，即按文档显示的效果打印到张纸上，每页页边距相同	
对称页边距	主要用于双面打印，左侧页的"左页边距"与右侧页的"右边距"相同，方便在左侧装订	
拼页	两页的内容拼在一张纸上一起打印，在大幅纸上打印小幅版面的文字，如在 A3 纸上打印 A4 的文件，用于制作不用裁剪的小册子	
书籍折页	打印从左向右折页的开合式文档，如折合式贺卡、请柬、折页宣传广告等，此时纸张方向会自动变成横向	
反向书籍折页	与书籍折页类似，但它是反向折页（如古代的书籍）的，从左侧打开书籍，一般用于竖排方式编辑的小册子	

　　书籍折页一般与双面打印结合，在打印时自动将文档的第 1、4 页打印在纸张的正面，第 2、3 页打印在纸张的反面。由于一张纸正、反面打印 4 页内容，因此文档总页数是 4 的倍数，若编辑的文档总页数不是 4 的倍数，如 14 页，Word 会自动在文档末尾添加两张空白页，凑成 4 的最小整数倍 16。

　　【例题 3-12】在一张 A4 纸上，正、反面书籍折页打印，横向对折后，从右侧打开，4 个页面依次显示如下内容。

　　（1）第 1 页显示"邀请函"文字，上下左右居中对齐，竖排，字体为隶书，72 磅。

　　（2）第 2 页显示"汇报演出定于 2021 年 4 月 21 日，在学生活动中心举行，敬请光临。"文字，横排，三号，首行缩进 2 字符，1.5 倍行距，顶行显示。

　　（3）第 3 页显示"演出安排"文字，横排，水平居中，"标题 1"样式。

　　（4）第 4 页显示两行文字，第 1 行文字为"时间：2021 年 4 月 21 日"，第 2 行文字为"地点：学生活动中心"，竖排，三号，左右居中显示。

　　【操作要点】

　　① 新建 Word 空白文档，在"页面设置"对话框的"页边距"选项卡中，设置"多页"为"书籍折页"，此时页面自动调整为横向，单击"确定"按钮，返回文档。

　　② 在文档中输入"邀请函"，设置字体为隶书，字号为 72 磅，段落对齐方式为水平居中，在"页面设置"对话框的"布局"选项卡中，设置页面垂直对齐方式也为居中。

　　③ "邀请函"默认以横排显示在页面中，若要竖排显示，则选择"布局"|"页面设置"组中的"文字方向"命令，在展开的列表中选择"垂直"命令，文字将以竖排显示。改变文字方向时，纸张方向也会随之改变，重新设置纸张方向为横向。

　　④ 第 2 页文字方向要求为横排，与第 1 页不同，可通过分节设置。将光标定位在"邀请函"末尾，选择"分节符"中的"下一页"命令，插入第 2 页。分节后自动将第 1 页光标处的格式带到第 2 页，要清除第 2 页格式，单击"样式"组右下角的对话框启动器按钮，打开"样式"窗格，如图 3.71 所示，选择"全部清除"命令即可。然后输入文字"汇报演出定

图 3.71 "样式"窗格

于 2021 年 4 月 21 日，在学生活动中心举行，敬请光临。"，设置字号为三号，首行缩进 2 字符，行距为 1.5 倍。最后设置第 2 页的文字方向为横排，与步骤③设置竖排文字方法一样，设置完文字方向后，再次设置纸张方向为横向。

⑤ 继续通过分节符中的"下一页"命令插入第 3 页和第 4 页，在第 3 页上输入文字"演出安排"，并设置样式为"标题 1"，对齐方式为水平居中。在第 4 页上输入相应的文字后，设置文字方向为"垂直"，纸张方向为横向，在"页面设置"对话框的"布局"选项卡中，设置页面垂直对齐方式为居中，书籍折页式邀请函纸张制作完成。

3.5.3 主控文档

主控文档是包含一系列相关文档的文档。使用主控文档可以将长文档分成较小的子文档，便于组织和维护。可以将一篇现有的文档转换为主控文档，然后将其划分为子文档，也可以将现有的文档添加到主文档之中，使之成为子文档。

在主控文档中，每个子文档是主文档的一个节，因此可以针对每个节设置不同的段落格式、页眉页脚、页面大小等。主文档与子文档之间的关系类似于索引和正文的关系，子文档既是主文档的一部分，又是一份独立的文档。

使用主控文档，可以轻松完成多人协同文档编辑工作。如书籍的各个章节由几个编者共同完成，可以将书籍的不同章节都设定为一个子文档，分别交给不同的编者去完成，最后由主文档来进行汇集与管理。

下面通过案例来介绍主控文档的创建方法。

【例题 3-13】某公司要写一份年终总结报告，报告内容分为综述、财务情况、公司业绩、人员管理、安全制度和总结 6 个方面，分别交由 6 个科室的负责人完成，请通过 Word 协同工作，完成报告。

【操作要点】

1）快速拆分

在 Word 中依次换行输入总结报告的提纲，包括"综述""财务情况""公司业绩""人员管理""安全制度""总结"，并设置为"标题 1"样式。

单击"视图"|"视图"组中的"大纲视图"命令，将页面切换到"大纲视图"。在"大纲"|"主控文档"组中，单击"显示文档"命令，展开相关子命令，按【Ctrl+A】组合键选中全文，单击"主控文档"组中的"创建"命令，即可把文档拆分成 6 个子文档，系统会将拆分开的 6 个子文档内容分别用框线包围起来，如图 3.72 所示。

把文档命名为"年终总结.docx"，即主文档名，保存在计算机上的独立文件夹中，如"D:\单位总结"。打

图 3.72 子文档的创建

开"D:\单位总结"文件夹，该文件夹中不仅有保存命名为"年终总结.docx"的主文档，还有根据主文档中各子文档的标题自动创建的"综述.docx""财务情况.docx""公司业绩.docx""人员管理.docx""安全制度.docx""总结.docx"6 个子文档。

自动拆分子文档时，设置了"标题 1"样式的标题文字被作为拆分点，并默认作为子文档名。注意，在保存主文档后，子文档不能重命名，否则主文档会因找不到子文档而无法显示。

2）汇总修订

把"D:\单位总结"文件夹下的 6 个子文档按分工分别交由 6 个部门的负责人进行编写。编辑完成后，把这些子文档再复制到"D:\单位总结"文件夹下覆盖同名文件。

打开主文档"年终总结.docx"，文档中显示子文档的地址链接。切换到大纲视图，单击"大纲"|"主控文档"组中的"展开子文档"命令，才能显示各子文档的详细内容。至此主文档已经是合并好的总结报告，可以直接在主文档中进行编辑和修改，修改的内容、修订记录和批注等同时保存在对应子文档中。

3）转成普通文档

由于主文档每次打开时不会自动显示内容，而是各子文档的地址链接，因此还需要把编辑好的主文档转成一个普通文档。

打开主文档"年终总结.docx"，在大纲视图下，单击"大纲"|"主文档"组中的"展开子文档"命令，完整显示所有子文档内容；再按【Ctrl+A】 组合键，全选文档内容，单击"显示文档"命令，在展开的命令中，单击"取消链接"取消所有子文档的地址链接；最后单击"文件"|"另存为"命令，将主控文档保存为一般文档。注意，建议不要直接单击"保存"命令，以备主控文档以后编辑时还要使用。

使用主控文档视图方式具有安全性好、文档启动速度快等优点，尤其是对于长文档的撰写（如书籍），采用主控文档多人协同工作时，更便捷高效。

习　　题

一、判断题

1．在稿纸设置中，不但可以设置稿纸的方格行、列数，还可以直接指定页眉和页脚的内容。

2．在页面设置过程中，若左边距为 3cm，装订线为 0.5cm，则版心左边距离页面左边沿的实际距离为 3.5cm。

3．可以以页边或者文字为基准来设置和调整与页面边框的距离。

4．页面的版心是包括页眉和页脚的文档区域。

5．纸张的型号尺寸是源于纸张系列最大号纸张的面积值，每沿着长度方向对折一次就得到小一号的纸张型号。

6．无论当前纸张的方向是横向还是纵向，当将文字的方向设置为垂直时，系统总是自动将纸张的方向改变。

7．页面的版心区域与页眉和页脚区域是绝对隔离的，彼此不可相互挤占。

8．对页面中的文字行添加行号与通过段落编号列表处理效果一样。

9. 页面的水印既可以是文字也可以是图片，都可以自定义。

10. 虽然文档的页码可以设置为多种格式类型，但是页码必须由系统生成，因为页码实际上是一种域值呈现。

11. 标题导航窗格中的内容是可以直接编辑和修改的。

12. 软分页和硬分页都可以根据需要随时插入。

13. 页面的页码必须放置在页脚的位置。

14. 如果文档中的标题没有套用大纲级别或者是样式标题，那么就无法通过页面导航窗格来定位页面。

15. 图片被裁剪后，被裁剪的部分仍作为图片文件的一部分被保存在文档中。

16. Word 的查找替换功能不但可以替换文字信息，还可以替换特殊格式符号，如分页符、分节符、制表符、软回车等。

17. 主控文档比较适合长文档或者多人合作的文档编辑合成处理。

18. "管理样式"功能是样式的总指挥站，使用该对话框可以控制快速样式库和样式任务窗格的样式显示内容，以及创建、修改和删除样式。

19. 为文档的标题设置 1 到 9 级的大纲级别，可以在大纲视图中进行，数字越大级别越高。

20. 审阅者在添加批注时，不能更改显示在批注框内的用户名。

二、选择题

1. 常用的打印纸张 A3 号和 A4 号的关系是（　　　）。
    A．A3 是 A4 的一半　　　　　　　　　B．A3 是 A4 的一倍
    C．A4 是 A3 的四分之一　　　　　　　D．A4 是 A3 的一倍

2. 插入硬回车的快捷键是（　　　）。
    A．Ctrl+Enter　　　B．Alt+Enter　　　C．Shift+Enter　　　D．Enter

3. 可以折叠和展开文档标题并进行标题级别设置和升降级的视图方式是（　　　）。
    A．页面视图　　　B．大纲视图　　　C．草稿视图　　　D．Web 版式视图

4. 在 Word 中，域信息由域的代码符号和字符两种形式显示，执行（　　　）命令，这两种形式可以相互转换。
    A．更新域　　　B．切换域代码　　　C．编辑域　　　D．插入域

5. 关于题注的说明，以下说法错误的是（　　　）。
    A．题注由标签及编号组成
    B．题注主要针对文字、表格、图片和图形混合编排的大型文稿
    C．题注设定在对象的上、下两边，为对象添加带编号的注释说明
    D．题注本质上与脚注和尾注是没有区别的

6. 如果 Word 文档中有一段文字不允许别人修改，那么可以通过（　　　）完成。
    A．格式设置限制　　　　　　　　　　B．编辑限制
    C．设置文件修改密码　　　　　　　　D．以上都是

7. 页面的页眉信息区域是指（　　　）。
    A．页眉设置值的区域
    B．页面的上边距的区域

C．页面的上边距减去页眉设置值的区域

D．页面的上边距加上页眉设置值的区域

8．一个 Word 文档共有 5 页内容，其中第 1 页的正文文字垂直竖排，第 2 页的文字有行号，第 3 页的文字段落前有项目符号，第 4 页的文字段落首字下沉，第 5 页有页面边框，最优的处理的方法是（　　）。

  A．插入 5 个硬分页   B．插入 4 个"下一页"的节

  C．插入 3 个"下一页"的节   D．插入 5 个"下一页"的节

9．主控文档的创建和编辑操作可以在（　　）中进行。

  A．页面视图 B．大纲视图   C．草稿视图   D．Web 版式视图

10．关于交叉引用，以下说法正确的是（　　）。

  A．在书籍、期刊、论文正文中用于标识引用来源的文字被称为交叉引用

  B．交叉引用是在创建文档时参考或引用的文献列表，通常位于文档的末尾

  C．交叉引用设定在对象的上、下两边，为对象添加带编号的注释说明

  D．为文档内容添加的注释内容设置引用说明，以保证注释与文字对应关系的引用关系称为交叉引用

11．切换域代码和域结果的快捷键是（　　）。

  A．F9   B．Ctrl+F9   C．Shift+F9   D．Alt+F9

12．以下哪一项不是"目录"对话框中的内容（　　）。

  A．打印预览与 Web 预览   B．制表符前导符号下拉列表

  C．样式下拉列表   D．显示级别选项框

13．能够呈现页面实际打印效果的视图方式是（　　）。

  A．页面视图 B．大纲视图   C．草稿视图   D．Web 版式视图

第4章 数据处理软件

Microsoft Office Excel（简称 Excel）用于制作各类电子表格，实现对数据的计算、统计、管理、分析和辅助决策等，广泛应用于财务、金融、经济、审计和统计等领域。

4.1 Excel 基础知识

启动 Excel 后的工作界面如图 4.1 所示，窗口呈现为规整的表格形式。与 Word 工作界面类似，工作界面上部是选项卡和功能区，中部是名称框、编辑栏和工作表，下部是工作标签等。

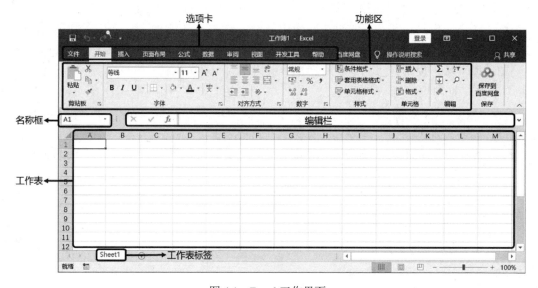

图 4.1　Excel 工作界面

4.1.1 常用术语

1. 工作簿

工作簿是 Excel 用来储存并处理工作数据的文件，默认情况下其保存类型是"Excel 工作簿(*.xlsx)"。每个 Excel 文档都可以看成一个工作簿，打开一个 Excel 文件，即打开了一个工作簿。每个工作簿由若干张不同的工作表构成。

2. 工作表

工作表是显示在工作簿中的规整表格，用来组织、显示和分析数据，工作表默认以"Sheet1""Sheet2"…标签方式命名。在 Excel 2019 中，一张工作表由 1048576 行和 16384 列构成，行号从 1 到 1048576，列标采用字母 A、B、…、AA、AB、…、XFD，行号显示在工作表区域的左侧，列标显示在工作表区域的上方。数据通常都是存放在工作表中的一块连续区域中。

选择工作表标签，按【Shift】键，单击另外的工作表标签，可以选择介于这两张工作表之间的多个连续工作表；按【Ctrl】键，依次单击不同的工作表标签，可以选择被单击的多张不连续工作表。

右击工作表标签，在弹出的快捷菜单中选择相应的命令，可以实现对工作表的插入、删除、重命名和保护工作表等操作。

3．单元格

单元格是工作表中最小的组成单位，是数据输入和编辑的直接场所。单元格的名称采用"列标+行号"的方式命名，如 A1、F8、AR13 等，又称单元格地址，Excel 通过单元格地址来引用数据。被选中的单元格称为活动单元格，其地址在工作表左上角的名称框内显示。多个单元格所构成的单元格群组称为单元格区域，如从第 1 行到第 100 行、从 B 列到 F 列的单元格区域用"A1:F100"来表示，即用冒号将左上角与右下角单元格地址连起来。构成区域的单元格可以是连续的，也可以是不连续的。

选择一个单元格后，按住鼠标左键进行拖动，可以选择连续区域内的单元格；按【Ctrl】键，再用鼠标拖动可以选择多个不连续的单元格区域；选择整行或整列只需单击相应的行号或列标即可。

4．字段与记录

规范的 Excel 表格和数据库一样，字段和记录是用户处理的数据对象。工作表中每一列数据通常具有相同的格式和数据类型，称为字段，每个字段的标题为字段名。数据区的每一行就称为一条记录，包含至少一个字段的数据。字段名所在行在排序时自动成为一个整体，位置固定不变。字段名与记录如图 4.2 所示。

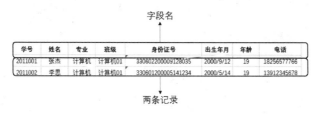

图 4.2　字段名与记录

5．编辑栏

编辑栏是位于工作表上部的条形区域，如图 4.3 所示。用于输入、编辑和显示单元格的数据或公式。单击其左侧的 f_x 按钮可打开"插入函数"对话框，进行函数的选择与编辑，公式编辑完成后，单击左侧的 ✔ 按钮，可确认输入，单击 ✕ 按钮可取消输入。

图 4.3　编辑栏

6．填充柄

选择单元格时，单元格右下角的小黑方块称为填充柄，鼠标指针指向填充柄时，呈黑十字状。拖动填充柄可以向多个单元格填充相同或有规律变化的数据、引用公式。

4.1.2　数据输入

Excel 中常见的数据类型包括数字、负数、分数、文本和日期时间等。默认情况下，输入数字右对齐，输入文本左对齐。单元格中数据输入完毕后，按回车键确认输入，或单击编辑栏中的 ✔ 按钮。

1．输入一般数字

单元格中可直接显示的最大数字为 11 位，超过该值时，Excel 将以科学计数法方式显示数据。科学计数法显示的结果随单元格的宽度自适应调整，当宽度小至一定程度时单元格中以"####"显示。

2．输入文本

文本是指含有汉字、英文和符号等的信息。若把数字型数据转化成文本输入，则须以英文单引号"'"开始，如身份证号码、银行卡号等长数字型数据的输入。

3．输入负数

在数字前输入减号"−"或者将输入的数字用英文状态下的"()"括起来完成负数输入。若要将工作表中的负数标注为红色，以快速区分正、负数，则选择所有的数据区域，右击鼠标，在快捷菜单中选择"设置单元格格式"命令，打开"设置单元格格式"对话框，如图 4.4 所示，在"分类"列表中选择"数值"，小数位数设置为"0"，在"负数"列表中选择最后一个选项。

图 4.4　"设置单元格格式"对话框

4．输入分数

在 Excel 中，直接输入分数，如 1/4，则显示为"1 月 4 日"，输入分数的规则为"0+空格+分数"，如输入"0 4/5"，将得到真分数"4/5"，输入"0 5/4"将得到假分数"1 1/4"，编辑栏中以小数形式显示分数的实际值"0.8""1.25"。

5．输入小数

当小数位数过长时，在单元格中会四舍五入，不完全显示。小数位数可在"设置单元格格式"对话框中设置，如图 4.4 所示。也可以通过"开始"|"数字"组中的"增加小数位数"或"减少小数位数"命令进行调整。

6．输入日期时间

在单元格中输入日期数据时，应用斜杠"/"或连字符"-"将日期中的"年、月、日"分隔开来。

7．数据填充

输入数据时经常会遇到要求批量输入连续、有规律的数据，为提高效率，可通过鼠标拖动填充柄实现数据的快速填充。

1）填充相同的数据

在一个单元格输入数据后，选择该单元格，拖动填充柄向某个方向移动，则划过的单元格会填充为相同的数据。

2）填充序列数据

若输入一系列连续的数据，如日期、月份或渐进数字，可以在前两个单元格中输入数据，建立一个准则，如等差数列，然后选定这两个单元格，沿着它们所在的行或列拖动填充柄，则填充柄划过的单元格会填充为序列数据。

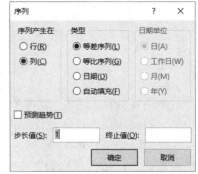

也可以选择起始单元格，单击"开始"|"编辑"组中的"填充"命令，选择"序列"命令，打开"序列"对话框，定制填充规则，如图 4.5 所示，步长值在等差数列中是指公差，而在等比数列中是指公比。

图 4.5　"序列"对话框

3）填充自定义序列

Excel 中预定义了一些序列，如月份，星期，甲、乙、丙等，如果在一个单元格中输入了序列值，拖动填充柄时会自动填充后续值，若填充的单元格很多，则序列值用完后会再从头开始。也可以自行定义序列，单击"文件"|"选项"命令，打开"Excel 选项"对话框，如图 4.6 所示。选择"高级"选项，在右侧"常规"中，单击"编辑自定义列表"按钮，打开"自定义序列"对话框，如图 4.7 所示，输入自定义的序列内容后，单击"添加"按钮，返回到 Excel 中就可快速填充自定义的序列。

4）公式的快速填充

填充柄不仅可用于数据的快速输入，还可以对公式进行快速填充和引用。

图 4.6 "Excel 选项"对话框

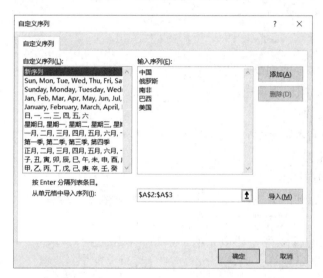

图 4.7 "自定义序列"对话框

如图 4.8 所示，要计算每个人的应发工资，选择 H2 单元格，单击"开始"|"编辑"组中的"自动求和"命令，H2 单元格中显示公式"=SUM(F2:G2)"，按回车键确认，得到公式计算的结果"4500"，其余各人的应发工资不需要再一一计算，将鼠标指针指向 H2 单元格的填充柄，按住鼠标向下拖动到 H10 单元格，释放鼠标，每个人的应发工资均计算出来，也可双击填充柄快速引用。

	A	B	C	D	E	F	G	H
1	编号	部门	姓名	年龄	婚否	基本工资	奖金	应发工资
2	NED001	财务部	刘宇	25	已婚	2500	2000	4500
3	NED002	人事部	周晓梅	45	已婚	3600	3000	
4	NED003	财务部	陈玲	36	已婚	3500	3000	
5	NED004	人事部	张伟霞	21	未婚	1100	1500	
6	NED005	销售部	张伟	19	未婚	900	1000	
7	NED006	销售部	李华	28	已婚	2400	1500	
8	NED007	财务部	杨婧	32	已婚	2600	2000	
9	NED008	财务部	谢娟	26	未婚	2700	2000	
10	NED009	人事部	李晓峰	20	未婚	1200	1500	

图 4.8 工资表

4.1.3　单元格格式

Excel 表格不仅要体现数据的准确与翔实，还要允许用户对其进行美化。

1．单元格数据格式

单击"开始"|"字体"组中的相关命令，可以设置单元格中数据的字体格式，如字体、大小、颜色和加粗、倾斜等效果。还可以设置单元格的填充颜色和边框样式等。

"对齐方式"组中的相关命令可以设置单元格中数据在行或列上的对齐方式。

2．单元格数据显示

单元格中的数据按规定的数据格式显示，如数值、日期数据等有多种显示形式，但数据本身不受影响。Excel 中常用的数据格式有常规、数值、货币、会计专用、自定义等。右击单元格，在快捷菜单中选择"设置单元格格式"命令，打开"设置单元格格式"对话框，如图 4.4 所示，可以在"数字"选项卡中选择设置具体的数据格式。

如将单元格中的日期数据转换为星期的格式，只需在"自定义"选项中，设置类型为"aaaa"。一般情况下，单元格中带单位的数据是无法直接运算的，但通过自定义设置的单位却不存在这个问题，如将单元格中所有的数值都加上单位 kg，只需在"自定义"选项中，设置类型为"0k!g"，此时单元格中显示的数据虽然都带有"kg"单位，其实还是数据本身；类似地，给所有的数据加上中文单位，如"吨"，只需在自定义中设置为"0 吨"；将手机号码设置为"3-4-4"格式，只需在自定义中输入"000-0000-0000"即可。

3．批注

在审阅数据时，审阅者可以在某些单元格上添加批注，指出数据或计算中存在的问题。批注可以用于提醒、标明数据的来源或其他需要的说明。添加批注的方法是右击单元格，在快捷菜单中选择"插入批注"命令，或单击"审阅"|"批注"组中的"新建批注"命令。插入批注的单元格右上角有一红色小三角标记，当鼠标指针指向插入批注的单元格时，会显示具体的批注内容。

4．单元格的合并与恢复

表格的标题如果跨列显示，可以将多个单元格合并。选择"开始"|"对齐方式"组中"合并后居中"命令右侧的下拉按钮，展开 4 个命令："合并后居中"是将选择的多个单元格合并为一个单元格，单元格的内容居中显示，一般用于跨列标题；"跨越合并"是将所选的单元格每一行合并为一个单元格；"合并单元格"是将所选区域合并为一个单元格；"取消单元格合并"是将所选单元格恢复为合并之前的多个独立单元格形式。

5．套用表格样式

为使数据组织和处理更为方便，可以给工作表上的数据套用表格样式。套用的表格样式除了提供计算列和汇总行，还提供了简单的筛选功能。套用表格样式时，工作表上的数据不能含有合并的单元格。选择工作表中的数据，单击"开始"|"样式"组中的"套用表格样式"命令，从列表中选择表格样式即可为选择的数据套用表格样式。

4.1.4　数据验证

向工作表中输入数据时，为了防止输入数据的错误，可以为单元格限定数据输入的范

图 4.9 "数据验证"对话框

围。当输入的数据错误时，工作表自动检查，并提示用户输入数据错误，从而避免错误的数据录入。

数据验证的设置：单击"数据"|"数据工具"组中的"数据验证"命令，选择"数据验证"命令，打开"数据验证"对话框，如图 4.9 所示。

1. 限定数据范围

在"数据验证"对话框中可以限定多种类型的数据，如图 4.9 所示。在"设置"选项卡中，默认情况下为允许任何值，选择"整数"或"小数"，可以设置允许输入的数据范围；选择"日期"或"时间"，可以设置允许输入的日期或时间范围；选择"文本长度"，可以设置单元格中允许输入的字符个数。在"输入信息"和"出错警告"选项卡中，可以设置一些提示信息，在输入错误数据时提示用户错误的原因。单元格中如果已经存在数据，设置验证条件后，可以通过"圈释无效数据"命令对不符合条件的数据做圈释标识。

【例题 4-1】如图 4.10 所示，将图中不及格的数据圈释出来。

标识工作表中的无效数据通常有两种方法：一种是使用条件格式将无效数据设置特别的格式，突出显示；另一种是设置数据验证来圈释无效数据。

【操作要点】

设置数据验证条件。所谓的无效数据是指不满足条件的数据，首先对成绩的数据设置限定条件。

① 选择成绩所在的单元格区域，打开"数据验证"对话框，如图 4.11 所示，在"允许"下拉列表中选择"整数"，在"数据"下拉列表中设置关系，选择"大于或等于"，在"最小值"文本框中输入"60"，单击"确定"按钮。

姓名	数学	语文	英语	政治	生物
杨过	63	64	77	80	80
李思	76	49	89	68	65
周通	40	80	70	92	86
黄毅	75	87	63	45	80
张成	84	77	43	31	91
郭靖	46	86	83	30	86

图 4.10 部分数据截图

图 4.11 "数据验证"设置

② 单击"数据"|"数据工具"组中的"数据验证"命令，选择"圈释无效数据"命令，此时工作表中不满足条件的数据被全部圈释出来，如图 4.12 所示。

姓名	数学	语文	英语	政治	生物
杨过	63	64	77	80	80
李思	76	49	89	68	65
周通	40	80	70	92	86
黄毅	75	87	63	45	80
张成	84	77	43	31	91
郭靖	46	86	83	30	86

图 4.12　圈释无效数据

2．定义序列

在"数据验证"对话框中还可以定义序列，为用户提供下拉列表方式进行数据的选择输入。

有如图 4.13 所示的工作表，在"部门"列中，单击单元格右侧的下拉按钮，可以选择输入每个员工所在的部门。

员工姓名	部门	性别	身份证号码	出生年月	职称	应发工资
毛莉	生产部	女	330675196706154485	1985年8月	高级工	9658
杨青	行政部	男	330675196708154432	1984年8月	教授级高工	15260
陈小鹰	生产部	男	330675195302215412	1978年11月	教授	16750
陆东兵	市场部 检测部	男	330675198603301836	2004年8月	助工	4854
闻亚君	客户部	女	330675195908032869	1987年12月	高级工程师	8958

图 4.13　工作表

选择"部门"列相关区域，单击"数据"|"数据工具"组中的"数据验证"命令，选择"数据验证"命令，打开"数据验证"对话框，在"允许"下拉列表中选择"序列"，在"来源"文本框中输入各部门名称，名称之间以半角英文逗号分隔，如图 4.14 所示，单击"确定"按钮，返回工作表，单击"部门"列中的单元格，在其右侧出现下拉按钮，在下拉列表中即可实现数据的选择输入。

在"来源"中直接输入序列的方式不方便数据的更新和维护。可以将序列内容存放在一个单独的工作表中，如将各部门名称输入"部门信息表"，然后在"来源"中，单击右侧的 ↑ 按钮，选择"部门信息表"中部门名称所在的区域，即对单元格区域进行引用，如图 4.15 所示。当修改了"部门信息表"的部门信息后，相应的序列下拉列表也会随之自动更新。

图 4.14　序列数据验证

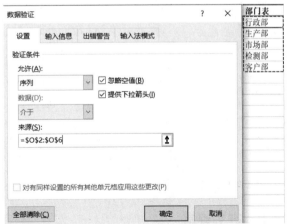

图 4.15　引用

3．数据唯一性检验

除了限定数据输入的范围，"数据验证"还能对区域数据设置功能强大的约束条件，确保输入数据的唯一性。

如图 4.16 所示，设置 D 列所有单元格不能输入重复的数据。选择 D 列后，在"数据验证"对话框中，在"允许"下拉列表中选择"自定义"，在"公式"文本框中输入公式"=COUNTIF (D:D,D1)=1"。

图 4.16　设置输入数据的唯一性

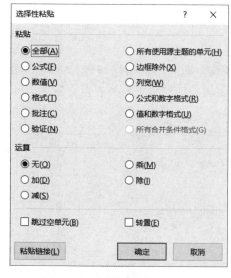

图 4.17　"选择性粘贴"对话框

公式"=COUNTIF(D:D,D1)=1"各参数的含义："D:D"表示 D 列，D1 表示从 D 列的第 1 个单元格开始进行引用，"=1"表示每个单元格的值统计后只能出现 1 次。

4.1.5　选择性粘贴

选择性粘贴是指有选择地粘贴剪贴板中的数值、格式、公式和批注等内容，使粘贴更加灵活。执行复制操作后，在目标单元格中右击鼠标，从弹出的快捷菜单中选择"选择性粘贴"命令，打开"选择性粘贴"对话框，如图 4.17 如示。

"选择性粘贴"可以粘贴不同的内容，如格式、数值、公式等。此外，执行"选择性粘贴"命令还可以将复制的数据与目标单元格中的数据进行加、减、乘、除运算。"转置"功能是将复制的数据区域进行行列转置。

4.1.6　行列隐藏

在编辑数据时，为了节约工作表界面的空间，可以将暂时无须显示的行或列隐藏起来，待需要时再恢复显示。选择需隐藏的行号或列标，右击鼠标，在快捷菜单中选择"隐藏"命令，即可将行或列隐藏设置。反之，在行号或列标上选择包含了需恢复显示的行号或列标区域，右击鼠标，在快捷菜单中选择"取消隐藏"命令，即可恢复显示。

4.1.7　条件格式

使用条件格式可以快速识别一系列数据中存在的差异。

1. 应用预置规则格式

应用预置规则格式是指当单元格区域中的数据满足某类条件时，单元格显示为相应的单元格格式。

如将"员工表"中应发工资在 6000 以上的数据设置为"黄填充色深黄色文本"格式。

选择目标单元格区域"应发工资"列，单击"开始"|"样式"组中的"条件格式"命令，选择"突出显示单元格规则"中的"大于"命令，打开"大于"对话框，设置条件及对应的格式，如图 4.18 所示。

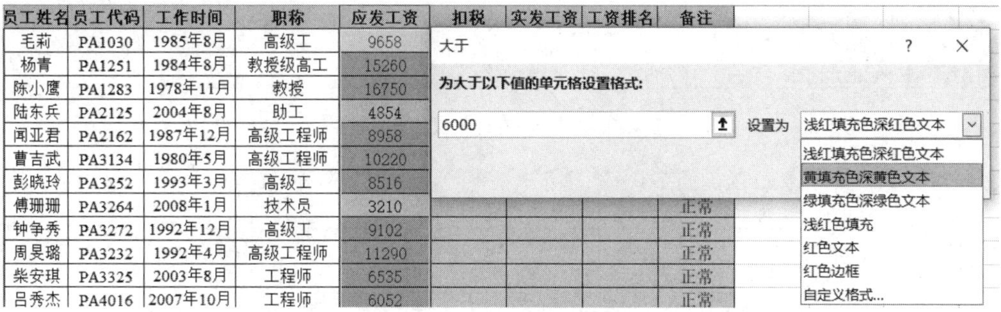

图 4.18　"大于"对话框

上述条件格式的设置是对当前选定的单元格区域里面的值进行判断，对符合条件的单元格设置格式，如果某一列的格式是根据另外一列对应的值来设定格式的，那么该如何操作呢？

【例题 4-2】在"员工表"中，将应发工资大于 8000 的"员工姓名"设置为"红色、倾斜和加粗"格式。

【操作要点】

选择"员工姓名"列，单击"开始"|"样式"组中的"条件格式"命令，选择"突出显示单元格规则"中的"其他规则"命令，打开"新建格式规则"对话框，如图 4.19 所示，在"选择规则类型"中选择"使用公式确定要设置格式的单元格"选项，在"为符合此公式的值设置格式"中输入公式"=\$L2>8000"，单击"格式"按钮完成相应的字体格式设置即可。

2. 应用内置图形效果

"条件格式"命令中还提供了"数据条""色阶""图标集"3 种内置图形效果，可根据表格内容选择不同样式，使数据显示更加直观。

1）数据条

数据条通过颜色条的长短形象地表示单元格数值在该区域内的相对大小。数据条有两种默认的设置类型，分别是"渐变填充"和"实心填充"，此外还可通过"其他规则"自定义渐变条的效果。例如，对"应发工资"列的数据设置渐变填充效果的数据条如图 4.20 所示。

图 4.19 "新建格式规则"对话框

员工姓名	员工代码	工作时间	职称	应发工资
毛莉	PA1030	1985年8月	高级工	9658
杨青	PA1251	1984年8月	教授级高工	15260
陈小鹰	PA1283	1978年11月	教授	16750
陆东兵	PA2125	2004年8月	助工	4854
闻亚君	PA2162	1987年12月	高级工程师	8958
曹吉武	PA3134	1980年5月	高级工程师	10220
彭晓玲	PA3252	1993年3月	高级工	8516

图 4.20 渐变填充效果

2）色阶

色阶通过颜色对比直观地显示数据，并帮助用户了解数据的分布和变化。通常选择双色色阶，利用颜色的深浅程度来比较某个单元格区域内的数据，颜色的深浅表示数据的大小。

3）图标集

使用图标集可以对数据进行注释，并按大小将数据分为 3~5 个类别，每个图标代表一个数据范围。图标集中的"图标"是以不同的形状或颜色来表示数据大小的，可以根据数据进行选择。

3. 条件格式的复制与删除

如果要复制条件格式，对其他单元格设置相同的条件格式，可通过"选择性粘贴"中的"粘贴格式"命令实现。

删除区域中已经设置的条件格式，单击"开始"|"样式"组中的"条件格式"命令，再根据需要选择"清除规则"中的"清除所选单元格的规则"或"清除整个工作表的规则"命令。

4.1.8　窗口拆分与冻结

1. 窗口拆分

在一个较为庞大的工作表中，用户若要查看或比较同一工作表不同位置的数据，可通过“拆分窗口”功能来实现。选择要拆分位置处的单元格，单击“视图”|“窗口”组中的“拆分”命令，则在选中的单元格处将工作表拆分为 4 个小窗口，每个小窗口有各自独立的滚动条，如图 4.21 所示。在拆分线上双击鼠标可以取消拆分。

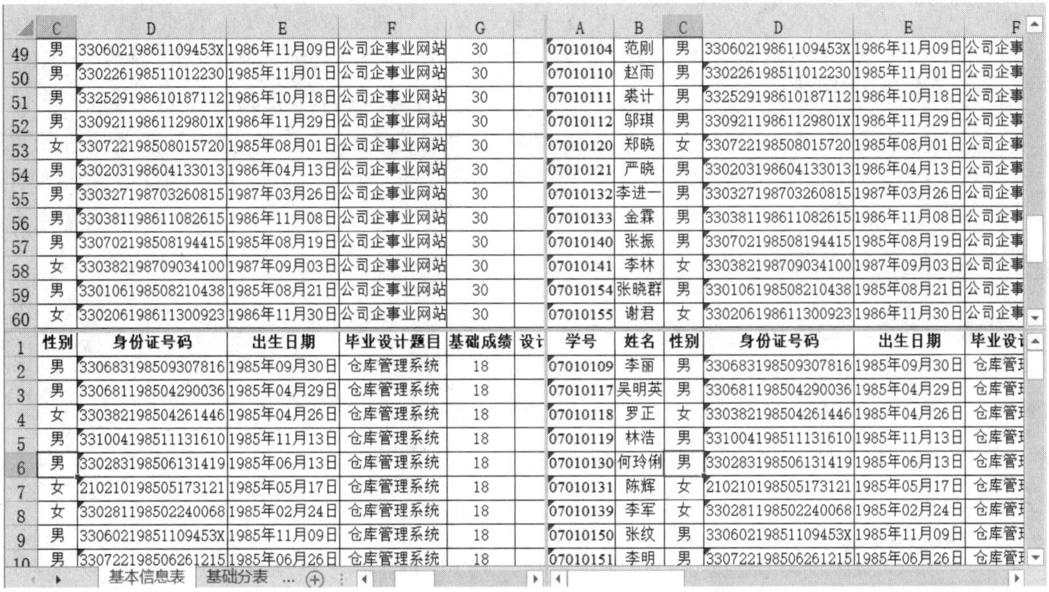

	C	D	E	F	G		A	B	C	D	E	F
49	男	33060219861109453X	1986年11月09日	公司企事业网站	30		07010104	范刚	男	33060219861109453X	1986年11月09日	公司企事
50	男	330226198511012230	1985年11月01日	公司企事业网站	30		07010110	赵雨	男	330226198511012230	1985年11月01日	公司企事
51	男	332529198610187112	1986年10月18日	公司企事业网站	30		07010111	裘计	男	332529198610187112	1986年10月18日	公司企事
52	男	33092119861129801X	1986年11月29日	公司企事业网站	30		07010112	邬琪	男	33092119861129801X	1986年11月29日	公司企事
53	女	330722198508015720	1985年08月01日	公司企事业网站	30		07010120	郑晓	女	330722198508015720	1985年08月01日	公司企事
54	男	330203198604133013	1986年04月13日	公司企事业网站	30		07010121	严晓	男	330203198604133013	1986年04月13日	公司企事
55	男	330327198703260815	1987年03月26日	公司企事业网站	30		07010132	李进一	男	330327198703260815	1987年03月26日	公司企事
56	男	330381198611082615	1986年11月08日	公司企事业网站	30		07010133	金霖	男	330381198611082615	1986年11月08日	公司企事
57	男	330702198508194415	1985年08月19日	公司企事业网站	30		07010140	张振	男	330702198508194415	1985年08月19日	公司企事
58	女	330382198709034100	1987年09月03日	公司企事业网站	30		07010141	李林	女	330382198709034100	1987年09月03日	公司企事
59	男	330106198508210438	1985年08月21日	公司企事业网站	30		07010154	张晓群	男	330106198508210438	1985年08月21日	公司企事
60	女	330206198611300923	1986年11月30日	公司企事业网站	30		07010155	谢君	女	330206198611300923	1986年11月30日	公司企事
1	性别	身份证号码	出生日期	毕业设计题目	基础成绩	设计	学号	姓名	性别	身份证号码	出生日期	毕业设计
2	男	330683198509307816	1985年09月30日	仓库管理系统	18		07010109	李丽	男	330683198509307816	1985年09月30日	仓库管理
3	男	330681198504290036	1985年04月29日	仓库管理系统	18		07010117	吴明英	男	330681198504290036	1985年04月29日	仓库管理
4	女	330382198504261446	1985年04月26日	仓库管理系统	18		07010118	罗正	女	330382198504261446	1985年04月26日	仓库管理
5	男	331004198511131610	1985年11月13日	仓库管理系统	18		07010119	林浩	男	331004198511131610	1985年11月13日	仓库管理
6	男	330283198506131419	1985年06月13日	仓库管理系统	18		07010130	何玲俐	男	330283198506131419	1985年06月13日	仓库管理
7	女	210210198505173121	1985年05月17日	仓库管理系统	18		07010131	陈辉	女	210210198505173121	1985年05月17日	仓库管理
8	女	330281198502240068	1985年02月24日	仓库管理系统	18		07010139	李军	女	330281198502240068	1985年02月24日	仓库管理
9	男	33060219851109453X	1985年11月09日	仓库管理系统	18		07010150	张纹	男	33060219851109453X	1985年11月09日	仓库管理
10	男	330722198506261215	1985年06月26日	仓库管理系统	18		07010151	李明	男	330722198506261215	1985年06月26日	仓库管理

图 4.21　窗口拆分

2. 窗口冻结

在较为庞大的工作表中，当用户拖动垂直或水平滚动条时，标题行或标题列会被移出视线，导致用户在查阅或编辑数据时不便。为确保标题行或标题列始终显示，不随滚动条移动，可以通过窗口冻结将其固定。

单击“视图”|“窗口”组的“冻结窗格”命令，它包含了三个子命令：冻结首行、冻结首列以及冻结拆分窗格。冻结拆分窗格可以对应多行或多列，拆分到哪里就冻结到哪里。单击“取消冻结窗格”命令可以取消已有的窗口冻结。

4.1.9　保护工作表

保护工作表是防止在未经授权的情况下对工作表中的数据进行编辑或修改。选择需要保护的工作表，单击“审阅”|“保护”组中的“保护工作表”命令，打开“保护工作表”对话框，如图 4.22 所示，勾选“保护工作表及锁定的单元格内容”复选框，在“允许此工作表的所有用户进行”列表中设置允许用户对该工作表进行的操作，在“取消工作表保护时使用的密码”文本框中输入密码，单击“确定”按钮，再次输入密码确认后，完成保护工作表的设置。

图 4.22 "保护工作表"对话框

设置工作表保护后,执行"审阅"|"保护"组中的"撤销工作表保护"命令,验证密码后即可撤销对工作表的保护。

4.1.10 页面设置与打印

在打印表格之前需先预览打印效果,若打印页面的布局和格式安排不合理,会影响打印的效果。

1. 页面设置

页面设置主要包括打印纸张的方向、缩放比例、纸张大小、页眉/页脚、打印质量和起始页码等方面的内容,可通过"页面布局"|"页面设置"组中的相关命令进行设置。若不满意 Excel 中内置的页眉和页脚样式,可以自定义页眉和页脚。"自定义页眉/页脚"相对比较灵活,用户可分别在"页眉""页脚"对话框中设置。

2. 打印表格区域

有时只需打印表中的部分数据,需要设置打印区域。设置打印区域的方法是单击"页面布局"|"页面设置"组中的"打印区域"命令,选择"设置打印区域"命令,在打开的对话框中进行区域的设置即可。

3. 标题行重复

当表格内容很多时,将被打印成多页,而在打印时 Excel 默认只在第 1 页显示表格的标题行。如果需要每页都显示标题行,则可通过"页面设置"对话框设置。单击"页面布局"|"页面设置"组中的"打印标题"命令,打开"页面设置"对话框,如图 4.23 所示。选择"工作表"选项卡,单击"顶端标题行"文本框右侧的按钮,弹出"页面设置-顶端标题行"对话框,选择标题行所在的区域即可。

图 4.23 "页面设置"对话框

4.2 公式与函数

Excel 具备强大的数据分析与处理功能,其中公式的作用至关重要。公式是对工作表数据进行计算的等式,用户可运用公式对单元格中的数据进行计算和分析,数据更新后无须再输入公式,会由公式自动更新结果。

4.2.1　公式

公式是对数据计算的依据。在 Excel 中，输入公式时需要遵循特定的顺序或语法：以"="开头，然后才是计算表达式。公式中可以包含运算符、常量数值、单元格引用、单元格区域引用和函数等，如图 4.24 所示。

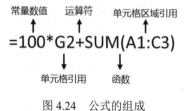

图 4.24　公式的组成

（1）常量数值：是指不随其他函数或单元格位置变化的值。

（2）运算符：是指公式中各元素参与的运算类型，如+、−、*、/、&、>、<等。

（3）单元格引用：是指需要引用数据的单元格所在的位置。

（4）单元格区域引用：是指需要引用数据的单元格区域所在的位置。

（5）函数：是指 Excel 中预定义的计算公式，通过使用一些称为参数的特定数值并按设定的顺序或结构执行计算。

4.2.2　运算符

使用公式就离不开运算符，它是 Excel 公式中的基本元素。因此，了解不同运算符的含义与作用有助于用户更加灵活地运用公式对数据进行分析和处理。运算符分为 4 种不同的类型，即算术运算符、比较运算符、文本运算符和引用运算符。

1．算术运算符

算术运算符用于完成基本的算术运算，包括加、减、乘、除和乘方，如表 4-1 所示。

表 4-1　算术运算符

运　算　符	含　义	示　例
+	加号，执行加法运算	2+6
−	减号，执行减法运算	5−2 或−5
*	乘号，执行乘法运算	2*5
/	除号，执行除法运算	10/2
^	乘方	2^3

2．比较运算符

比较运算符用于比较两个或多个数字、文本、单元格内容或函数结果的大小关系，当用这些运算符比较两个值时，结果为逻辑值，即 TRUE 或 FALSE，如表 4-2 所示。

表 4-2　比较运算符

运　算　符	含　义	示　例
=	等于	2+3=5
>	大于号	5>6
<	小于号	5<6
>=	大于或等于	10>=1
<=	小于或等于	10<=1
<>	不等于	1<>2

3．文本运算符

文本运算符为"&"，可将两个不同文本连接成一个新的文本。如输入"="Microsoft"&"Excel""，将得到 MicrosoftExcel。

4．引用运算符

引用运算符可以对单元格或单元格区域进行合并计算，如表 4-3 所示。

表 4-3　引用运算符

运 算 符	含 义	示 例
:	区域运算符，将连续的单元格区域引用	A1:B6
,	联合运算符，将不连续的多个区域引用	SUM(B5:B15,D5:D15)
空格	交叉运算符，对两个区域中共有区域的引用	SUM(A1:D2　C1:E3)
!	三维引用运算符，对其他工作表中单元格的引用	Sheet2!B2

4.2.3　单元格引用

使用公式和函数进行数据计算时，经常需要引用其他单元格的数据。引用的数据可以来自同一工作表中的不同单元格，也可以来自同一工作簿中的不同工作表，还可以来自不同工作簿中的工作表。单元格引用分为相对引用、绝对引用和混合引用三种类型。

1．相对引用

相对引用是指当前单元格与公式中单元格的位置是相对的，表现形式如"A1""B2"。其特点是，复制与填充公式时，公式中的单元格地址会随着存放计算结果的单元格位置的变化而变化。

2．绝对引用

绝对引用是指被引用的单元格与公式中单元格的位置是绝对的。即不管公式被复制到什么新的目标位置，新位置的公式中所引用的仍是被复制的公式中原单元格的数据，其表现形式如"$A$1""$B$2"。在公式中，若不希望改变引用的位置，则可以使用绝对引用。

3．混合引用

混合引用是指同时使用相对引用和绝对引用。即只在行号或列标前添加"$"符号，添加了"$"符号的行号或列标采用绝对引用，未添加"$"符号的列标或行号采用相对引用，表现形式如"A$1""$A1"。相对引用、绝对引用状态的切换可以按【F4】键实现。

【例题 4-3】制作乘法口诀表，如图 4.25 所示。

【操作要点】

① 单元格中数据显示的形式为"被乘数*乘数=乘积"，各个部分可以通过文本运算符"&"连接而成。

② 通过分析发现，每个乘式中的被乘数都取自该列的第 1 行，乘数都取自 A 列。所以第 1 行和 A 列采用绝对引用，为方便填充，其他的行与列则采用相对引用。

③ 在 B2 单元格中编辑公式："=B$1&"*"&$A2&"="&B$1*$A2"，然后通过填充柄将该公式填充到各个单元格中。

图 4.25 乘法口诀表

4. 三维引用

有时需要引用其他工作表中的单元格或者其他工作簿中的单元格，可以通过三维引用来实现。

引用其他工作表的单元格，格式为"工作表名称!单元格地址"。如在 Sheet1 工作表的 B1 单元格中引用 Sheet2 工作表中 A1 单元格，则应在编辑栏中输入"=Sheet2!A1"。

引用其他工作簿中工作表的单元格，格式为"='工作簿存储路径[工作簿名称]工作表名称'!单元格地址"。如"=SUM('D:\wu\[Book1.xlsx]Sheet1:Sheet3'!A1)"表示对 D 盘 wu 文件夹下的 Book1 工作簿中 Sheet1 到 Sheet3 中所有 A1 单元格求和。

4.2.4　单元格名称

默认情况下，单元格是以行号和列标定义单元格名称的，可以根据实际情况，对单元格名称进行重新定义，然后在公式或函数中通过这个名称对单元格进行引用，让数据的计算更加直观。

1. 自定义单元格名称

自定义单元格名称是指为单元格或单元格区域重新定义一个名称，这样在定位或引用单元格及单元格区域时就可通过定义的名称来操作相应的单元格。

如图 4.26 所示，若将单价列中的单元格区域 F3:F13 命名为"单价"，可选择 F3:F13 区域，在名称框中输入"单价"后按回车键确认；也可以在选择 F3:F13 单元格区域后右击鼠标，在弹出的快捷菜单中选择"定义名称"命令完成。定义了名称之后，当鼠标选中 F3:F13 区域时，在名称框中会显示"单价"名称。

图 4.26　定义单元格名称

2．引用单元格名称

为单元格或单元格区域定义名称后，就可通过定义的名称方便、快捷地查找和引用该单元格或单元格区域，命名的单元格不仅可用于函数中，还可用于公式中，降低错误引用单元格的概率。

如图 4.27 所示，分别将 E3:E13 单元格区域、F3:F13 单元格区域命名为"面积""单价"后，在 H3:H13 单元格区域中计算"房价总额"时，可通过公式"=单价*面积"实现。

H3	▼	:	×	✓	f_x	=单价*面积			

	A	B	C	D	E	F	G	H	I	J
1					房产销售表					
2	姓名	联系电话	楼号	户型	面积	单价	契税	房价总额	契税总额	销售人员
3	客户1	13557112358	5-101	两室一厅	125.1	6821	1.50%	853443.52	12801.65	人员甲
4	客户2	13557112359	5-102	三室两厅	158.2	7024	3%	1111407.52	33342.23	人员丙
5	客户3	13557112360	5-201	两室一厅	125.1	7125	1.50%	891480.00	13372.20	人员甲
6	客户4	13557112361	5-202	三室两厅	158.2	7257	3%	1148275.11	34448.25	人员乙
7	客户5	13557112362	5-301	两室一厅	125.1	7529	1.50%	942028.48	14130.43	人员丙
8	客户6	13557112363	5-302	三室两厅	158.2	7622	3%	1206029.06	36180.87	人员丙
9	客户7	13557112364	5-401	两室一厅	125.1	8023	1.50%	1003837.76	15057.57	人员戊
10	客户8	13557112365	5-402	三室两厅	158.2	8120	3%	1284827.60	38544.83	人员戊
11	客户9	13557112366	5-501	两室一厅	125.1	8621	1.50%	1078659.52	16179.89	人员乙
12	客户10	13557112367	5-502	三室两厅	158.2	8710	3%	1378183.30	41345.50	人员甲
13	客户11	13557112368	5-601	两室一厅	125.1	8925	1.50%	1116696.00	16750.44	人员丙

图 4.27　引用单元格名称

4.2.5　公式审核

当公式较简单时，可直接在单元格中输入；当公式较长时，可在编辑栏中输入，以便更直观地进行查看。当输入的公式中涉及单元格引用时，可以直接用鼠标选择需要引用的单元格区域，让系统自动输入涉及运算的单元格地址。

为了降低使用公式时发生错误的概率，Excel 提供了公式审核功能。

1．显示公式

默认情况下，单元格显示的数据是公式运行的结果，当要查看单元格中使用的公式时，可选择单元格，在编辑栏中查看，当要查看多个公式时，就显得有些麻烦，此时可设置只显示公式而不显示结果。

显示工作表中所有公式的方法：单击"公式"|"公式审核"组中的"显示公式"命令，此时所有单元格自动加宽，并在所有使用了公式的单元格中显示其公式，如图 4.28 所示。

	A	B	F	H	I	J	K
1	学号	姓名	毕业设计题目	设计成绩	论文成绩	实习成绩	总成绩
2	07010109	李丽	仓库管理系统	64		89	=G2+H2*0.3+I2*0.3+J2*0.1
3	07010117	吴明英	仓库管理系统	82	40	50	=G3+H3*0.3+I3*0.3+J3*0.1
4	07010118	罗正	仓库管理系统	80	41	60	=G4+H4*0.3+I4*0.3+J4*0.1
5	07010119	林浩	仓库管理系统	80	79	79	=G5+H5*0.3+I5*0.3+J5*0.1
6	07010130	何玲俐	仓库管理系统	69	88	82	=G6+H6*0.3+I6*0.3+J6*0.1
7	07010131	陈辉	仓库管理系统	50	62	80	=G7+H7*0.3+I7*0.3+J7*0.1
8	07010139	李军	仓库管理系统	98	61	86	=G8+H8*0.3+I8*0.3+J8*0.1
9	07010150	张纹	仓库管理系统		62	76	=G9+H9*0.3+I9*0.3+J9*0.1

图 4.28　显示公式

2．追踪引用或从属单元格

当工作表中使用了公式或函数时，利用追踪引用或从属单元格功能可以准确地知道当前公式或函数引用或从属于哪些单元格，并用蓝色箭头指示出来。追踪引用单元格是指显示当前单元格的公式中引用了哪些单元格；追踪从属单元格是指显示当前单元格被哪些单元格引用。选择"公式"|"公式审核"组中的"追踪引用单元格"命令或"追踪从属单元格"命令可以查看当前单元格的引用或被引用情况。

3．出错信息

如果在单元格中输入的公式有误，那么将显示相应的提示信息，如"#N/A""#VALUE!""#DIV/0!"等。Excel 中常见的错误信息如表 4-4 所示。

表 4-4　常见的错误信息

常见错误信息	含　义
#####	当单元格中所含的数据宽度超过单元格本身列宽，或者单元格的日期时间公式产生了一个负值，就会产生该错误值
#DIV/0!	当公式被零除时，将会产生错误值#DIV/0!
#N/A	当在函数或公式中没有可用数值时，将产生错误值#N/A
#REF!	当单元格引用无效时，将产生错误值#REF!
#NAME?	当在公式中使用了 Excel 不能识别的文本时，将产生错误值#NAME?
#VALUE!	当使用错误的参数或运算对象类型时，或者当公式自动更正功能不能更正公式时，将产生错误值#VALUE!

4.2.6　数组公式

数组是单元的集合或是一组处理值的集合。数组公式是指对一组或多组值进行多重计算，并返回一个或多个结果的计算表达式。数组公式的计算，不能直接按回车键确认，而是按【Ctrl+Shift+Enter】组合键进行确认并得到多个结果，将每个结果显示在相应的单元格中。使用数组公式后，编辑栏中显示以"{}"括起来的公式。

如图 4.29 所示，利用数组公式，计算每个户型的契税总额。

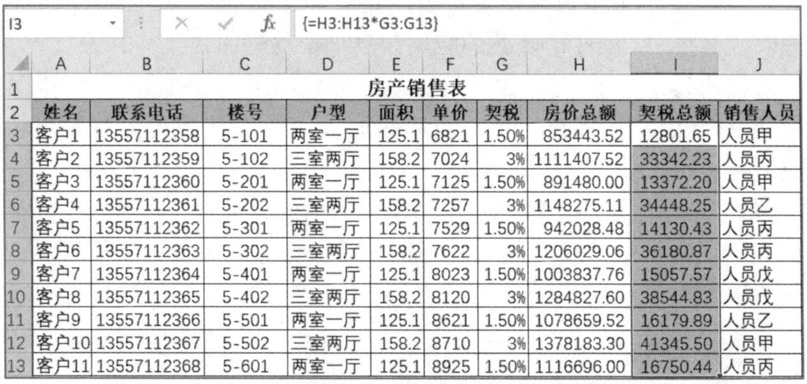

图 4.29　数组公式

计算每个户型契税总额的常规方法是：选择 I3 单元格，输入公式"=H3*G3"，按回车键确认，然后拖动填充柄到 I13 单元格，对公式进行相对引用。

利用数组公式可以一次性求出结果。选择 I3:I13 单元格区域，在编辑栏中输入公式"=H3:H13*G3:G13"，按【Ctrl+Shift+Enter】组合键，即可计算出每个户型的契税总额。

数组公式是为了弥补普通公式不能完成的部分功能而设计的，具有以下优点。

（1）一致性：在数组公式中，所有单元格都包含相同的公式，这种一致性有助于确保所有相关数据计算的准确性。

（2）安全性：不能单独编辑数组中的单个单元格，必须选择整个数组单元格区域，才可以编辑数组公式，否则会出现"无法更改部分数组"提示对话框。

（3）数据储存量小：由于数组中所有单元格使用同一数组公式，因此只需要保存这个共同的数组公式，而不必为每个单元格保存一个公式。

图 4.30　利用数组公式进行统计

【例题 4-4】利用数组公式，统计数据中奇数个数，如图 4.30 所示。

判断奇数的方法是将数字除以 2 求余数，余数为 1 则为奇数。要统计 A2:J2 单元格区域中有多少个奇数，就是将这些数字分别除以 2，查看余数为 1 的有多少个，则奇数就有多少个，即将所有的 1 相加求和。Excel 中求余函数是 MOD，如求 5 除以 2 的余数，公式为"=MOD(5,2)"。

【操作要点】

① 首先计算这些数字除以 2 的余数。选择 K2 单元格，在编辑栏中输入公式"=MOD(A2:J2,2)"。

② 利用 SUM 函数，将所有余数 1 相加求和。SUM 函数中的参数是"MOD(A2:J2,2)"，因此 K2 单元格中的公式变为"=SUM(MOD(A2:J2,2))"，然后按【Ctrl+Shift+Enter】组合键得到统计的结果"4"，如图 4.30 所示。

4.2.7　函数

函数是一些由 Excel 预先定义好，在需要时可直接调用的表达式，通过使用参数的特定数值按特定的顺序或结构进行计算。利用函数能够很容易地完成各种复杂数据的处理工作，快速求出数据结果。每个函数都有特定的功能，对应唯一的函数名称，且不区分大小写。很好地理解函数将对 Excel 中函数的应用起到事半功倍的效果。

函数的一般结构为：函数名(参数 1,[参数 2],…)。其中，参数中的"[]"表示该参数不是必需的。不同的函数，其参数的个数也不相同。函数的参数可以是数字、文本、表达式、引用、数组或其他函数。

Excel 中提供了不同类型的函数，分别适用于不同的场合。在"公式"|"函数库"组中提供了财务函数、逻辑函数、文本函数、日期和时间函数、查找与引用函数、数学和三角函数等，如图 4.31 所示。

图 4.31　"函数库"组

单击编辑栏上的"插入函数"按钮 *fx*，打开"插入函数"对话框，如图 4.32 所示。在"或选择类别"下拉列表中选择函数的类别后，在"选择函数"列表中会列出该类别的所有函数，从中选择一个函数。在列表下方描述了该函数的功能与语法结构。若要深入了解当前函数的应用说明，可单击对话框左下角的"有关该函数的帮助"链接，查看该函数更为详细的介绍和举例。

图 4.32 "插入函数"对话框

1. 数学函数

1）求和函数 SUM

语法：SUM(number1,number2, ...)

功能：返回单元格区域中所有数字之和。

说明：若参数均为数值，则直接返回计算结果，如 SUM(10,20)返回 30；若参数为引用的单元格或单元格区域，则计算单元格或单元格区域中的数值之和，其他（如空单元格、逻辑值或文本）将被忽略。

2）求平均值函数 AVERAGE

语法：AVERAGE(number1,number2,...)

功能：返回参数的算术平均值。

3）求最大值/最小值函数 MAX/MIN

语法：MAX(number1,number2,...)或 MIN(number1,number2,...)

功能：返回一组数值中的最大值/最小值，忽略逻辑值及文本。

4）取整函数 INT

语法：INT(number)

功能：将数值向下取整为最接近的整数。

说明：参数 number 可以是正数或负数，也可以是单元格引用。如公式"=INT(8.9)"将 8.9 向下舍入到最接近的整数 8；公式"=INT(−8.9)"将−8.9 向下舍入到最接近的整数−9。

5）求余函数 MOD

语法：MOD(number,divisor)

功能：返回两数相除的余数。

说明：参数 number 表示被除数，divisor 表示除数。

6）求绝对值函数 ABS

语法：ABS(number)

功能：返回参数的绝对值。

7）乘积函数 PRODUCT

语法：PRODUCT(number1,[number2], ...)

功能：计算所有参数的乘积。

8）条件求和函数 SUMIF

语法：SUMIF(range,criteria,[sum_range])

功能：对区域中符合指定单个条件的值求和。

说明：参数 range 表示用于条件判断的单元格区域，即条件参数对应的区域；参数 criteria 表示求和的条件，可以是具体的数字、表达式或文本，如"60""＞60""男"等形式；参数 sum_range 表示要求和的实际单元格区域。

例如，计算各业务员的总销售额，求和的条件是各个业务员，对应的公式如图 4.33 所示。

图 4.33　SUMIF 函数示例

9）多条件求和函数 SUMIFS

语法：SUMIFS(sum_range, criteria_range1, criteria1, [criteria_range2, criteria2], ...)

功能：对区域中符合指定多个条件的值求和。

说明：参数 sum_range 表示要求和的实际单元格；参数 criteria_range1 表示关联第 1 个条件的区域；参数 criteria1 表示第 1 个条件，可以是数字、表达式或文本。参数 criteria_range2，criteria2 对应关联第 2 个条件的区域及具体条件。

例如，要计算人员甲销售的两室一厅总销售总额，涉及"业务员"和"户型"两个条件，对应的公式如图 4.34 所示。

图 4.34　SUMIFS 函数示例

10）求乘积的和函数 SUMPRODUCT

语法：SUMPRODUCT(array1,array2,array3, ...)

功能：返回相应的数组或区域内乘积的和。

说明：各个数组参数必须具有相同的维数，否则函数将返回错误信息"#VALUE!"。

11）求随机数函数 RAND

语法：RAND( )

功能：返回大于或等于 0 且小于 1 的随机实数，每次计算时，都将返回一个新的随机实数。

说明：本函数无参数。若要生成大于或等于整数 a 且小于或等于整数 b 的随机整数，可以使用公式"=INT(RAND()*(b−a+1)+a)"。

12）四舍五入函数 ROUND

语法：ROUND(number,num_digits)

功能：按指定的位数对数值进行四舍五入。

说明：参数 number 表示需要进行四舍五入的数值；num_digits 表示指定的位数，按此位数进行四舍五入。其中 num_digits>0，对小数部分按指定的位数进行四舍五入；num_digits=0，四舍五入到整数；num_digits <0，对整数部分按指定位数进行四舍五入。如公式"=ROUND(8154.7567,0)"的结果为 8155；公式"=ROUND(8154.7567,2)"的结果为 8154.76，公式"=ROUND(8154.7567,−2)"的结果为 8200。

2．逻辑函数

1）条件函数 IF

语法：IF(logical_test,value_if_true,value_if_false)

功能：判断是否满足某个条件，如果满足，则返回一个值，如果不满足，则返回另一个值。

说明：参数 logical_test 表示 IF 函数的判断条件；参数 value_if_true 表示当表达式 logical_test 成立时作为 IF 函数的结果；参数 value_if_false 表示当表达式 logical_test 不成立时作为 IF 函数的结果。

如公式"=IF(A1>=60,"及格","不及格")"，若 A1 不小于 60，则显示结果"及格"，否则显示"不及格"。

2）逻辑与函数 AND

语法：AND(logical1,logical2, ...)

功能：仅当所有参数的逻辑值均为真时，返回 TRUE，否则返回 FALSE。

说明：参数 logical1，logical2，...分别表示待检测的条件，它们的值为 TRUE 或 FALSE。如公式"=AND(2+2=4, 2+3=5)"的计算结果为 TRUE。

3）逻辑或函数 OR

语法：OR(logical1,logical2,...)

功能：只要有任意一个参数逻辑值为 TRUE，函数就返回 TRUE；所有参数均为 FALSE 时，函数才返回 FALSE。

说明：参数 logical1，logical2，...分别表示待检测的条件，它们的值为 TRUE 或 FALSE。如公式"=OR(1+1=1,2+2=5)"的计算结果为 FALSE。

【例题 4-5】闰年的定义：年份能够被 4 整除并且不能被 100 整除，或者能够被 400 整除。判断工作表中的年份是否为闰年，若是，在 B1 单元格中显示"闰年"，否则显示"平年"。

本题的实质就是通过逻辑函数将判断闰年的逻辑表达式描述出来。

【操作要点】

① 整除即两数相除余数为 0，通过求余函数 MOD 实现。

② 年份能够被 4 整除的表达式为"MOD(A1,4)=0"。

③ 年份不能被 100 整除的表达式为"MOD(A1,100)<>0"。

④ 上述两个条件要同时成立，通过逻辑与函数 AND 判断，表达式为"AND(MOD(A1,4)=0, MOD(A1,100)<>0)"。

⑤ 年份能够被 400 整除的表达式为"MOD(E2,400)=0"。

⑥ 将④中的表达式和⑤中的表达式用逻辑或函数 OR 判断，具体如图 4.35 所示。

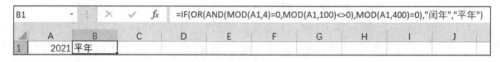

图 4.35　判断闰年

3．文本函数

文本又叫字符串，文本函数是对文本进行处理的函数。

1）提取文本中部分字符的函数 LEFT、RIGHT 和 MID

语法：LEFT(text,num_chars)

功能：返回文本左侧指定个数的字符。

语法：RIGHT(text,num_chars)

功能：返回文本右侧指定个数的字符。

语法：MID(text,start_num,num_chars)

功能：返回文本从指定位置开始的指定个数的字符。

2）文本合并函数 CONCATENATE

语法：CONCATENATE (text1,text2,...)

功能：将多个文本合并为一个文本。

3）替换函数 REPLACE 和 SUBSTITUTE

语法：REPLACE(old_text,start_num,num_chars,new_text)

功能：将文本中的部分字符用另一个文本替换。

说明：参数 old_text 表示要替换其部分字符的文本；start_num 表示替换的起始位置；num_chars 表示要替换掉的字符个数；new_text 表示要用于替换 old_text 中字符的文本。

如公式"=REPLACE("STUdenT",4,3, "DEN") "的结果为"STUDENT"。

语法：SUBSTITUTE(text,old_text,new_text,instance_num)

功能：将文本中的部分字符串以新的文本替换。

说明：参数 text 表示要替换其部分字符的文本；old_text 表示需要替换的原文本；new_text 表示用于替换 old_text 的文本；instance_num 为数值，用来指定用 new_text 替换第几次出现的 old_text。

如公式"=SUBSTITUTE("AABBCCAA","AA","DD",2)"的结果为"AABBCCDD"。

4）文本检测函数 T

语法：T(value)

功能：检测给定值是否为文本，若是文本，则原样返回，若不是，则返回空。

说明：信息类函数"ISTEXT"的功能与此类似，结构为 ISTEXT(value)，也是判断给定的值是否为文本，若是文本，则返回 TRUE，否则返回 FALSE。

4．日期和时间函数

Excel 提供了大量处理日期和时间的函数。默认情况下，Excel 中允许的日期范围是1900-1-1 到 9999-12-31，每个日期对应一个数值，1900-1-1 为 1，1900-1-2 为 2，以此类推，即日期与数值之间可进行转换，如在单元格中输入"1"，通过"设置单元格格式"对话框将其设置为日期格式，则可在单元格中显示日期"1900/1/1"。

1）日期函数 DATE

语法：DATE(year,month,day)

功能：返回代表特定日期的序列号。

2）年、月、日函数 YEAR、MONTH、DAY

语法：YEAR(serial_number)

功能：返回某日期对应的年份。

语法：MONTH(serial_number)

功能：返回某日期对应的月份。

语法：DAY(serial_number)

功能：返回某日期对应的天数，用整数 1 到 31 表示。

3）当前日期函数 TODAY

语法：TODAY()

功能：返回当前日期。

4）当前日期和时间函数 NOW

语法：NOW()

功能：返回当前日期和时间。

5）时、分、秒函数 HOUR、MINUTE、SECOND

语法：HOUR(serial_number)

功能：返回时间中的小时数。

语法：MINUTE(serial_number)

功能：返回时间中的分钟数，为 0 到 59 之间的整数。

语法：SECOND(serial_number)

功能：返回时间中的秒数，为 0 到 59 之间的整数。

5．统计函数

统计类函数应用较为频繁，该类函数可从不同角度去统计数据，捕捉统计数据的特征，可对单元格或单元格区域进行分析或统计。

1）统计数字单元格数量函数 COUNT

语法：COUNT(value1, [value2], ...)

功能：统计指定区域中包含数字单元格的个数。

说明：参数中可以包含或引用各种类型的数据，但只有数字类型的数据才被统计在内。

2）统计空单元格数量函数 COUNTBLANK

语法：COUNTBLANK(range)

功能：统计指定区域中空单元格的个数。

3）统计非空单元格数量函数 COUNTA

语法：COUNTA(value1, [value2], ...)

功能：统计指定区域中非空单元格的数量。

4）按单个指定条件统计函数 COUNTIF

语法：COUNTIF(range, criteria)

功能：统计区域中满足单个指定条件的单元格数量。

说明：参数 range 是一个要计算非空单元格的区域；参数 criteria 是以数字、表达式、单元格引用或文本字符串形式定义的条件，如"60"">60""B5""男"等。

5）按多条件统计函数 COUNTIFS

语法：COUNTIFS(criteria_range1, criteria1, [criteria_range2, criteria2], …)

功能：统计区域中满足多个条件的单元格数量。

说明：参数 criteria_range1 表示关联第 1 个条件的区域；参数 criteria1 表示第 1 个条件，其形式可以为数字、表达式、单元格引用或文本；参数 criteria_range2, criteria2 为附加的区域及其关联条件。

如要统计 A1:A10 单元格区域中大于或等于 60、小于 70 的数字个数，公式为"=COUNTIFS(A1:A10,">=60", A1:A10,"<70")"。

6）排名函数 RANK.AVG 和 RANK.EQ

语法：RANK.AVG(number,ref,[order])

功能：返回一个数字在数字列表中的排位，如果多个值相同，则返回平均值排位。

语法：RANK.EQ(number,ref,[order])

功能：返回一个数字在数字列表中的排位，如果多个值相同，则返回该数值的最佳排名。

说明：参数 number 表示要查找其排位的数字；参数 ref 表示数字列表数组或对数字列表的引用；参数 order 取值 0 或省略时表示按降序排名，不为 0 时表示按升序排名。

6. 查找与引用函数

查找函数不仅可以按指定要求查找当前工作表或其他工作表中的数据，还可以查找指定单元格区域中数值的位置，以及链接不同工作表或本地硬盘中的文件，可以在很大程度上帮助用户提高数据的输入与计算速度，缩短数据的采集与计算程序。

1）查找函数 LOOKUP

语法：LOOKUP(lookup_value,lookup_vector,[result_vector])

功能：在单行区域或单列区域中查找值，然后返回第 2 个单行区域或单列区域中相同位置的值，这种方式称为"向量形式"。

说明：参数 lookup_value 表示要搜索的值，lookup_value 可以是数字、文本、逻辑值、名称或对值的引用；参数 lookup_vector 表示要搜索的值所在的区域；参数 result_vector 返回值所在的区域，其大小必须与 lookup_vector 相同。

LOOKUP 函数还有数组形式。

语法：LOOKUP(lookup_value,array)

功能：在数组的第 1 行或第 1 列中查找指定的值，然后返回数组的最后一行或最后一列中相同位置的值，这种方式称为"数组形式"。

说明：参数 lookup_value 表示在数组中搜索的值，其形式可以是数字、文本、逻辑值、名称或对值的引用；参数 array 表示要与 lookup_value 进行比较的内容的单元格区域。

2）查找首行数值函数 HLOOKUP

语法：HLOOKUP(lookup_value,table_array,row_index_num,range_lookup)

功能：在表格或数值数组的首行查找指定的数值，并在指定行的同一列中返回一个数值。

说明：参数 lookup_value 表示需要在数据表的第 1 行中进行查找的数值，该参数可以为数值、引用或文本字符串；参数 table_array 表示需要在其中查找数据的数据表；参数 row_index_num 表示 table_array 中待返回的匹配值的行号；参数 range_lookup 为逻辑值，指定希望 HLOOKUP 查找精确匹配值还是近似匹配值，若为 FALSE，则表示精确匹配，若为 TRUE 或省略，则表示在找不到精确匹配值的情况下，返回小于 lookup_value 的最大数值，即近似匹配。

如职工的基本工资和绩效工资与其学历挂钩，由于右侧表格中的数据呈横向排列，因此通过 HLOOKUP 函数可快速完成各职工基本工资和绩效工资的输入，如图 4.36 所示。

	F2		▼		*fx*	=HLOOKUP(D2,$I$1:$N$3,2,FALSE)							
	A	B	C	D	E	F	G	H	I	J	K	L	M	N
1	职工编号	姓名	性别	学历	工龄	基本工资	绩效工资		学历	高中	大专	本科	硕士	博士
2	A0001	包玉珊	女	大专	29	2300.00			基本工资	2000	2300	2600	3000	3500
3	A0002	毕鹏都	男	本科	3	2600.00			绩效工资	1600	1955	2340	2850	3500
4	A0003	符闪宾	男	本科	19	2600.00								
5	A0004	傅春峰	男	大专	25	2300.00								
6	A0005	高启楠	男	博士	28	3500.00								
7	A0006	黄涛辉	男	本科	30	2600.00								
8	A0007	姜晓曼	女	本科	29	2600.00								
9	A0008	蒋枫花	女	本科	33	2600.00								
10	A0009	金乐乐	女	本科	6	2600.00								
11	A0010	李小菲	女	本科	14	2600.00								
12	A0011	李萍儿	女	硕士	15	3000.00								

图 4.36　HLOOKUP 函数应用示例

3）查找首列数值函数 VLOOKUP

语法：VLOOKUP(lookup_value,table_array,col_index_num,range_lookup)

功能：在表格或单元格区域的首列查找指定的值，并由此返回区域中当前行中的任意值。

说明：参数 lookup_value 表示需要在表格第 1 列中查找的数值，该参数可以为数值或对值的引用；参数 table_array 为两列或多列数据，使用对区域或区域名称的引用；参数 col_index_num 为 table_array 中待返回的匹配值的列号；参数 range_lookup 的含义及功能与函数 HLOOKUP 相同。

如图 4.37 所示，右侧表格中的数据呈纵向排列，通过 VLOOKUP 函数可快速完成各职工基本工资和绩效工资的输入。

4）显示引用函数 INDIRECT

语法：INDIRECT(ref_text,a1)

功能：返回由文本字符串指定的引用。此函数立即对引用进行计算，并显示其内容。当需要更改公式中单元格的引用而不更改公式本身时，可以使用该函数。

图 4.37　VLOOKUP 函数应用示例

说明：参数 ref_text 表示对单元格的引用；参数 a1 为逻辑值，指明包含在单元格 ref_text 中的引用的类型。

图 4.38　INDIRECT 函数应用示例

INDIRECT 函数的引用有两种形式，一种加引号，另一种不加引号，对应的结果分别如图 4.38 所示。

7．财务函数

财务数据的处理是 Excel 常用功能之一，Excel 提供了功能强大的财务函数，涉及本金和利息的核算、资产折旧、投资收益测算等与生活、工作密切相关的数据处理功能。

1）计算每期支付额函数 PMT

语法：PMT(rate,nper,pv,fv,type)

功能：基于固定利率及等额分期付款方式，返回贷款的每期付款额。

说明：参数 rate 表示贷款利率；参数 nper 表示该项贷款的付款总期数；参数 pv 表示现值，或一系列未来付款的当前值的累积和，也称为本金；参数 fv 表示未来值，或在最后一次付款后希望得到的现金余额，如果省略 fv，则假设其值为零，也就是一笔贷款的未来值为零；参数 type 的值为 0 或 1，用以指定各期的付款时间是在期初还是期末。

如张三购买某小区住房一套，总价 180 万元，首付 80 万元，剩余 100 万元向银行贷款。已知贷款利率为 4.75%，贷款期限为 20 年，在等额分期、期末还款的前提下，问每年应还款多少？计算结果如图 4.39 所示。

图 4.39　PMT 函数示例

若计算按月还款额，则应将年利率转化为月利率，即 4.75%/12；同时贷款期限应转换成以月为单位，即 20*12。

2）计算每期支付利息函数 IPMT

语法：IPMT(rate,per,nper,pv,fv,type)

功能：基于固定利率及等额分期付款方式，返回给定期数内对投资的利息偿还额。

说明：参数 rate 表示各期利率；参数 per 用于计算其利息数额的期数，值介于 1 到 nper 之间；参数 nper 表示总投资期数，即该项投资的付款期总数；参数 pv 表示现值，或一系列未来付款的当前值的累积和；参数 fv 表示未来值，或在最后一次付款后希望得到的现金余额；参数 type 的值为 0 或 1，用以指定各期的付款时间是在期初还是期末。

3）投资预算函数 PV

语法：PV(rate,nper,pmt,fv,type)

功能：返回某项投资的一系列将来偿还额的当前总值。即计算定期内支付的贷款或储蓄的现值。

说明：参数 rate 表示各期利率；参数 nper 表示总投资期数，即该项投资的付款总期数；参数 pmt 表示各期所应支付的金额，其数值在整个期间保持不变，通常 pmt 包括本金和利息，但不包括其他费用，如果省略 pmt，则必须包含 fv 参数；参数 fv 表示未来值，或在最后一次付款后希望得到的现金余额，如果省略 fv，则必须包含 pmt 参数；参数 type 的值为 0 或 1，用以指定各期的付款时间是在期初还是期末。

如张三购买一款保险，需要 10 万元，投资回报率为 5%，购买该保险产品后，可以在今后的 15 年内每月领取 900 元，判断该产品是否值得购买。PV 函数可提供决策依据，如图 4.40 所示。

4）投资预算函数 FV

语法：FV(rate,nper,pmt,pv,type)

功能：基于固定利率及等额分期付款方式，返回某项投资的未来值。

说明：参数 rate 表示各期利率；参数 nper 表示总投资期数，即该项投资的付款总期数；参数 pmt 表示各期所应支付的金额，其数值在整个年金期间保持不变，如果省略 pmt，则必须包括 pv 参数；参数 pv 表示现值，或一系列未来付款的当前值的累积和，如果省略 pv，则假设其值为零，并且必须包括 pmt 参数；参数 type 的值为 0 或 1，用以指定各期的付款时间是在期初还是期末。

如张三投资某基金理财产品 10 万元，此后每个月还定存 2000 元，连续投资 5 年，该基金的年收益率为 6.2%，问 5 年后张三连本带利能拿到多少钱。用 FV 函数计算，可得到结果，如图 4.41 所示。

B3　=PV(B2/12,D2*12,C2)

	A	B	C	D	E
1	购买成本	年利率	每月回报额	回报年限	
2	100000	5%	900	15	
3	投资金额	¥-113,809.72			
4	结论	值得购买			

图 4.40　PV 函数应用示例

B3　=FV(C2/12,D2*12,B2,A2,0)

	A	B	C	D
1	起始投资金额	每月定存	年收益率	投资年限
2	-100000	-2000	6.20%	5
3	5年后本息总额:	¥276,493.39		

图 4.41　FV 函数应用示例

5）投资预算函数 NPER

语法：NPER(rate, pmt, pv, fv, type)

功能：基于固定利率及等额分期付款方式，返回某项投资或贷款的期数。

说明：参数 rate 表示各期利率；参数 pmt 表示各期所应支付的金额，其数值在整个年金期间保持不变，通常 pmt 包括本金和利息；参数 pv 表示现值，或一系列未来付款的当前值的累积和；参数 fv 表示未来值，或在最后一次付款后希望得到的现金余额，如果省略 fv，则假设其值为零；参数 type 的值为 0 或 1，用以指定各期的付款时间是在期初还是期末。

如张三因某项投资需要向银行贷款 50 万元，预计每月可还款 3000 元，银行贷款的年利率为 4.75%，问张三需要多少年才能还清贷款。可通过 NPER 函数实现，如图 4.42 所示。

6）计算折旧函数 SLN

语法：SLN(cost,salvage,life)

功能：使用年限平均法返回某固定资产在一个期间内的线性折旧值。

说明：参数 cost 表示资产原值；参数 salvage 表示资产在折旧期末的价值，即资产残值；参数 life 表示折旧期限，即资产的使用寿命。

如某公司购置了一套设备，其资产原值为 50 万元，使用年限为 8 年，资产残值为 5 万元，则该设备每年的折旧值计算如图 4.43 所示。

图 4.42　NPER 函数应用示例　　　　图 4.43　SLN 函数应用示例

7）计算折旧函数 DB

语法：DB(cost,salvage,life,period,month)

功能：使用固定余额递减法，计算某固定资产在给定期间内的折旧值。

说明：参数 cost 表示资产原值；参数 salvage 表示资产在折旧期末的价值，即资产残值；参数 life 表示折旧期限，即资产的使用寿命；参数 period 表示需要计算折旧值的期间，period 必须使用与 life 相同的单位；参数 month 表示第 1 年的月份数，若省略，则假设为 12。

如某公司 2013 年 7 月购置了一套设备，其资产原值为 50 万元，使用到 2018 年 6 月时，估计其残值为 35 万元，可通过 DB 函数计算该设备每年的折旧值，如图 4.44 所示。因为设备在 7 月开始使用，在 C4 单元格中输入公式"=DB($A$2,$B$2,$C$2,B4,7)"，得到 2013 年 6 个月内的折旧值，在 C5 单元格中输入公式"=DB($A$2,$B$2,$C$2,B5,7)"，得到 2014 全年的折旧值，以此类推。

C4	▾	:	×	✓	fx	=DB($A$2,$B$2,$C$2,B4,7)	
	A		B		C		D
1	资产原值		资产残值		使用年限		
2	500000		350000		6		
3	年份		年份顺序		折旧值		
4	2013年6个月内折旧值		1		¥16,916.67		
5	2014年折旧值		2		¥28,018.83		
6	2015年折旧值		3		¥26,393.74		
7	2016年折旧值		4		¥24,862.90		
8	2017年折旧值		5		¥23,420.86		
9	2018年折旧值		6		¥22,062.45		

图 4.44　DB 函数应用示例

8．数据库函数

数据库函数常用于对工作表中的数据清单或数据库中的数据进行分析，判断其是否符合特定的条件。灵活运用这类函数，就可以方便地分析数据库中的数据信息。数据库函数的语法为：

函数名(database,field,criteria)

说明：参数 database 表示构成数据库的单元格区域，数据库是包含一组相关数据的数据清单、行为记录，列为字段；参数 field 表示指定函数所使用的数据列，数据清单中的数据列必须在第 1 行具有标志项，field 可以是文本，也可以是数字；参数 criteria 表示一组包含给定条件的单元格区域。

数据库函数具有共同点：都以字母 D 开头，若将字母 D 去掉就是 Excel 中其他类型的常见函数；每个数据库函数均有 3 个参数：database、field 和 criteria。

数据库函数在应用时，应构造条件区域。

1）DCOUNT、DCOUNTA 函数

语法：DCOUNT(database,field,criteria)

功能：返回列表或数据库中满足指定条件的记录字段中数值单元格的个数。

语法：DCOUNTA(database,field,criteria)

功能：返回列表或数据库中满足指定条件的记录字段中非空单元格的个数。

如用 DCOUNTA 函数统计语文和数学成绩都大于或等于 85 的学生人数，已知数据库区域为 A1:H23，根据指定条件构造出来的条件区域为 J2:K3，公式和结果如图 4.45 所示。

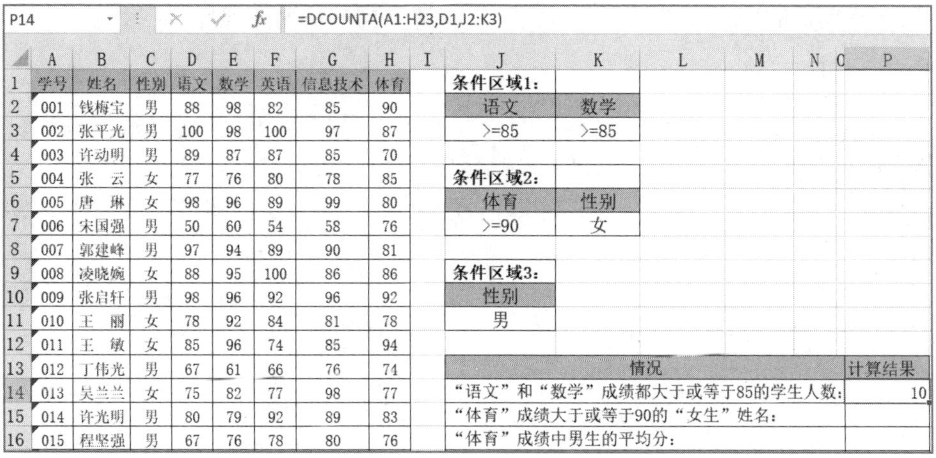

学号	姓名	性别	语文	数学	英语	信息技术	体育
001	钱梅宝	男	88	98	82	85	90
002	张平光	男	100	98	100	97	87
003	许动明	男	89	87	87	85	70
004	张　云	女	77	76	80	78	85
005	唐　琳	女	98	96	89	99	80
006	宋国强	男	50	60	54	58	76
007	郭建峰	男	97	94	89	90	81
008	凌晓婉	女	88	95	100	86	86
009	张启轩	男	98	96	92	96	92
010	王　丽	女	78	92	84	81	78
011	王　敏	女	85	96	74	85	94
012	丁伟光	男	67	61	66	76	74
013	吴兰兰	女	75	82	77	98	77
014	许光明	男	80	79	92	89	83
015	程坚强	男	67	76	78	80	76

图 4.45　DCOUNTA 函数应用示例

2）DGET 函数

语法：DGET(database,field,criteria)

功能：用于从列表或数据库中提取符合指定条件的单个值。

如图 4.45 所示，用 DGET 函数提取体育成绩大于或等于 90 的女生姓名，公式为“=DGET(A1:H23,B1,J6:K7)”。注意：对于 DGET 函数，如果没有满足条件的记录，则返回错误值“#VALUE!”；如果存在多条记录满足条件，则返回错误值“#NUM!”。

3）DMAX、DSUM、DAVERAGE 函数

语法：DMAX(database,field,criteria)

功能：返回列表或数据库中满足指定条件的最大值。

语法：DSUM(database,field,criteria)

功能：返回列表或数据库中满足指定条件的记录中的数字之和。

语法：DAVERAGE(database,field,criteria)

功能：计算列表或数据库的列中满足指定条件的数值的平均值。

如图 4.45 所示，用 DAVERAGE 函数计算体育成绩中男生的平均分，公式为"=DAVERAGE(A1:H23,H1,J10:J11)"。

对于函数，需要理解其功能，熟悉每个参数的含义。公式与函数的使用是灵活多变的，在实践中多练习常用函数的使用，尽量采用合理、高效的方法解决问题。

4.3　数据管理与分析

在日常办公中，经常需要对电子表格中的数据进行统计、整理和分析。Excel 为用户提供了强大的数据处理功能。使用 Excel 可以方便、高效、精确地从工作表中获取相关数据结果，并能随时掌握数据的变化规律，从而为使用数据提供决策依据。

4.3.1　数据排序

排序是数据管理中的常用的操作，用以将表格中杂乱的数据按一定的条件进行排序。用户可以在排序后的表格中更加直观地查看、理解数据并快速查找需要的数据。

1. 自动排序

自动排序是数据排序管理中最基本的一种排序方式，系统将自动对数据进行识别和排序。如图 4.46（a）所示，要求按金牌数从高到低排序，只需将光标定位在金牌所在列的任意一个单元格，单击"数据"|"排序和筛选"组中的"降序"命令即可，排序结果如图 4.46（b）所示。

奥运会奖牌榜			
国家/地区	金牌	银牌	铜牌
波兰	3	6	1
牙买加	6	3	2
埃塞俄比亚	4	1	2
西班牙	5	10	3
罗马尼亚	4	1	3
荷兰	7	5	4
肯尼亚	5	5	4
加拿大	3	9	6
英国	19	13	15
乌克兰	7	5	15
法国	7	16	17
澳大利亚	14	15	17
中国	51	21	28
俄罗斯	23	21	28
美国	36	38	36

奥运会奖牌榜			
国家/地区	金牌	银牌	铜牌
中国	51	21	28
美国	36	38	36
俄罗斯	23	21	28
英国	19	13	15
澳大利亚	14	15	17
荷兰	7	5	4
乌克兰	7	5	15
法国	7	16	17
牙买加	6	3	2
西班牙	5	10	3
肯尼亚	5	5	4
埃塞俄比亚	4	1	2
罗马尼亚	4	1	3
波兰	3	6	1
加拿大	3	9	6

(a) 排序前　　　　　　　　　　　　(b) 排序结果

图 4.46　按金牌数降序排列

2. 按关键字排序

可根据指定的关键字对某个字段或多个字段进行数据排序，通常可将该方式分为按单个关键字排序与按多个关键字排序。

1）按单个关键字排序

按单个关键字排序可以理解为对某个字段进行排序，与自动排序方式相似，不同的是该方式通过"排序"对话框来指定排序的关键字，进行升序或降序排列。将光标定位在数据单元格区域的任一单元格，单击"数据"|"排序和筛选"组中的"排序"命令，打开"排序"对话框，如图 4.47 所示。如可在"主要关键字"中选择"金牌"，"次序"选择"降序"，单击"确定"按钮。

图 4.47　按单个关键字排序

2）按多个关键字排序

若要按多个条件对数据进行排序，则在"排序"对话框中，需要设置主要关键字、次要关键字、次要（第 3 个）关键字等作为排序的依据。

如图 4.46（a）所示，首先按金牌数从高到低排序，若金牌数相同，则按银牌数从高到低排序，若银牌数也相同，则按铜牌数从高到低排序。

在"排序"对话框中，设置主要关键字为"金牌"，次序为"降序"；然后单击"添加条件"按钮，出现"次要关键字"设置栏，选择"银牌"和"降序"，再次单击"添加条件"按钮，设置第 3 个关键字为"铜牌"，次序为"降序"，如图 4.48 所示。

图 4.48　按多个关键字排序

3. 自定义排序

Excel 中的排序方式可满足多数需要，对于一些有特殊要求的排序可进行自定义设置，实现自定义排序。

如图 4.49 所示，对部门按照"一部、二部、三部、四部、五部"的顺序排序。若将光标定位到部门数据列任一单元格，单击"升序"命令，发现并没有出现预想的结果。

姓名	专业技术职称	性别	部门	奖金	月基本工资
郑刚展	会计员	男	四部	1000	1966
杨炎建	经济员	男	三部	500	2097
蒋弟霞	经济师	女	二部	1000	2302
杨健国	助经师	男	二部	1500	2340
孙炎智	经济员	男	四部	2000	2391
朱真彩	会计员	女	三部	500	2708
张妙云	助会师	女	四部	1000	3832
沈虹丹	经济师	女	一部	1500	4196
沈张志	经济师	男	五部	500	4282
吴发辉	经济师	男	二部	1000	4288
秦辉	会计员	男	三部	1500	4715
赵丹筱	助会师	女	一部	500	5284
华弟	助经师	女	五部	1000	5368
陈艺辉	助经师	男	四部	1500	6223
曹香莲	经济师	女	二部	1500	6428
孙楠芳	经济员	女	五部	2000	8079
褚美君	助会师	女	四部	500	8635
张生毅	助会师	男	四部	1000	8685
韩刚志	经济师	男	一部	1500	8726
朱华丹	助会师	女	一部	2000	9753

图 4.49 自定义排序

默认情况下，汉字等文本是按汉字拼音的首字母顺序进行排序的，首字母相同，再比较拼音中的第 2 个字母，以此类推。

若要按照"一部、二部、三部、…"的顺序排序，则必须自定义这样一个序列。选择部门列任一单元格，单击"排序"命令，打开"排序"对话框，在"次序"下拉列表中选择"自定义序列"选项，打开"自定义序列"对话框，在该对话框的"输入序列"中依次输入各项序列值，单击"添加"按钮后，输入的序列将作为一条新的序列出现在对话框左侧的"自定义序列"列表中，如图 4.50 所示，单击"确定"按钮，返回"排序"对话框，此时在"次序"下拉列表中显示自定义序列的内容，单击"确定"按钮，部门列就按照自定义的序列顺序进行排序了。

图 4.50 "自定义序列"对话框

4.3.2　数据筛选

数据筛选功能可以从庞杂的数据中挑选数据，显示需要的数据信息。数据筛选主要有自动筛选、自定义筛选和高级筛选三种方式。

1．自动筛选

自动筛选是根据设置的筛选条件，自动将表格中符合条件的数据显示出来，将不符合条件的数据隐藏。有如图 4.51 所示的数据清单，希望从中筛选出财务部的人员信息。

	A	B	C	D	E	F	G	H
1	姓名	岗位职务	职称	性别	民族	部门	参加工作时间	工资
2	郑刚展	科员	会计师	男	汉	财务部	1996-10	1966
3	杨炎建	总经理	经济师	男	苗	财务部	1994-08	2097
4	蒋弟霞	科员	经济师	女	汉	办公室	1998-11	2302
5	杨健国	总经理	助经师	男	汉	财务部	1980-11	2340
6	孙炎智	科员		男	汉	科技部	1985-04	2391
7	朱真彩	科员	会计师	女	汉	财务部	1990-12	2708
8	张妙云	科员	助会师	女	汉	财务部	1999-10	3832
9	沈虹丹	总经理		女	汉	科技部	1989-12	4196
10	沈张志	总经理	经济师	男	汉	科技部	1992-12	4282
11	吴发辉	科员		男	汉	科技部	1979-10	4288
12	秦辉	总经理		男	汉	科技部	1992-12	4715

图 4.51　数据清单

将光标定位在任一数据单元格，单击"数据"|"排序和筛选"组中的"筛选"命令；此时每个字段名右侧会出现下拉按钮，单击筛选依据的数据列"部门"右侧的下拉按钮，在列表中选择"财务部"，单击"确定"按钮，自动筛选结果如图 4.52 所示。

	A	B	C	D	E	F	G	H
1	姓名	岗位职	职称	性别	民族	部门	参加工作时	工资
2	郑刚展	科员	会计师	男	汉	财务部	1996-10	1966
3	杨炎建	总经理	经济师	男	苗	财务部	1994-08	2097
5	杨健国	总经理	助经师	男	汉	财务部	1980-11	2340
7	朱真彩	科员	会计师	女	汉	财务部	1990-12	2708
8	张妙云	科员	助会师	女	汉	财务部	1999-10	3832
13	赵丹筱	科员	助会师	女	汉	财务部	1992-11	5284
19	张生毅	科员	助会师	男	汉	财务部	1985-03	8685
21	朱华丹	科员		女	汉	财务部	1989-12	9753

图 4.52　自动筛选结果

若要取消筛选，则单击"数据"|"排序和筛选"组中的"清除"命令。

2．自定义筛选

自定义筛选是指根据用户自定义的条件进行数据的筛选。有如图 4.51 所示的数据清单，希望从中筛选出工资大于 3000 元且小于 5000 元的员工信息。将光标定位在任一数据单元格，单击"数据"|"排序和筛选"组中的"筛选"命令，单击"工资"右侧的下拉按钮，在列表中选择"数字筛选"中的"自定义筛选"命令，打开"自定义自动筛选方式"对话框，设置筛选条件，如图 4.53 所示，单击"确定"按钮，得到自定义筛选结果。

如图 4.53 所示，"与"单选按钮表示两个条件同时成立，"或"单选按钮表示两个条件满足一个即可。此外，还可合理使用通配符"*"或"?"进行模糊条件的筛选。

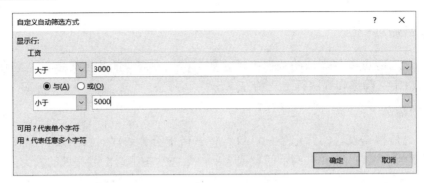

图 4.53 "自定义自动筛选方式"对话框

3. 高级筛选

多个字段多条件筛选时，自定义筛选只能解决不同字段之间"与"的关系，不能实现不同字段之间"或"的关系。当筛选的数据是多条件组合时，可以通过高级筛选功能实现，同时使用高级筛选功能还可将筛选出的结果输出到指定的位置。

有如图 4.51 所示的数据清单，希望从中筛选出财务部工资大于 4000 元的员工信息或办公室工资小于 3000 元的员工信息，筛选的结果放置在 Sheet2 工作表的 A1 单元格中。

"高级筛选"首先必须构造筛选的条件，条件所在的区域和待筛选的数据清单至少空出一行（一列），否则在筛选时就可能将条件区域也视为数据清单的一部分。

在待筛选的数据清单下方空出一行，构造筛选的条件，如图 4.54 所示。在条件区域中，将第 1 行作为筛选条件的列名，应该和待筛选的数据清单中的字段名保持一致；在第 2 行及以下设置筛选的条件。若条件值在同一行，则各列条件是"与"的关系，若不在同一行，则是"或"的关系。如图 4.54 所示的条件区域，表示部门是财务部且工资大于 3000 元，或者部门是办公室且工资小于 5000 元。

条件区域构造完成后，就可进行高级筛选。将光标定位在 Sheet2 工作表的 A1 单元格中，单击"数据"|"排序和筛选"组中的"高级"命令，打开"高级筛选"对话框，如图 4.55 所示，在"方式"下选择"将筛选结果复制到其他位置"单选按钮，"列表区域"选择待筛选的数据清单，"条件区域"选择筛选的条件所在的区域，在"复制到"中，单击 Sheet3 工作表标签，进入 Sheet3 工作表，选择 A1 单元格，单击"确定"按钮，即在 Sheet3 的 A1 单元格中显示高级筛选的结果。

部门	工资
财务部	>3000
办公室	<5000

图 4.54 筛选的条件

图 4.55 "高级筛选"对话框

若要取消高级筛选，恢复显示所有数据，则单击"数据"|"排序和筛选"组中的"清除"命令。

4.3.3　分类汇总

分类汇总是指对某列数据进行分类，将同一类的数据显示在连续相邻的区域内，再对分类的数据列进行汇总（如求和、求均值、求最大值等）。所以进行汇总前，需要先分类，而 Excel 中分类的操作通过排序实现。

分类汇总操作过程是对分类字段进行排序，然后选择"数据"|"分级显示"组中的"分类汇总"命令，在"分类汇总"对话框中设置汇总方式和汇总项。也可进行多级分类汇总，排序时依次设置主要关键字和次要关键字进行分类排序，然后进行多次分类汇总。

1. 单级分类汇总

成绩表如图 4.56 所示，要汇总出各个年级各科的平均分。

	A	B	C	D	E	F	G
1	年级	班级	姓名	数学	语文	英语	总分
2	初一	3班	刀白凤	78	66	95	239
3	初三	1班	丁春秋	85	88	77	250
4	初一	3班	马夫人	85	88	71	244
5	初一	3班	马五德	90	89	84	263
6	初二	2班	小翠	99	98	56	253
7	初二	3班	于光豪	90	84	70	244
8	初二	2班	巴天石	93	72	67	232
9	初三	2班	不平道人	60	87	66	213
10	初一	1班	邓百川	66	57	96	219
11	初三	1班	风波恶	81	67	74	222
12	初一	3班	甘宝宝	88	87	93	268
13	初二	2班	公冶乾	60	86	96	242
14	初三	2班	木婉清	80	90	92	262
15	初一	3班	少林老僧	71	72	87	230
16	初一	3班	太皇太后	61	61	66	188
17	初三	3班	天狼子	70	90	82	242
18	初二	3班	天山童姥	72	78	60	210
19	初三	3班	王语嫣	54	92	57	203
20	初三	1班	乌老大	98	71	94	263
21	初三	1班	无崖子	54	69	99	222
22	初二	1班	云岛主	91	59	91	241

图 4.56　成绩表

成绩表中，各个年级数据杂乱地显示在一起，若要按年级汇总出各科的平均分，首先应对年级进行分类，即排序。将光标定位在年级列任一单元格中，打开"排序"对话框，在"主要关键字"中选择"年级"，"次序"中选择"自定义序列"，在打开的"自定义序列"对话框中，自定义一个"初一、初二、初三"的序列后，进行排序。

排序完成之后，成绩表按"初一、初二、初三"的顺序进行了分类，相同年级的数据都显示在相邻的行中。数据分类之后，就可以对其进行汇总。

单击"数据"|"分级显示"组中的"分类汇总"命令，打开"分类汇总"对话框，如图 4.57 所示。根据要求设置"分类字段"为"年级"，设置"汇总方式"为"平均值"，在"选定汇总项"列表中勾选"数学""语文""英语"复选框，

图 4.57　"分类汇总"对话框

单击"确定"按钮，完成分类汇总设置。

分类汇总后，数据清单自动创建分级显示，如图 4.58 所示。若要查看某一级别的数据，则单击工作表左上角相应的级别号"1""2""3"按钮。若要展开或折叠分级显示中的数据，则可单击分级显示符号：＋表示可展开，－表示可折叠。

		A	B	C	D	E	F	G
1		年级	班级	姓名	数学	语文	英语	总分
+	143	初一 平均值			75.3404255	76	77	
+	275	初二 平均值			75.2061069	74.9847328	75.0916031	
+	435	初三 平均值			73.5031447	74.1823899	76.5283019	
-	436	总计平均值			74.6218097	75.0208817	76.2459397	

图 4.58　分类汇总结果

2. 多级分类汇总

默认创建分类汇总时，在工作表中只显示一种分类的汇总方式，用户可以根据需要对数据清单的多个字段进行分类汇总。

如图 4.56 所示，要汇总出各个年级各个班级的各科平均分。首先要以"年级"为主要关键字、"班级"为次要关键字进行排序分类，其目的是将同一个年级中同一个班级的数据连续显示在相邻行中。

由于既要汇总各个年级的各科平均值又要汇总各个班级的各科平均值，因此分类汇总需要进行两次。首先汇总出各个年级各科的平均值，参照上述操作。各个年级各科的平均值汇总出来后，再次执行"分类汇总"命令，打开"分类汇总"对话框，如图 4.59 所示，设置分类字段为"班级"，汇总方式和选定汇总项不变，取消勾选"替换当前分类汇总"复选框。单击"确定"按钮后得到多级分类汇总结果，如图 4.60 所示。由于汇总条件增加了"班级"，所以数据区域左侧的分级显示由 3 级增加到了 4 级。

图 4.59　二次分类汇总

		A	B	C	D	E	F	G
1		年级	班级	姓名	数学	语文	英语	总分
+	46		1班 平均值		78.2954545	77.7727273	75.3863636	
+	91		2班 平均值		73.7954545	74.8181818	77.0454545	
+	145		3班 平均值		74.1698113	75.509434	78.3018868	
-	146	初一 平均值			75.3404255	76	77	
+	194		1班 平均值		77.2978723	68.4893617	74.1276596	
+	233		2班 平均值		74.6315789	79.4473684	78	
+	280		3班 平均值		73.5434783	77.9347826	73.673913	
-	281	初二 平均值			75.2061069	74.9847328	75.0916031	
+	336		1班 平均值		75.2777778	76.5925926	75.7037037	
+	391		2班 平均值		72.4259259	72.7222222	75.8333333	
+	443		3班 平均值		72.7647059	73.1764706	78.1372549	
-	444	初三 平均值			73.5031447	74.1823899	76.5283019	
-	445	总计平均值			74.6218097	75.0208817	76.2459397	

图 4.60　多级分类汇总结果

3．删除分类汇总

如果不需要分类汇总，则可删除汇总，还原到原始数据清单。将光标定位在任一数据单元格中，单击"数据"|"分级显示"组中的"分类汇总"命令，在"分类汇总"对话框中单击"全部删除"按钮。

4.3.4　数据分析

Excel 强大的数据分析功能，不仅可以帮助用户完成各种复杂的分析工作，而且还可以运用模拟运算表、单变量求解及方案管理器等分析功能，方便地管理与分析数据，为决策提供可靠的数据依据。

1．模拟运算表

模拟运算表实际上是一个单元格区域，它可以显示某个公式中一个或多个变量替换成不同值时对计算结果的影响。模拟运算表有单变量模拟运算表和双变量模拟运算表两种类型。

1）单变量模拟运算表

在单变量模拟运算表中，用户可以对一个变量输入不同的值以查看它对计算结果的影响。即当通过单个因素变化判断带来的不同结果时，可以使用单变量模拟运算表。

【例题 4-6】在汇率固定的情况下，在 B5 单元格中输入公式"=B2*B4*B3"直接计算出月交易额，如图 4.61 所示。对产品交易随汇率的浮动进行单变量模拟运算。

	A	B	C	D	E
2	产品单价	¥800.00		汇率值	月交易额
3	月交易量	2000		7.8457	
4	欧元汇率	7.8203		7.8353	
5	月交易额	¥12,512,480.00		7.8248	
6				7.8144	
7				7.8039	
8				7.7935	

图 4.61　计算汇率固定时的交易额

其他条件不变，"汇率值"作为唯一变量进行单变量模拟运算。此时的变量为一列，即"D4:D9"单元格区域，与公式中的 B4 单元格相对应。

【操作要点】

① 在 E3 单元格中输入公式"=B2*B4*B3"。

② 选择 D3:E9 单元格区域，单击"数据"|"预测"组中的"模拟分析"命令，选择"模拟运算表"命令，打开"模拟运算表"对话框，如图 4.62 所示。

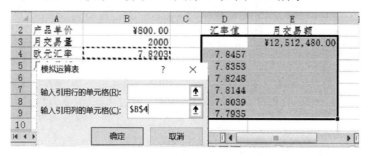

图 4.62　单变量模拟运算

③ 在"输入引用列的单元格"中选择 B4 单元格，确定后即可得到各个不同的汇率值对应的月交易额。

2）双变量模拟运算表

如果公式中存在两个可变量，用户需要知道两个变量输入不同值对计算结果的影响时，就需要使用双变量模拟运算表。计算时将两个可变量分别放置在一列和一行中。如当上例中的"汇率值"和"月交易量"都是可变的情况下，利用双变量模拟运算表可快速求得不同汇率、不同月交易量情况下对应的月交易额。如图 4.63 所示，构造 D3:G9 单元格区域，单元格列对应"汇率值"，单元格行对应"月交易量"，同时在 D3 单元格中输入公式"=B2*B4*B3"。选择 D3:G9 单元格区域，单击"数据"|"预测"组中的"模拟分析"命令，选择"模拟运算表"命令，在"模拟运算表"对话框中，"输入引用行的单元格"中选择 B3 单元格，"输入引用列的单元格"中选择 B4 单元格，单击"确定"按钮，可得到不同汇率及月交易量对应的月交易额。

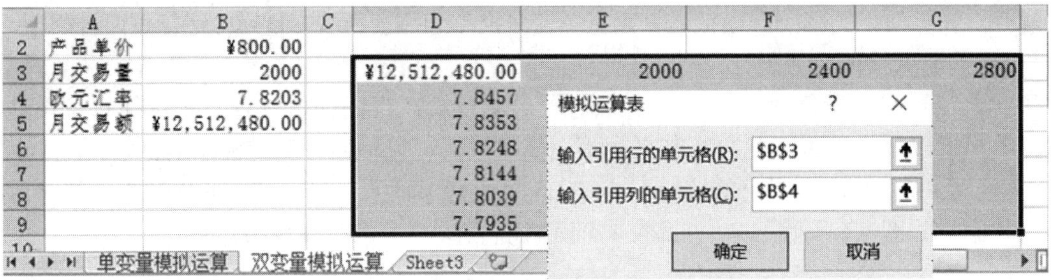

图 4.63 双变量模拟运算

2. 单变量求解

单变量求解是单变量模拟运算表的逆运算，单变量模拟运算表是在条件可变的情况下计算最终的结果，而单变量求解是在设置了不同的结果后去模拟分析出得到这种结果需要什么样的条件。

如在汇率确定的前提下，若期望月交易额达到 1500 万元，则可以使用单变量求解功能，逆向计算需要完成多少月交易量。单击"数据"|"预测"组中的"模拟分析"命令，选择"单变量求解"命令，在"单变量求解"对话框的"目标单元格"中选择 B6 单元格，"目标值"中输入 15000000，"可变单元格"选择 B4 单元格，如图 4.64 所示，单击"确定"按钮，即可在 B4 单元格中得到当前汇率下要实现月交易额达到 1500 万元需要完成的月交易量。

图 4.64 单变量求解

3. 方案管理器

单变量模拟运算和双变量模拟运算都只适合在只有一个或两个变量的时候运用，当变量增多的时候就很难解决问题，这时方案管理器则是比较合适的选择。

【例题 4-7】因业务发展需要，欲向银行贷款 500 万元。甲银行提供的方案为 5 年期限，年利率 5.5%；乙银行提供的方案为 6 年期限，年利率 5.8%。请通过方案管理器对两个方案进行比较。

【操作要点】

① 单击"数据"|"预测"组中的"模拟分析"命令，选择"方案管理器"命令，打开"方案管理器"对话框。

② 在"方案管理器"对话框中，单击"添加" 按钮，打开"编辑方案"对话框，如图 4.65 所示。在"方案名"中输入创建方案的名称，如"甲银行"，在"可变单元格"中输入变量，这里选择 B3 和 B4 单元格输入。

③ 单击"确定"按钮，打开"方案变量值"对话框，在该对话框中输入每个可变单元格的值，如图 4.66 所示。

图 4.65　"编辑方案"对话框

图 4.66　"方案变量值"对话框

④ 单击"确定"按钮，返回"方案管理器"对话框，可以看到创建的"甲银行"方案。

⑤ 再次单击"方案管理器"对话框中的"添加"按钮，重复上述步骤，创建得到"乙银行"方案。

⑥ 在"方案管理器"对话框中，单击"摘要"按钮，弹出"方案摘要"对话框，选择"方案摘要"单选按钮，设置"结果单元格"为 B5 单元格，如图 4.67 所示。

⑦ 单击"确定"按钮，返回工作表，就能看到生成的最终方案报告，即"方案摘要"工作表，列出了两种方案的变量值、结果值，通过比较可以看出哪家银行的方案更适合，如图 4.68 所示。

图 4.67　"方案摘要"对话框

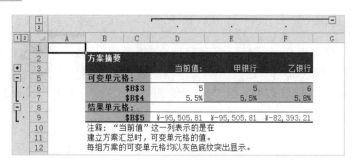

图 4.68　方案摘要结果

若要删除某个方案，在"方案管理器"对话框的方案列表中选择该方案，然后单击"删除"按钮。或选择"方案摘要"工作表标签，右击鼠标，在弹出的快捷菜单中选择"删除"命令。

4.3.5　数据透视表和数据透视图

数据透视表是一种可以快速汇总大量数据的交互式报表。使用数据透视表可以汇总、分析、浏览和提供摘要数据，通过直观方式显示数据汇总结果，为 Excel 用户查询和分类数据提供方便。

1．创建数据透视表

在创建数据透视表时，需要连接到一个数据源，并输入报表的位置。数据源中的每一列都会成为在数据透视表中使用的字段，字段汇总了数据源中的多行信息。因此数据源中工作表第 1 行上的各个列都应有名称，通常每一列标题将成为数据透视表中的字段名。

【例题 4-8】对如图 4.69 所示的工作表创建数据透视表，要求显示各个毕业设计题目总成绩分段的人数以及占总人数的比例，放置在新工作表中。

	A	B	C	D	E	F	G	H	I	J	K
1	学号	姓名	性别	身份证号码	出生日期	毕业设计题目	基础成绩	设计成绩	论文成绩	实习成绩	总成绩
2	07010101	王吉	男	331081198612184618	1986年12月18日	公司企事业网站	30	86	79	63	85.8
3	07010102	陈超	男	330722198704121913	1987年04月12日	旅游网站	25	82	62	80	76.2
4	07010103	罗小英	男	330203198504133013	1985年04月13日	图书管理系统	20	80	77	80	75.1
5	07010104	范刚	男	33060219861109453X	1986年11月09日	公司企事业网站	30	80	40	70	73.0
6	07010105	赵燕	男	330327198505088791	1985年05月08日	旅游网站	25	70	60	91	73.1
7	07010106	王敏	女	330183198612174121	1986年12月17日	旅游网站	25	91	90	80	87.3
8	07010107	林立	女	330183198512131247	1985年12月13日	人事管理系统	22	80	60	45	68.5
9	07010108	王丽	男	332624198508305559	1985年08月30日	人事管理系统	22	45	45	64	55.4
10	07010109	李丽	男	330683198509307816	1985年09月30日	仓库管理系统	18	64		89	46.1
11	07010110	赵雨	男	330226198511012230	1985年11月01日	公司企事业网站	30	89	80	79	88.6
12	07010111	裘计	男	332529198610187112	1986年10月18日	公司企事业网站	30	86	40	40	71.8
13	07010112	邹琪	男	33092119861129801X	1986年11月29日	公司企事业网站	30		79	87	62.4
14	07010113	钟荣	女	330824198507134227	1985年07月13日	旅游网站	25	82	97	82	86.9
15	07010114	肖甜	女	330124198612184020	1986年12月18日	旅游网站	25	88	45	76	72.5
16	07010115	曾志	男	33092119851129801X	1985年11月29日	人事管理系统	22	56	89	88	74.3
17	07010116	苏丙	男	330326198505243617	1985年05月24日	人事管理系统	22	86	60	56	71.4
18	07010117	吴明英	男	330681198504290036	1985年04月29日	仓库管理系统	18	82	40	50	59.6
19	07010118	罗正	女	330382198504261446	1985年04月26日	仓库管理系统	18	80	41	60	60.3
20	07010119	林浩	男	331004198511131610	1985年11月13日	仓库管理系统	18	80	79	79	73.6
21	07010120	郑晓	女	330722198508015720	1985年08月01日	公司企事业网站	30	70	60	71	76.1
22	07010121	严晓	男	330203198604133013	1986年04月13日	公司企事业网站	30	91	73	90	88.2

图 4.69　毕业设计成绩表

【操作要点】

① 将光标定位在数据单元格中，单击"插入"|"表格"组中的"数据透视表"命令，打开"创建数据透视表"对话框，如图 4.70 所示，在"表/区域"中选择要创建数据透视表的数据清单，然后选择放置数据透视表的位置为新工作表。

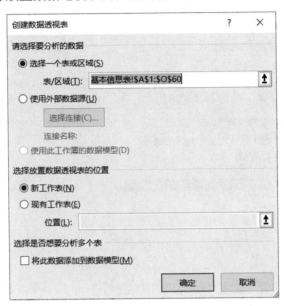

图 4.70　"创建数据透视表"对话框

② 单击"确定"按钮，插入一张新工作表，在工作表右侧显示"数据透视表字段"窗格，把"选择要添加到报表的字段"列表中的"总成绩"字段拖放到"行"和"值"列表中，在拖放的同时，创建的数据透视表逐步出现在左侧工作表区域，如图 4.71 所示。

图 4.71　设置"数据透视表字段"

③ 修改数据透视表的汇总方式。在"值"列表中，单击"求和项：总成绩"右侧的下拉按钮，选择"值字段设置"选项，打开"值字段设置"对话框，如图 4.72 所示，修改"计算类型"为"计数"，"自定义名称"为"人数"，单击"确定"按钮，数据透视表的第 2 列将显示每个成绩出现的次数。

图 4.72 "值字段设置"对话框

④ 将光标定位在数据透视表"行标签"中任一单元格，单击"分析"|"组合"组中的"分组选择"命令，打开"组合"对话框，设置"起始于"为"60"，"终止于"为"100"，"步长"为"10"，如图 4.73 所示。含义是 60 分以下为一组，60-70 分为一组，70-80 分为一组等，单击"确定"按钮，如图 4.74 所示，得到分数段人数统计。

图 4.73 "组合"对话框

行标签	人数
<60	8
60-70	9
70-80	28
80-90	12
90-100	2
总计	59

图 4.74 分数段人数统计

⑤ 再次将"数据透视表字段"窗格中的"总成绩"字段拖放到"值"列表中，在"值"列表中显示为"计数项：总成绩"，类似地，单击其右侧的下拉按钮，选择"值字段设置"选项，在"值字段设置"对话框中切换到"值显示方式"选项卡，在"值显示方式"列表中选择"总计的百分比"，修改"自定义名称"为"比例"，如图 4.75 所示，单击"确定"按钮，此时的数据透视表效果如图 4.76 所示，既有各个分数段的人数统计，又有各个分数段人数所占比例。

行标签 ▾	人数	比例
<60	8	13.56%
60-70	9	15.25%
70-80	28	47.46%
80-90	12	20.34%
90-100	2	3.39%
总计	59	100.00%

图 4.75　值显示方式　　　　　　　　图 4.76　人数和比例

由以上操作可以看出，数据透视表能够将一张复杂的数据清单按照指定的需求快速地统计出需要的数据，供用户查看与分析。

2. 创建数据透视图

数据透视图以图表的形式表示数据透视表中的数据。数据透视图不仅具有数据透视表的交互功能，还具有图表的图释功能，利用它可以更直观地查看工作表中的数据，更利于分析与对比数据。

数据透视图的创建方法与数据透视表相似，单击"插入"|"图表"中的"数据透视图"命令，按照数据透视表的创建方法操作下去即可。数据透视图创建过程的关键在于数据区域与字段的选择。在相关联的数据透视表中对字段布局和数据所做的更改会立即反映在数据透视图中。

4.4　图表

图表是 Excel 中重要的数据分析和展示工具。它运用直观的形式来表现工作表中抽象而枯燥的数据，具有良好的视觉效果，从而让数据更容易理解。图表中包含许多元素，默认情况下只显示部分元素，而其他元素可以根据需要添加。图表元素主要包括图表标题、图表区、图例、绘图区等，如图 4.77 所示。

图表区：是整个图表的背景区域，包括所有的数据信息以及图表辅助的说明信息。

图表标题：是对图表内容的概括，说明图表的中心内容是什么。

图例：用一个色块表示图表中各种颜色所代表的含义。

绘图区：图表中描绘图形的区域，其形状是根据表格数据形象化转换而来的。绘图区包括数据系列、坐标和网格线。

数据系列：数据系列是根据用户指定的图表类型以系列的方式显示在图表中的可视化数据，在分类轴上，每一个分类都对应着一个或多个数据，并以此构成数据系列。

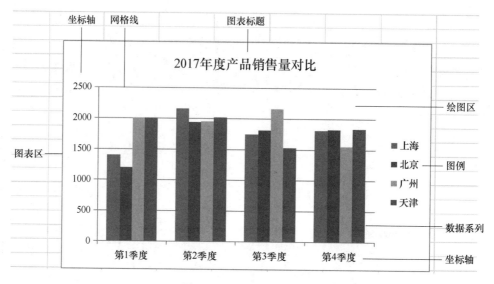

图 4.77　图表各组成部分

坐标轴：分为横轴和纵轴。一般说来，横轴为 X 轴，是分类轴，它的作用是对项目进行分类；纵轴为 Y 轴，是数值轴，它的作用是对项目进行描述。

网格线：配合数值轴对数据系列进行度量的线，网格线之间是等距离的，这个间隔根据需要可以调整设置。

4.4.1　图表的类型

为了更准确地表达工作表中的数据，Excel 中提供了多种类别的图表供用户选择，如柱形图、折线图、饼图和条形图等。

柱形图：通常用于显示一段时间内的数据变化或对数据大小进行对比，包括二维柱形图、三维柱形图、圆柱图、圆锥图和棱锥图等。在柱形图中，通常沿水平轴组织类别，沿垂直轴组织数据。

折线图：通常用于显示随时间而变化的连续数据，尤其适合显示在相等时间间隔下数据的趋势，可直观地显示数据的走势情况。折线图包括二维折线图和三维折线图两种形式。在折线图中，类别数据沿横轴均匀分布，所有值数据沿纵轴均匀分布。

饼图：通常用于显示一个数据系列中各项数据的大小与各项总和的比例，包括二维饼图和三维饼图两种形式，其中的数据点显示为整个饼图的百分比。

条形图：通常用于显示各个项目之间的比较情况，排列在工作簿的列或行中的数据都可以绘制到条形图中。条形图包括二维条形图、三维条形图、圆柱图、圆锥图和棱锥图等，当轴标签过长，或者显示的数值为持续型时，都可以使用条形图。

4.4.2　创建图表

认识图表的结构和应用后，就可为不同的数据创建合适的图表。在 Excel 中，图表通过"插入"|"图表"组中的相关图表类型来创建基本图表。如根据 2021 年绍兴各个季度 GDP 的预测值创建柱形图表。

选择需要在图表中展现的数据区域，单击"插入"|"图表"组中的"柱形图"命令，在下拉列表中选择"二维柱形图"中的"簇状柱形图"即可，如图 4.78 所示。

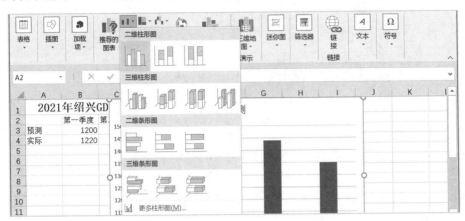

图 4.78 插入图表

4.4.3 编辑图表

图表创建后，可根据需要进一步对图表的位置、尺寸、标题、图例等元素进行个性化的编辑和设置。

1．添加图表元素

图表标签主要用于说明图表上的数据信息，使图表更易于理解，包括图表标题、坐标轴标题、数据标签和图例等，它们的添加方法相同。

选择创建的图表，出现"图表工具"|"设计"和"图表工具"|"格式"上下文选项卡。单击"设计"|"图表布局"组中的"添加图表元素"命令，可以为图表设置各种元素及其相关参数。

2．添加图表数据列

创建图表后，图表中的数据与工作表中的数据是动态联系的，当修改工作表中的数据时，图表中相应数据系列会随之发生变化；而当修改图表中的数据源时，工作表中所选的单元格区域也会发生改变。

如要将绍兴 2021 年 GDP 的实际值添加到创建好的图表中，则选择图表，单击"设计"|"数据"组中的"选择数据"命令，打开"选择数据源"对话框，如图 4.79 所示。

在"图表数据区域"中将原有数据区域"=普通图标!$A$2:$E$3"选择为"=普通图标!$A$2:$E$4"，单击"确定"按钮。

3．更改图表类型

Excel 中包含了多种不同的图表类型，如果觉得创建的图表无法清晰地表达出数据的含义，则可以更改图表的类型。

选择创建的图表，单击"设计"|"类型"组中的"更改图表类型"命令，打开"更改图表类型"对话框，在该对话框中选择所需的图表类型，单击"确定"按钮。

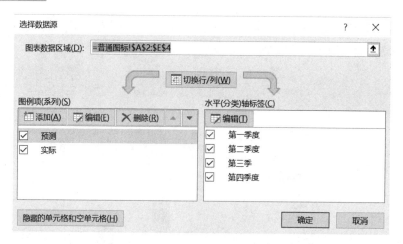

图 4.79 "选择数据源"对话框

4．添加趋势线

趋势线以图形的方式表示数据系列的变化趋势，并对以后的数据进行预测。实际工作中，当需要利用图表进行回归分析时，就可以在图表中添加趋势线。

如图 4.80 所示，对数据系列"北京"添加趋势线，操作为选择创建的图表，单击"设计"|"图表布局"组中的"添加图表元素"命令，选择"趋势线"命令，再选择"线性趋势线"命令，打开"添加趋势线"对话框，选择"北京"数据系列，如图 4.80 所示，单击"确定"按钮。

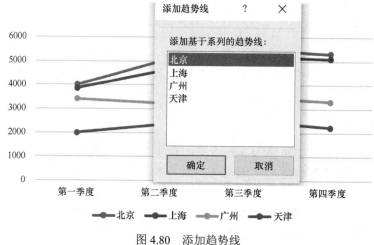

图 4.80 添加趋势线

4.4.4 图表的应用

1．组合图表

组合图表是指在一个图表中表示两个或两个以上的数据系列，不同的数据系列用不同的图表类型表示。

如要对 2021 年绍兴各季度 GDP 创建图表，预测值为柱形图，实际值为折线图。

选择工作表中的各个季度以及实际值和预测值，单击"插入"|"图表"组中的"插入

组合图"命令，选择"簇状柱形图-折线图"命令，效果如图 4.81 所示。

2021年绍兴GDP的实际与预期值

	第一季度	第二季度	第三季度	第四季度
预测	1200	1420	1440	1350
实际	1200	1450	1445	1400

图 4.81　组合图表

2．双坐标轴图表

有时为了便于对比分析某些数据，需要在同一图表中表达几种具有一定相关性的数据。但由于数据的单位不同，因此很难用同一个坐标系清晰地表达图表的意图，此时使用双坐标轴图表便是一种很好的解决方法。如图 4.82 所示，数据系列"产值"的单位是"亿元"，而"环比增长"的单位是百分比，不同单位的两个数据系列共存于一个坐标系中，无法体现图表的效果。

季度	产值（亿元）	环比增长
上季度末	19.5	
第一季度	20.1	3.08%
第二季度	20.6	2.49%
第三季度	21.2	2.91%
第四季度	22.4	5.66%

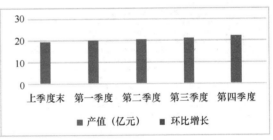

图 4.82　数据系列类型不同、差值悬殊

对于这种数据系列类型不同、差值悬殊的情况，可以用双坐标轴图表表示。选择数据，创建图表，类型为"组合图"中的"簇状柱形图-次坐标轴上的折线图"，效果如图 4.83 所示。

季度	产值（亿元）	环比增长
上季度末	19.5	
第一季度	20.1	3.08%
第二季度	20.6	2.49%
第三季度	21.2	2.91%
第四季度	22.4	5.66%

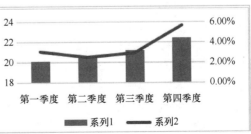

图 4.83　双坐标轴图表

3. 创建甘特图

在工程管理中，经常使用甘特图对工程的预定计划与实际开展的进度进行整体监管。直接阅读工程表的原始数据往往复杂烦琐，此时利用甘特图可以使数据变得直观清晰。

图 4.84 是某项工程的时间表，将其中的日期数据创建甘特图。

任务	开始日期	时长	结束日期
计划1	2020/4/5	10	2020/4/15
实际1	2020/4/8	8	2020/4/16
计划2	2020/4/12	15	2020/4/27
实际2	2020/4/16	10	2020/4/26
计划3	2020/4/20	18	2020/5/8
实际3	2020/4/27	11	2020/5/8
计划4	2020/4/25	26	2020/5/21
实际4	2020/4/25	23	2020/5/18
计划5	2020/5/5	25	2020/5/30
实际5	2020/5/7	26	2020/6/2
计划6	2020/5/15	25	2020/6/9
实际6	2020/5/13	20	2020/6/2
计划7	2020/5/20	30	2020/6/19
实际7	2020/5/29	21	2020/6/19
计划8	2020/5/25	32	2020/6/26
实际8	2020/6/1	30	2020/7/1
计划9	2020/6/5	45	2020/7/20
实际9	2020/6/20	30	2020/7/20

图 4.84 时间表

选择所有数据，插入一个堆积型条形图，如图 4.85 所示。

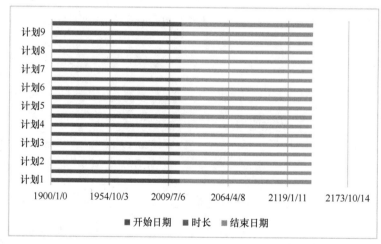

图 4.85 堆积型条形图

（彩色图）

选择"开始日期"与"结束日期"数据系列，设置图形系列填充颜色为"无填充"，边框为"无线条"。

双击 X 轴坐标区域，在"设置坐标轴格式"窗格中设置最小值为"2018/4/5"，即工程开始日期，最大值为"2018/7/30"，即工程结束的大概日期，单位中大为"7"，数字类型为"3/14"，如图 4.86 所示。

最后设置实际数据系列的填充颜色与计划数据系统的填充色不同，以增强对比，删除图例，适当调整图表的大小，如图 4.87 所示。

图 4.86 "设置坐标轴格式"窗格

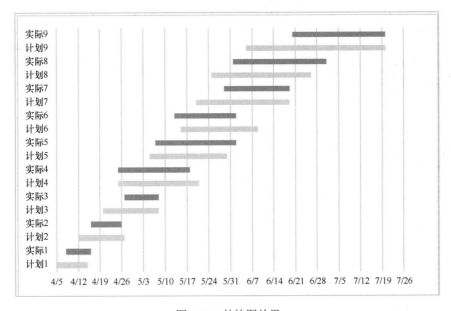

图 4.87 甘特图效果

　　图表是 Excel 中常用的对象，是数据的图形表示方法。与表格相比，能更形象地反映出数据的对比关系，通过图表可以使数据更加形象化，而且当数据发生变化时，图表也会随之调整。

习　　题

一、判断题

　　1. 在 Excel 中，除在"视图"功能可以进行显示比例调整外，还可以在工作簿右下角的状态栏拖动缩放滑块进行快速设置。

2．要提取某数据区域满足某条件的且唯一存在的记录，用 DGET 函数。

3．所有的函数都必须填写参数。

4．Excel 使用的是从公元 0 年开始的日期系统。

5．Excel 中只能用"套用表格格式"功能设置表格样式，不能设置单个单元格样式。

6．Excel 中，符号"&"是文本运算符。

7．Excel 中只能插入和删除行、列，但不能插入和删除单元格。

8．COUNT 函数用于计算区域中单元格个数。

9．在 Excel 工作表中对选定区域求和、求平均时，对文字、逻辑值或空白的单元格将忽略不计。

10．Excel 中三维引用的运算符是"!"。

11．ROUND 函数是向上取整函数。

12．Excel 中只能清除单元格中的内容，不能清除单元格中的格式。

13．Excel 中的数据库函数都以字母 D 开头。

14．进行数据筛选前必须先建立一个条件区域。

15．YEAR(NOW())可以返回当前的年份。

16．自定义自动筛选可以一次性地对某一字段设定多个（2 个或 2 个以上）条件。

17．Excel 中，不排序就无法正确执行分类汇总操作。

18．高级筛选可以将筛选结果放在指定的区域。

19．在创建数据透视图的同时会自动创建数据透视表。

20．不同字段之间进行"或"运算的条件是必须使用高级筛选。

二、选择题

1．以下哪种方式可在 Excel 中输入文本类型的数字 0001（　　　）

 A．"0001"   B．'0001   C．\\0001   D．\\\\0001

2．使用 Excel 的数据筛选功能，是将（　　　）。

 A．满足条件的记录显示出来，删除不满足条件的数据

 B．不满足条件的记录暂时隐藏起来，只显示满足条件的数据

 C．不满足条件的数据用另外一张工作表来保存起来

 D．满足条件的数据突出显示

3．在 Excel 中，对数据表进行分类汇总前，先要（　　　）。

 A．按分类列排序   B．选中

 C．筛选   D．按任意列排序

4．在 Excel 工作表中，每个单元格都有其固定的地址，如 A5 可解释为（　　　）。

 A．"A"代表 A 列，"5"代表第 5 行   B．"A"代表 A 行，"5"代表第 5 列

 C．"A5"代表单元格的数据   D．以上都不是

5．SUMIF 函数的第 1 个参数是（　　　）。

 A．条件区域   B．指定的条件

 C．需要求和的区域   D．其他

6．连续选择相邻工作表时，应该按住（　　　）键。

 A．Enter   B．Alt   C．Shift   D．Ctrl

7．在 Excel 表格的单元格中出现"#####"符号，则表示（　　）。

    A．需重新输入数据　　　　　　　　B．需删除该单元格

    C．需调整单元格的宽度　　　　　　D．需删除这些符号

8．Excel 中，在单元格中输入负数时，两种可使用的表示负数的方法是（　　）。

    A．在负数前加一个减号或用圆括号　　B．斜杠（/）或反斜杠（\\）

    C．斜杠（/）或连接符（–）　　　　　D．反斜杠（\\）或连接符（–）

9．关于 Excel 区域定义不正确的论述是（　　）。

    A．区域可由同一行连续多个单元格组成

    B．区域可由同一列连续多个单元格组成

    C．区域可由单一单元格组成

    D．区域可由不连续的单元格组成

10．在 Excel 中，利用填充柄可以将数据复制到相邻单元格中，若选择含有数值的左、右相邻的两个单元格，按住左键并拖动填充柄，则数据将以（　　）填充。

    A．等差数列　　　　B．等比数列　　　　　C．左单元格数值　　D．右单元格数值

11．如何快速将一个数据表格的行、列交换（　　）。

    A．利用复制、粘贴命令

    B．利用剪切、粘贴命令

    C．使用鼠标拖动的方法实现

    D．使用复制命令，然后使用选择性粘贴，再选择转置，确定即可

12．在 Excel 中要录入身份证号，数字分类应选择（　　）格式。

    A．常规　　　　　　B．数值　　　　　　　C．科学计数　　　　D．文本

13．在 Excel 中，使用公式输入数据，一般在公式前需要加（　　）。

    A．=　　　　　　　　B．#　　　　　　　　C．'　　　　　　　　D．"

14．将 Excel 表格的首行或者首列固定不动的功能是（　　）。

    A．锁定　　　　　　B．保护工作表　　　　C．冻结窗格　　　　D．拆分

15．在 Excel 中的某个单元格中输入"(123)"，则该单元格中的内容为（　　）。

    A．–123　　　　　　B．"123"　　　　　　　C．"(123)"　　　　　D．123

16．计算物品的线性折旧值应使用函数（　　）。

    A．IPMT　　　　　　B．SLN　　　　　　　C．PV　　　　　　　D．FV

17．在 Excel 的高级筛选中，条件区域中写在同一行的条件是（　　）。

    A．"或"关系　　　B．"与"关系　　　　C．"非"关系　　　D．"异或"关系

18．公式=RIGHT(LEFT("中国农业银行",4),2)的运算结果是（　　）。

    A．中国　　　　　　B．农业　　　　　　　C．银行　　　　　　D．农

19．公式=INT(-123.12)的运算结果是（　　）。

    A．123　　　　　　　B．–124　　　　　　　C．124　　　　　　　D．–123

20．在 Excel 中完整的输入数组公式表达式之后，应按（　　）键。

    A．Enter　　　　　　　　　　　　　　B．Shift+Enter

    C．Ctrl+Shift+Enter　　　　　　　　　D．Ctrl+Enter

第5章 演示文稿设计软件

Microsoft Office PowerPoint（简称 PowerPoint）是最简单、最常用的演示文稿设计软件，其编辑后保存的文件称为演示文稿。利用 PowerPoint 可以制作出图文并茂、外观绚丽、动感十足的演示文稿，广泛用于教学课件、会议报告、企业宣传、产品演示、婚礼庆典和教育培训等。

5.1 演示文稿设计原则

5.1.1 演示文稿的设计规范

在制作演示文稿之前，需要进行整体构思和策划，确定演示文稿的主题、逻辑结构、视觉化展示效果和整体风格。

1．主题明确

主题就是汇报的内容和实现的目标，所有演示文稿都有一个特定的主题，演示文稿版式的设计、色彩的运用和素材的组织等都应围绕主题展开。

2．逻辑清晰

一个专业的演示文稿必须有清晰的逻辑。只有逻辑清晰才能高效传达页面内容并引导观众阅读信息。

3．视觉化展示

演示文稿版式设计的目的是让信息高效传达和清晰易读。与抽象的文字相比，可视化元素的展示更加直观高效，更易理解和记忆。在设计演示文稿时，应尽量把抽象枯燥的文字和数据转化为形状、图表和图像等可视化元素。

4．统一风格

演示文稿在设计时应把握整体性和一致性。幻灯片的配色、字体和版式等尽量保持一致，使演示文稿具有整体性，风格一致，彰显专业。

5.1.2 演示文稿版面的设计原则

版面设计的 4 个原则是：对齐、对比、亲疏和重复。在设计时只有充分体现了这些原则，才会使幻灯片版面层次清晰、整洁高效。

1．对齐

幻灯片上对象随意放置会导致版面缺乏条理和逻辑，看不到页面的重点。如图 5.1 所示，各种元素摆放杂乱无章，使得页面没有焦点。

图 5.1　版面凌乱的幻灯片

页面上的各信息之间，都存在着某种视觉联系，让各种对象整齐有序地放置，不仅会给页面带来整洁的美感，还会使页面条理清晰。如图 5.2 所示，元素对齐后的幻灯片更具有秩序性。

图 5.2　版面整齐的幻灯片

2．对比

对比是增强视觉效果最有效的方法。幻灯片上的对象千篇一律，缺乏变化，会导致重要信息不够突出。常见的对比技巧有空间大小、颜色反衬和字号大小等。合理地运用对比，对最重要的信息使用最强的对比手法，能够引导观众有序阅读。如图 5.3 所示，观看顺序见编号。

图 5.3　有对比效果的幻灯片

3．亲疏

亲疏是指将同类内容贴近放置，无关内容远离放置。如图 5.4 所示，对象杂乱地摆放在一起，无法快速获取具体的信息。若将所有蔬菜聚拢在一起，将所有水果聚拢在一起，并让它们适当分开，如图 5.5 所示，就能快速获取图片传递的信息，即一共展示了两类对象：蔬菜和水果，以及每类对象具体的数量等。幻灯片设计也是如此，如图 5.6 所示的幻灯片，大、小标题之间间距较大，每个小标题与其内容之间间距较小，不同内容之间也区别开来，使得页面展示非常清晰。

图 5.4　对象没有亲疏

图 5.5　对象有亲疏

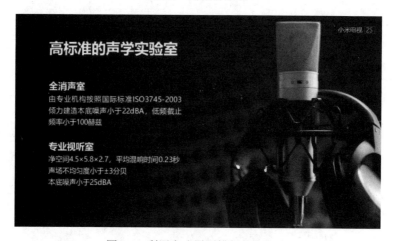

图 5.6　利用亲疏原则排版的幻灯片

4．重复

为了保持页面的整体性，各张幻灯片在设计时应保持版面的一致性和连贯性。这种一致性和连贯性通过重复原则实现。重复的设置可以是字体的效果、对象的颜色和位置等。如图 5.7 所示，标题、Logo 等对象在两张幻灯片上效果、位置等一致，具有统一的版式，这就是重复的体现。

版式设计的 4 个原则并不是各自分离的，在排版中都要充分体现，缺一不可。如图 5.8 所示，利用这 4 个原则排版的幻灯片，清晰易读、阅读舒适。

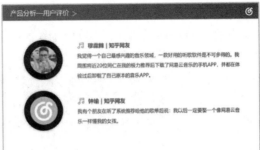

图 5.7　利用重复原则排版的幻灯片

图 5.8　利用 4 个原则排版的幻灯片

5.1.3　演示文稿的框架结构

页数较多的演示文稿在放映展示时容易使观众迷失思路，因为幻灯片放映是按顺序线性播放的，一次只能观看一页幻灯片的信息，当页数很多时，容易遗忘当前页面的归属，因此，需要给演示文稿建立一个清晰的框架结构。一个典型的演示文稿，其结构一般由封面、目录、转场页、内容页和结尾页等几部分组成，如图 5.9 所示。

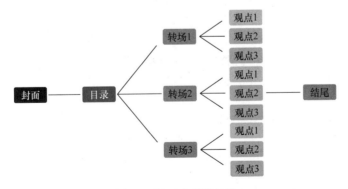

图 5.9　演示文稿的结构

1. 封面

封面是演示文稿的开篇，专业的封面设计能够激起观众的阅读热情，使观众渴望看到后续的内容。

封面最核心的要素是汇报的主题。主题展示应一目了然，在此基础上，再进行创意设计来提升页面的视觉效果，如图 5.10 所示是一个企业宣传与介绍的封面。

图 5.10 演示文稿的封面

2. 目录

目录的结构相对固定，一般根据目录项的多少进行相应的版式设计即可。目录一般由序号、目录项和副标题组成。为了提升视觉效果，在设计时可以添加一些图标或图片来解释目录项，如图 5.11 所示。

图 5.11 演示文稿的目录

3. 转场页

转场页也叫过渡页，指从目录页自然过渡到相关目录项的页面。在设计时应尽量与目录风格统一，常用的方法是突出当前内容，如图 5.12 所示。

4. 内容页

内容页详细介绍每个目录项的具体内容，在设计时应注意所有内容页外观结构的统一。

5. 结尾页

结尾页表达结束的含义，承接前面所有的内容并做一个总结，在文字语义上导向结束，通常是"感谢""再见"之类的文字，也可是升华主题的文字，或是联系方式等内容，在风格上一般与封面呼应，设计上简约即可，如图 5.13 所示。

图 5.12　演示文稿的转场页

图 5.13　演示文稿的结尾页

5.1.4　演示文稿的制作过程

制作演示文稿时，一般要经历以下几个步骤。

1．准备素材

根据汇报的主题内容，确定文案，准备所需的图片、图标等素材。

2．确定方案

对演示文稿的整体构架进行设计，包括采用的版式、配色体系和字体的选择等。

3．初步制作

输入文字、图片、表格、图表等对象或将其插入相应的幻灯片。

4．美化与设计

对幻灯片中的各类对象进行版式设计与美化处理。

5．预演播放

设置播放过程的一些要素，如动画设计等，通过播放查看效果。

5.2 演示文稿的编辑

5.2.1 演示文稿的编辑界面

在了解演示文稿的编辑界面之前，先了解几个概念：PPT、演示文稿和幻灯片。在演示文稿编辑中，经常遇到这几个名词。

PPT：PowerPoint 的简称。

演示文稿：使用 PowerPoint 创建的文档。

幻灯片：演示文稿中的每一张页面称为幻灯片，一个演示文稿由若干张幻灯片组成。

演示文稿由一系列幻灯片组成，幻灯片中可以包含醒目的标题、说明性文字、生动的图片以及动画、视频等元素。

1．PowerPoint 操作环境

启动 PowerPoint 2019 后的工作界面如图 5.14 所示。

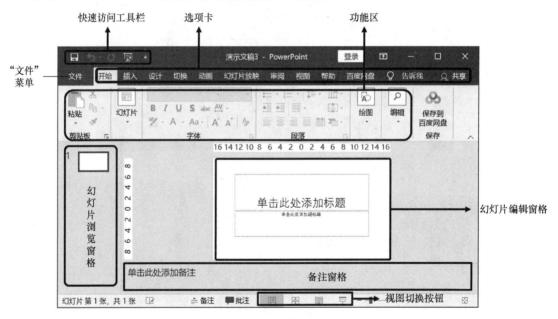

图 5.14　工作界面

1）"文件"菜单

"文件"菜单包括"新建""打开""保存""发布"等常用操作命令。

2）选项卡

选项卡是 PowerPoint 操作的主要区域，包括"开始""插入""设计""切换""动画""幻灯片放映""审阅""视图""格式"等。其中"格式"选项卡需要选择对象后才会出现。部分选项卡的功能如下：

"开始"选项卡用于制作幻灯片的一些基本操作。

"插入"选项卡用于插入图形、图片、表格等外部对象。

"设计"选项卡用于设置主题和页面。

"切换"选项卡用于设置幻灯片放映时页面间切换的动画效果。

"动画"选项卡用于设置幻灯片上对象的动画效果。

"幻灯片放映"选项卡用于幻灯片放映的设置。

"格式"选项卡分为"绘图工具"|"格式"和"图片工具"|"格式",根据选择的对象自动显示相应的选项。

3)功能区

功能区用于显示各选项卡对应的内容,通常以组的形式显示。

4)快速访问工具栏

快速访问工具栏包括"保存""撤销""重复"等命令,单击最右边的下拉按钮,还可以自定义快速访问工具栏,添加或删除命令到快速访问工具栏上。

5)幻灯片浏览窗格

幻灯片浏览窗格以缩略图的形式显示演示文稿中的所有幻灯片,可以对幻灯片进行新建、复制和选择等操作。

6)幻灯片编辑窗格

用于显示和编辑幻灯片,是整个演示文稿的核心,所有幻灯片的编辑和设计都是在该窗格中完成的。

7)备注窗格

备注窗格是添加备注的区域,可以对该幻灯片添加一些说明性文字,备注文字在幻灯片放映时不直接显示。

8)视图切换按钮

视图切换按钮主要用于编辑幻灯片时在常用视图之间快速切换。

2.保存演示文稿

1)保存方法

① 单击快速访问工具栏上的"保存"按钮。

② 单击"文件"|"保存"或"另存为"命令。

③ 按【Ctrl+S】组合键。

2)保存类型

PowerPoint 2019 演示文稿默认的保存类型为"PowerPoint 演示文稿(*.pptx)",同时它还提供了多种保存类型,在保存时可以选择。常见保存类型如下。

PowerPoint 97-2003 演示文稿(*.ppt):保存为低版本。PowerPoint 2019 默认的保存类型不能够在 PowerPoint 2003 上打开,要使编辑的演示文稿能够在低版本上打开,选择该类型。

PowerPoint 模板(*.potx):系统提供了很多演示文稿的模板,修改模板上的元素,可以制作新的演示文稿。

PowerPoint 放映(*.ppsx):双击打开后,以放映的方式播放演示文稿。

此外,在 PowerPoint 2019 中,还可以将演示文稿保存为视频格式(*.wmv 或*.mp4)。

3．演示文稿视图模式

视图是文档的一种显示方式，以满足不同操作需求。PowerPoint 提供了多种视图模式，单击"视图"|"演示文稿视图"组中的各种视图命令，可以切换到相应的视图。

1）普通视图

普通视图是启动 PowerPoint 后默认的视图，它是编辑幻灯片的主要视图，在该视图中，用户可以插入、编辑和设置幻灯片上的各种元素，由幻灯片浏览窗格、幻灯片编辑窗格和备注窗格组成，如图 5.14 所示。

2）幻灯片浏览视图

在幻灯片浏览视图中，演示文稿中所有的幻灯片将以缩略图的形式显示，可以较为方便地浏览演示文稿中各张幻灯片的整体效果，以及调整幻灯片之间的顺序，还可进行插入、复制和删除幻灯片等操作，但不能编辑幻灯片中的具体内容。

3）阅读视图

在阅读视图中，幻灯片在显示屏上呈现全屏外观，可以在全屏状态下审阅所有的幻灯片。

4）备注页视图

备注的文本虽然可以在普通视图的备注窗格中输入，但在备注页视图中编辑备注文字更为方便。

5.2.2　幻灯片的管理

一般来说，一个演示文稿中包含了多张幻灯片，对这些幻灯片进行管理，是编辑演示文稿的重要工作，如选择、插入、移动、复制和删除幻灯片等。这些操作均可在幻灯片浏览窗格中进行。

1．选择幻灯片

要对幻灯片进行操作，首先必须选择幻灯片。

1）单张幻灯片的选择

在幻灯片浏览窗格中直接单击任一幻灯片，即可选中该幻灯片。

2）多张幻灯片的选择

连续的多张：在幻灯片浏览窗格中，先选择某一张幻灯片，然后按【Shift】键，再选择另一张幻灯片，则两张幻灯片之间的所有幻灯片均被选中。

不连续的多张：在幻灯片浏览窗格中，先选择某一张幻灯片，然后按【Ctrl】键，依次选择需要选定的幻灯片，被单击的所有幻灯片均被选中。

全选：在幻灯片浏览窗格中，按【Ctrl+A】组合键，即可选中演示文稿的所有幻灯片。

2．插入幻灯片

向演示文稿中插入空白幻灯片的方法：在幻灯片浏览窗格中，选择插入的位置，如在第 3 张幻灯片后要插入一张新的幻灯片，右击第 3 张幻灯片，在弹出的快捷菜单中选择"新建幻灯片"命令，则在第 3 张幻灯片后插入一张空白的幻灯片。也可选择"插入"|"幻灯片"组中的"新建幻灯片"命令插入。

在当前的演示文稿中还可以插入其他演示文稿中的幻灯片，具体过程如下：

① 选择"插入"|"幻灯片"组中的"新建幻灯片"命令，选择"重用幻灯片"命令，打开"重用幻灯片"窗格，如图 5.15 所示。

② 单击"浏览"按钮，选择重用幻灯片所在的演示文稿文件。

③ 在下方列表中选择幻灯片，直接选择幻灯片即可将该幻灯片插入当前演示文稿。

3．删除幻灯片

在幻灯片浏览窗格中，选择需要删除的幻灯片，按【Delete】键，即可将选择的幻灯片删除。

4．复制幻灯片

制作演示文稿时，若有几张幻灯片的版式或背景都相同，只是其中文字不同，可以复制幻灯片，对复制后的幻灯片进行修改即可。在幻灯片浏览窗格中，右击待复制的幻灯片，在弹出的快捷菜单上选择"复制幻灯片"命令，则在当前被选定的幻灯片后复制该幻灯片。

图 5.15　"重用幻灯片"窗格

5．移动幻灯片

若要调整幻灯片之间的顺序，在幻灯片浏览窗格中，选择需要移动的幻灯片，按住鼠标左键，拖动到目标位置，释放鼠标即可。

5.2.3　演示文稿的外观设计

利用幻灯片的主题、背景以及幻灯片母版可以对整个演示文稿的外观统一调整，从而在较短时间内制作出风格统一的幻灯片。

1．母版

演示文稿中的每张幻灯片都有两个部分，一是幻灯片本身，二是幻灯片母版。幻灯片母版是一种特殊形式的幻灯片，用于统一演示文稿中幻灯片的外观以及控制幻灯片的格式。

如当演示文稿中所有幻灯片都包含相同的对象（如徽标）时，一页一页地插入该对象会比较烦琐，而在幻灯片母版中设置则方便得多。打开幻灯片母版的方法：单击"视图"|"母版视图"组中的"幻灯片母版"命令，进入母版设计状态，在幻灯片母版上进行编辑时，该母版中的所有幻灯片将包含这些更改。

2．主题

主题是一组预定义的颜色、字体和外观效果，由幻灯片母版定义。在 PowerPoint 中使用主题颜色、字体和效果，可以让演示文稿看起来更有条理和表现力。PowerPoint 提供了多种内置的主题方案供用户选择。

在"设计"|"主题"组中，内置了一系列主题，如图 5.16 所示。在主题库中，将鼠标

指针移动到某一个主题上，可以实时预览相应的效果，单击选择的主题，就可以将该主题快速应用到当前演示文稿中。

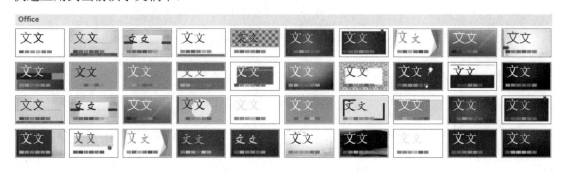

图 5.16　主题

3. 背景

没有应用主题方案的幻灯片，默认的背景是白色的，为了丰富演示文稿的视觉效果，可以根据需要为幻灯片添加合适的背景颜色，设置不同的填充效果。PowerPoint 提供了多种填充效果，包括渐变、纹理、图案和图片等。

选择"插入"|"自定义"组中的"设置背景格式"命令，或右击幻灯片上的空白区域，在弹出的快捷菜单中选择"设置背景格式"命令，均可打开"设置背景格式"窗格，在此窗格中可以设置不同的背景效果。

5.3　文字

文字是演示文稿中最基本也是最重要的元素，演示文稿不同于 Word，文字应尽量简约，保留核心要点，密密麻麻写满了文字的幻灯片，丝毫引不起观众的兴趣，如图 5.17 所示。

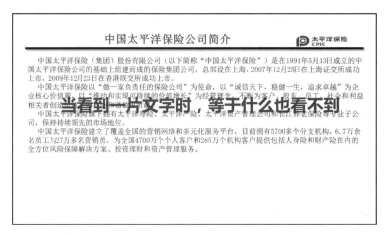

图 5.17　文字幻灯片

演示文稿的核心要素是快速传达主题，展示时尽量做到一目了然。在设计时，应对大段文本进行梳理与提炼，将信息分层、分级显示，形成"大标题-小标题-正文"的视觉结构，将上面幻灯片分层、分级后的效果如图 5.18 所示。

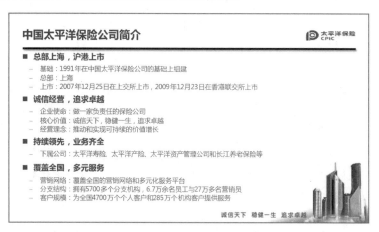

图 5.18　分层、分级幻灯片

5.3.1　文字输入

PowerPoint 中文字输入的途径主要有两种：占位符和文本框。占位符一般在新建幻灯片的版式上自动出现，包括标题框和内容框。文本框可通过"插入"|"文本"组中的"文本框"命令插入，占位符和文本框效果如图 5.19 所示。

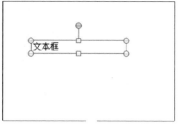

图 5.19　占位符和文本框效果

1．占位符和文本框的特点

1）占位符的特点

占位符由幻灯片的版式确定，用户不能插入新的占位符。演示文稿中所有的占位符可以在母版视图中进行统一编辑，方便修改，文字如果很多，字号会自动调整，以适应占位符的大小。

如果设计纯文本型的幻灯片，使用占位符非常适合，制作效率高，但如果进行图表、图片和动画设计时，会缺乏个性，效果单一。

当演示文稿更换主题时，占位符中的文本会根据更换后的主题发生相应的改变。对于已经设计好的演示文稿，在更换演示文稿主题时，可能会带来一些麻烦，需要重新设置占位符中的文本格式。

2）文本框的特点

文本框有横排文本框和竖排文本框两种，可以任意插入幻灯片。文本框中输入的文字便于设计，与图表、图片以及动画等对象配合使用非常方便。

当更换演示文稿的主题时，文本框中的文本效果保持不变。在幻灯片中输入文字，建议使用文本框。

2．占位符和文本框的设置

1）大小调整

选择占位符或文本框时，在占位符或文本框的边框上将出现调整控点，将鼠标指针指向任一调整控点时，指针变成双向箭头，按住鼠标左键进行拖动，可以改变占位符或文本框的大小。

2）位置调整

当鼠标指针指向占位符或文本框时，鼠标指针变成十字箭头，按住鼠标左键进行拖动，即可调整其位置。

3）格式设置

选择占位符或文本框，右击鼠标，在快捷菜单中选择"设置形状格式"命令，可以对占位符和文本框设置格式。

5.3.2 文字格式

文字格式是指文字的外观属性，包括字体、大小、颜色和效果等。

1．演示文稿使用的字体

演示文稿中使用的字体应根据主题内容选择不同字体。默认的字体是宋体，宋体是一种衬线字体，笔画具有横细竖粗的修饰风格，但不太适合幻灯片投影展示。

微软雅黑是一种非衬线字体，具有现代感和科技感，笔画粗细均匀，展示清晰，既可以用于标题，又可以用在正文，在教学课件、商务宣传和项目报告上广泛使用。

用户还可以从网上下载所需的字体，字体文件的扩展名一般为.ttf 或.otf，将字体文件复制到计算机系统盘文件夹里（一般为"C:\Windows\Fonts"），则该字体就安装到计算机中，打开 PowerPoint 就可使用了。

2．字体的替换与嵌入

1）替换字体

快速替换演示文稿中的字体：单击"开始"|"编辑"组中的"替换"命令，选择"替换字体"命令，打开"替换字体"对话框，如图 5.20 所示，将演示文稿中所有设置了"宋体"的文字替换成"微软雅黑"字体。

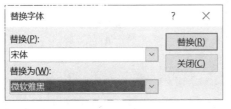

图 5.20 "替换字体"对话框

2）嵌入字体

如果演示文稿中使用了计算机系统默认字体以外的字体，该演示文稿在另外的计算机上展示时，就会因为缺乏该字体而全部恢复成宋体，使文字格式与效果遭到破坏，因此可以通过嵌入字体来解决这一问题。

选择"文件"|"选项"命令，打开"PowerPoint 选项"对话框，在"保存"选项中，勾选"将字体嵌入文件"复选框即可嵌入字体，如图 5.21 所示。

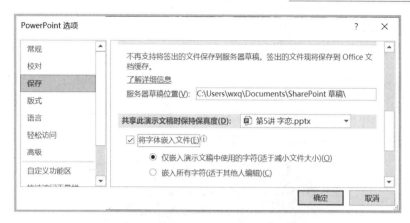

图 5.21　"PowerPoint 选项"对话框

嵌入字体有两种方式：

不完全嵌入——仅嵌入演示文稿中使用的字体，文件比较小，在任何计算机中都能准确显示该字体，但无法编辑。

完全嵌入——嵌入所有字体，在任何计算机上都可以显示和编辑，但演示文稿文件会非常大，而且保存时间长。

3. 字号

演示文稿中字号的大小没有固定的标准，由于演示文稿是用来展示的，所以字号在设置上应坚持一个原则：看得清文字，区分得清标题和正文。

4. 字间距、段落行距与段落间距

幻灯片中字间距、段落行距与段落间距应设置合理，否则会影响展示效果，导致阅读不舒适。

调整字间距的方法：增加文本框的宽度，选择"开始"|"段落"组中的"分散对齐"命令，文字会根据文本框的宽度自动调整间距。

调整段落行距的方法：选择文字，右击鼠标，在快捷菜单中选择"段落"命令，在"段落"对话框中设置段落行距。一般建议段落行距在 1.2～1.4 倍。

调整段落间距的方法：选择文字段落，右击鼠标，在快捷菜单中选择"段落"命令，在"段落"对话框中设置段前、段后距离。

5.3.3　艺术效果

1. 插入艺术字

选择"插入"|"文本"组中的"艺术字"命令，展开艺术字效果列表，共 20 种，如图 5.22 所示，选择一种艺术字效果，输入文字即可创建艺术字。

2. 艺术字样式

使用"艺术字样式"可以为已有的文字添加艺术效果。选择文字，单击"格式"|"艺术字样式"组中的"艺术字样

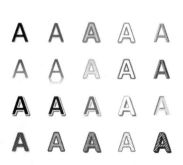

图 5.22　艺术字效果列表

式"命令，从列表中选择一种样式，即可将该效果应用到选定的文字上。

3．自定义艺术字

自定义艺术字可通过"格式"|"艺术字样式"组中的"文本填充""文本轮廓""文本效果"等命令设置。通过这些命令，可以制作出精美的艺术字效果。以下通过一个案例介绍自定义艺术字的设置。

【例题 5-1】设计如图 5.23 所示的三维艺术字。

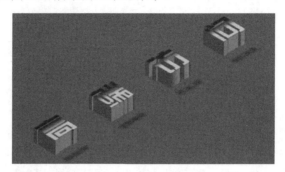

图 5.23　三维艺术字

从文字显示的效果来看，该文字具有立体、阴影、颜色渐变和旋转等特点。

【操作要点】

① 插入文本框，输入文字"高端访问"，字体为黑体，大小为 48 号。

② 选择文字，单击"格式"|"艺术字样式"组中的"文本填充"命令，选择"渐变"命令，再选择"其他渐变"命令，打开"设置形状格式"窗口，如图 5.24（a）所示。

(a)　文本填充与轮廓

(b)　文字效果

图 5.24　"设置形状格式"窗格

③ 选择"渐变填充"单选按钮，类型设为"线性"，角度设为"90°"，渐变条上停止点 1 光圈颜色设为红色，位置设为 40%，停止点 2 光圈颜色设为黄色，结束位置设为 50%。

④ 如图 5.24（a）所示，单击窗格上方的文字效果按钮 🅰，切换到"文字效果"选项，

在"阴影"中，设置"预设"为"透视：下"阴影样式，其余参数为默认值，如图 5.24（b）所示。

⑤ 在"三维格式"中，设置"深度"大小为 20 磅。

⑥ 在"三维旋转"中，设置"预设"为"平行"|"等角轴线：顶部朝上"。

5.3.4　文字型幻灯片的设计

文字的最大缺点是高度抽象化，不容易理解和记忆，特别是对于一些文字较多的演示文稿。

图 5.25 所示是一张文字型幻灯片，版面杂乱，文字堆积，没有条理，毫无重点，在演示的时候，没有任何美观度可言，自然不能引起观众的兴趣。

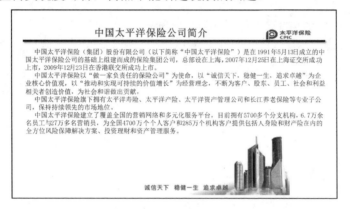

图 5.25　文字型幻灯片

以下是对文字型幻灯片的处理过程。

1．设置字体，对齐对象

幻灯片中文字默认的对齐方式是左对齐，容易造成文字右侧不整齐。建议文字段落采用两端对齐，同时取消每段文字的首行缩进效果，字体设置为微软雅黑。

设计版面时，幻灯片上所有对象应该按某种规则对齐，从而让版面具有秩序。如让标题、线条和正文段落的左侧对齐；Logo、线条和图片的右侧对齐；所有内容放置在页面的中心，如图 5.26 所示。

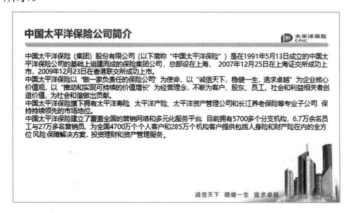

图 5.26　对齐后的幻灯片

2．提炼标题，精简文字

提炼标题是指梳理文字内容，为每段文字添加一个主题；精简文字是找出句与句之间的逻辑关系，保留主要内容，按条罗列，如图5.27所示。

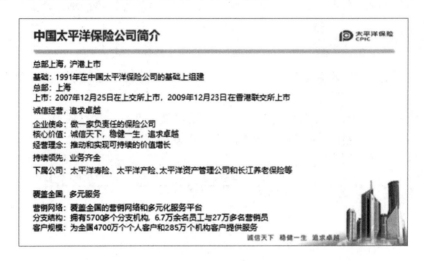

图5.27　梳理文字后的幻灯片

3．突出标题，调整间距

突出标题常用的方法是加粗字体、加大字号或改变文字的颜色，使标题与正文区别开来。再利用亲疏原则，让每一块内容有明显的间隔，如图5.28所示。

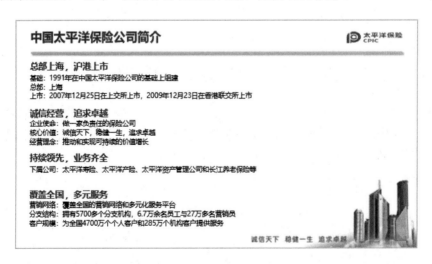

图5.28　突出标题的幻灯片

4．添加项目符号，突出层级

项目符号或编号是放在标题前的引导符，起到引导和强调作用，通过缩进，让文字有层级关系，形成"大标题-小标题-正文"的视觉结构，如图5.29所示。

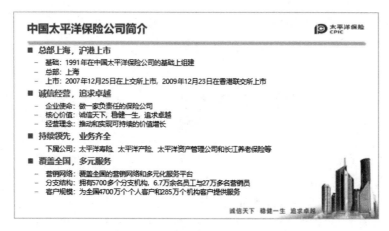

图 5.29　添加项目符号的幻灯片

5.4　插入对象

在幻灯片中，用形状、表格、图像、图表或 SmartArt 图形来说明抽象的文字和枯燥的数据，能使文字展示更加形象，数据展示更加直观。

5.4.1　形状

在幻灯片中插入形状，单击"插入"|"绘图"组中的"形状"命令，在形状列表中共有 9 大类 173 种形状，基本涵盖了多数作图软件常用的形状。熟练使用这些形状，能够绘制出丰富多彩的图形。

1．使用【Shift】键

在绘图时经常遇到线画不直、角对不准、拉伸变形等问题，使用【Shift】键可以解决这些问题，它不仅能帮助用户绘制出标准形状（直线、正图形等），还可以等比例调整形状、图像的大小，防止形状、图像变形。

1）绘制直线

在形状列表中，选择"直线"形状后，按住【Shift】键进行绘制，能够绘制 3 种直线：水平线、垂直线和 15°倍数的直线。若要调整直线的长度，在按住【Shift】键的同时，选择直线一侧的调整控点，进行调整。

2）绘制正图形

选择椭圆、等腰三角形、矩形或星形等基本形状时，按住【Shift】键进行绘制，将会得到正图形，如图 5.30 所示。

图 5.30　绘制正图形

在调整形状的大小时，按住【Shift】键，拖动形状对角线上的调整控点，可保持形状等比例调整，不会使形状变形。

2．使用【Ctrl】键

1）调整形状大小时，保持形状中心位置不变

按住【Ctrl+Shift】组合键，拖动形状对角线上的调整控点，可保证在调整形状大小时，形状的中心位置不变。

2）快速复制形状

在复制对象时，也可以结合【Ctrl】键进行复制：

选择对象，按【Ctrl+D】组合键可进行快速复制。

选择对象，按【Ctrl】键，拖动形状到任意位置，释放鼠标，即可将对象复制到该位置。

按【Ctrl+Shift】组合键+拖动对象：这是一种对齐复制法，此时鼠标指针只能与对象平行移动或垂直移动。采用这种方法，在复制对象的同时也对齐了对象。

3．编辑形状

绘制的形状还可以进行形状调节。

1）形状调节

选择形状后，在形状的周围会出现黄色的菱形控点，拖动该控点就可调节形状的外观。有些形状的黄色菱形控点的数量可能不止一个，拖动每个黄色菱形控点可分别调节形状的某一区域。如图 5.31 所示，选中箭头形状之后，出现两个黄色菱形控点，其中一个在箭头的头部位置，另一个在尾部，这两个控点分别用于调节箭头头部大小和尾部长短。

2）编辑顶点

PowerPoint 还可以对形状进行二次编辑与变形，如图 5.32 所示，左侧的矩形二次编辑后得到右侧的形状。

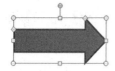 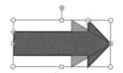  

图 5.31　调节形状　　　　　　　　　　　　　图 5.32　更改形状

选择矩形，右击鼠标，在弹出的快捷菜单中选择"编辑顶点"命令，将显示矩形可编辑的 4 个顶点。选择其中一个顶点进行拖动，就可改变矩形的外观。选择矩形的一个顶点后，顶点旁会出现两个白色的小正方形控点，用鼠标拖动该控点，能将对应顶点处的线条变为曲线，如图 5.33 所示。

 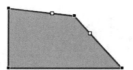 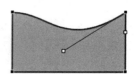

图 5.33　编辑顶点

4．层

所有的形状在幻灯片上都有上下、左右、前后的分布，上下、左右分布能够直接看出，但前后分布需要借助于层来实现。所有的形状都占据了独立的一层，其余的形状要么在该层的下面，要么在该层的上面。可以将某个层上的形状上移或下调，置于顶层，将遮盖其他层形状；置于底层，将被其他层形状覆盖。层的概念，不仅限于形状，图片、文字、视频等对象都有该属性。修改对象所在的层，可通过 4 个命令来完成：置于顶层、置于底层、上移一层和下移一层。

例如，有矩形 2 位于矩形 1 的上方，遮住了矩形 1 的部分区域，鼠标右击矩形 1，在弹出的快捷菜单中，选择"置于顶层"，矩形 1 将放置在顶层，如图 5.34 所示。

图 5.34　对象的图层

5．"选择"窗格

当幻灯片上对象很多时，上层对象完全遮挡住了下层对象，即对象重叠在一起，若要对下层对象进行编辑，一般是将上层对象移开，下层对象可见时进行编辑，编辑完成后，又要将上层对象移回原来位置，这种操作费时费力，尤其在设置复杂动画过程中，当幻灯片版面上重叠对象很多时，操作甚至无法进行。

对此，可以通过"选择"窗格快速选择被遮挡的对象。选择"开始"|"编辑"组中的"选择"命令，在展开的列表中单击"选择窗格"命令，打开"选择"窗格。"选择"窗格上列出了幻灯片上所有对象的名称，如图 5.35 所示。"选择"窗格中对象名称的顺序代表了它们在幻灯片页面上的图层顺序，"选择"窗格最上方的对象就在幻灯片的顶层，最下方的对象就在幻灯片的底层。单击"选择"窗格中的箭头按钮 ▲ ▼ 可以改变对象的叠放次序。当上层对象完全挡住下层对象时，若要对下层对象进行编辑，只需在"选择"窗格中单击上层对象名称右侧的 ⟳ 图标，当图标变成 ⟳̷ 状态时，可将上层对象在幻灯片上隐藏起来，此时下层对象处于可见状态。再次单击 ⟳̷ 图标，被隐藏的上层对象将重新显示出来。

图 5.35　"选择"窗格

6．组合

组合是指把组成一个复杂形状的所有形状捆绑在一起，使它们成为一个整体。组合后的形状作为一个对象，更加便于用户的操作。当不需要组合时，可以将组合的形状取消组合。

按住【Shift】键，一一选择所有形状，然后在任一形状上右击鼠标，从弹出的快捷菜单中选择"组合"命令，就可以将所选的多个形状进行组合。形状组合后，对形状的整体编辑就会方便很多，如整体移动、改变大小等。还可以对组合形状中的某个局部形状进行编辑和调整：选择组合形状后，再单击需要调整的内部形状进行编辑与调整即可。

若要取消组合，只需在组合形状上右击鼠标，在弹出的快捷菜单中选择"取消组合"命令即可。

7. 形状填充

缺少色彩的形状并不美观。文字的填充效果是通过"格式"|"艺术字样式"组中的"文本填充""文本轮廓""文本效果"等命令来设置的，与文字填充类似，形状的外观格式与效果可通过"格式"|"形状样式"组中对应的命令设置。

选择需要填充的形状，右击鼠标，从弹出的快捷菜单中选择"设置形状格式"命令，打开"设置形状格式"窗格，在窗格中选择"填充"选项，如图 5.36 所示，对形状可以进行各种方式的填充。

图 5.36 "设置形状格式"窗格

1）无填充

选择"无填充"单选按钮，形状内部将变为无填充样式。

2）纯色填充

选择"纯色填充"单选按钮，显示"颜色"下拉按钮和"透明度"滑块。当透明度设置为 0 时，形状不透明，当透明度设置为 100%时，形状内部变为完全透明，和无填充效果相同。

3）渐变填充

颜色渐变是指一种颜色以某种方式缓慢过渡到其他颜色。控制颜色渐变的三个参数分别是类型、方向和光圈。

① 类型与方向。

渐变类型分为线性、射线、矩形和路径 4 种。其中线性渐变使用最多，其次是射线渐变。

线性渐变是指一种颜色以直线方式过渡到另外一种颜色。可以设置不同的角度进行线性渐变，如图 5.37 所示。

射线渐变是指一种颜色以弧线方式过渡到另外一种颜色，所有颜色围绕同一个圆心分布，只有 5 种固定的预设效果，并且不能进行方向和角度的调整，如图 5.38 所示。

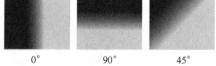

| 0° | 90° | 45° |

图 5.37 不同角度线性渐变

图 5.38 射线渐变效果

矩形渐变是指一种颜色以矩形方式过渡到另外一种颜色。与射线渐变类似，所有颜色围绕同一个中心分布，也有 5 种固定的渐变效果，同样不能进行方向和角度的调整，如图 5.39 所示。

图 5.39　矩形渐变效果

路径渐变是指从形状的中心向四周渐变。

② 光圈。

任何渐变色都是由一种颜色的光圈到另外一种颜色的光圈过渡实现的，一个渐变光圈代表一种参与渐变的颜色，参与渐变的多种颜色按照光圈的顺序进行渐变，每个光圈由颜色、位置、透明度和亮度几个参数决定，如图 5.40 所示。

渐变条上的停止点用来设置渐变光圈的颜色，如图 5.40 所示，在渐变条上显示了 3 个停止点，表示可以设置 3 种渐变光圈的颜色，单击渐变条右侧的"添加渐变光圈"按钮 和"删除渐变光圈"按钮 可以添加或删除渐变光圈的个数。

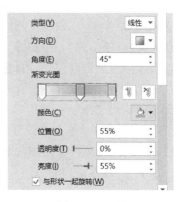

图 5.40　光圈

"位置"用于修改两个渐变光圈颜色连接处的位置，例如，一种渐变由红色渐变到黄色，停止点 1 光圈的颜色设置为红色，停止点 2 光圈的颜色设置为黄色，在"类型"下拉列表中选择"线性"，"角度"设为 90°，停止点 1 的位置为 0，停止点 2 的位置为 100，渐变效果如图 5.41（a）所示。

选择"停止点 2"，在渐变条上向左拖动，将其位置减小，设置为 50，则红色和黄色连接处的效果，如图 5.41（b）所示。

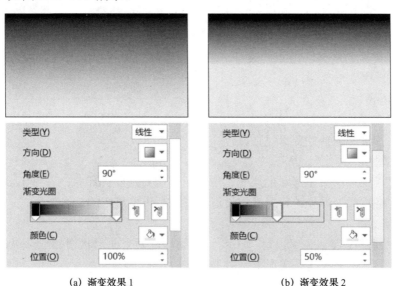

（a）渐变效果 1　　　　　　　　（b）渐变效果 2

图 5.41　渐变停止点的设置

利用各种渐变方式进行填充，可以制作出绚丽多彩的颜色效果。

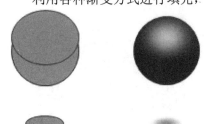

图 5.42　通过渐变制作高光效果

【例题 5-2】通过渐变制作高光效果，如图 5.42 所示。

【操作要点】

① 画出所需的形状：一个正圆和两个椭圆，位置分布如图 5.42 中左图所示，选择三个形状，设置对齐方式为水平居中，所有形状的轮廓设置为无轮廓。

② 对三个形状分别进行填充：右击下层的正圆，在快捷菜单中选择"设置形状格式"命令，在"设置形状格式"窗格中选择"纯色填充"，颜色为"蓝色"。选择正圆上层的椭圆，选择"渐变填充"，类型为"路径"，停止点 1 光圈的颜色为白色，位置为 0%，亮度为 80%，透明度为 0%；停止点 2 的颜色为默认，位置为 100%，透明度为 100%。选择正圆下方的椭圆，选择"渐变填充"，类型为"路径"，则上述的渐变填充效果就直接应用到该椭圆上，只需修改停止点 1 光圈的颜色为灰色即可。

4）图片或纹理填充

在"设置形状格式"窗格中，选择"图片或纹理填充"单选按钮，可以将图片或纹理填充到形状中。单击"纹理"右侧的下拉箭头，可插入内置的纹理图案，单击"文件"按钮，可插入计算机中的图片。

8. 形状效果

1）阴影

阴影是凸显形状质感不可缺少的效果。选择形状，单击"格式"|"形状样式"组中的"形状效果"命令，再选择"阴影"命令，在弹出的列表中选择内置的阴影效果，可以为形状添加阴影。

2）发光

发光效果能够增强形状的模糊度，从而增加画面的复杂度。在 PowerPoint 中，阴影和发光效果是一体的，因为阴影效果也能够设置成发光效果。

3）映像

映像效果极大地增强了形状的设计感和空间感，当形状在画面中有映像效果时，整个画面会呈现出一个三维的空间。

4）柔化边缘

柔化边缘在图像处理软件中称为羽化，它将形状的边缘模糊，变得柔和，使其没有僵硬的边缘，与背景的融合性变得更强。

5）三维效果

三维效果极大地丰富了形状的质感，增强了大脑对形状的印象。在 PowerPoint 中，通过对形状三维格式和三维旋转等属性的设置，可以制作出很好的三维效果。

① 三维格式。

通过设置顶部棱台、底部棱台、深度等参数，可为平面形状增加一个纵深效果，从而实现平面形状的立体化，这是实现三维效果的核心。

选择形状，单击"格式"|"形状样式"组中的"形状效果"命令，选择"棱台"命令，再选择"三维选项"命令，打开"设置形状格式"窗格，如图 5.43 所示，在该窗格中

可以对形状的三维格式进行设置。

在形状的三维格式中，提供了两个可供设置的棱台：顶部棱台和底部棱台，每个棱台有 12 种预设效果可供选择，并通过宽度和高度两个参数进行设置。

棱台的深度是指棱台的厚度，注意它与棱台的高度有所区别，即除去底部棱台和顶部棱台后形状的高度，它有两个参数：颜色和大小。

② 三维旋转。

三维旋转主要是通过调整形状或观察者的位置，从不同角度去审视形状，从而得到不同的立体效果。

顾名思义，三维旋转共有三个维度旋转：平行旋转（X 轴）、垂直旋转（Y 轴）、圆周旋转（Z 轴），三维旋转的本质在于让三维格式能够看出来。

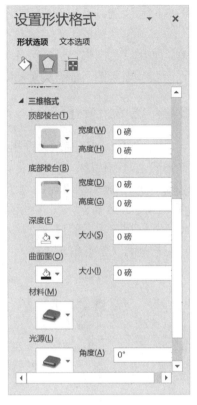

图 5.43 "三维格式"设置

5.4.2 表格

表格的作用是将结构相同的多条信息进行罗列，从而让数据展示更加清晰、直观。PowerPoint 中插入表格、编辑表格和美化表格与 Word 中表格的操作一样，在此不再赘述。

5.4.3 图表

使用图表可更为直观地描述数据，并且几乎能够描述任何数据信息。在幻灯片中，当需要用数据来说明一个问题时，可以利用图表直观明了地表达信息的特点。

1. 图表的插入与编辑

选择"插入"|"插图"组中的"图表"命令，打开"插入图表"对话框，选择所需类型的图表，单击"确定"按钮，即可插入图表。

插入图表后，自动弹出"Microsoft PowerPoint 中的图表"Excel 电子表格，在该电子表格中输入相应的数据，即可把这些数据生成的图表并显示在幻灯片中。

若要编辑图表，双击需要编辑的区域或对象，弹出对应的编辑窗格，在窗格中进行编辑，或鼠标右击图表，在弹出的快捷菜单中选择相应的命令进行编辑即可。

2. 不同类型图表的使用场景

不同类型的图表用来展现不同逻辑关系的数据，所以插入图表时，应选择合适的图表来展示数据。

（1）柱形图：用于显示一段时间内的数据变化或显示各项之间的比较情况。通过柱子的高度，反映数据的差异。

（2）条形图：显示各个项目之间的比较情况，与柱形图类似。

（3）折线图：适合多个二维数据集的比较，反应数据变化的趋势。

（4）散点图：类似 X、Y 轴，判断两个变量之间是否存在某种关联。

（5）饼图：显示各项的大小与各项总和的比例。

（6）雷达图：用于多维数据（四维以上），数据点一般不超过 6 个，太多辨别起来有困难，如用雷达图来展示公司各项数据指标的变动情形及其好坏趋向。

（7）面积图：强调数量随时间而变化的程度。

5.4.4　SmartArt 图形

SmartArt 图形是微软推出的一种将信息视觉化表达的图形，可以选择不同的布局来创建形状，从而快速、高效地传达信息。

单击"插入"|"插图"组中的"SmartArt"命令，打开"选择 SmartArt 图形"对话框，如图 5.44 所示，在该对话框中，提供了 8 大类 SmartArt 图形，每类又提供了不同的风格样式，用户根据幻灯片上信息内容的结构层次和逻辑性，选择合适的 SmartArt 图形，就能轻松地将文字等信息转换为图形效果。

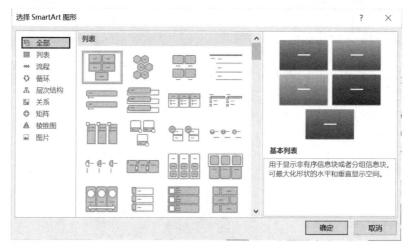

图 5.44　"选择 SmartArt 图形"对话框

幻灯片上的文字可以直接转换成 SmartArt 图形。文字转换为 SmartArt 图形时首先要区分文字信息的层次与级别。

【例题 5-3】如图 5.45 所示，将该张幻灯片上的文字转换为相应的 SmartArt 图形效果，如图 5.46 所示。

> **战略目标：全面建成小康社会**
> 确保到2020年实现经济健康发展，人民民主不断扩大，人们生活水平全面提高，资源节约型、环境友好型社会取得重大进展，为实现现代化和民族复兴奠定基础。
> **动力：全面深化改革**
> 全面推进经济体制、政治体制、文化体制、社会体制、生态文明体制和党的建设制度改革。
> 总目标是"完善和发展中国特色社会主义制度，推进国家治理体系和治理能力"。
> **保障：全面推进依法治国**
> 坚持走中国特色社会主义法治道路，建设中国特色社会主义法治体系，建设社会主义法治国家。

图 5.45　原始文字

幻灯片上的标题文字属于并列关系，每个标题又有对应的正文内容，在转换为 SmartArt 图形时首先要调整标题文字与正文文字的层级关系。

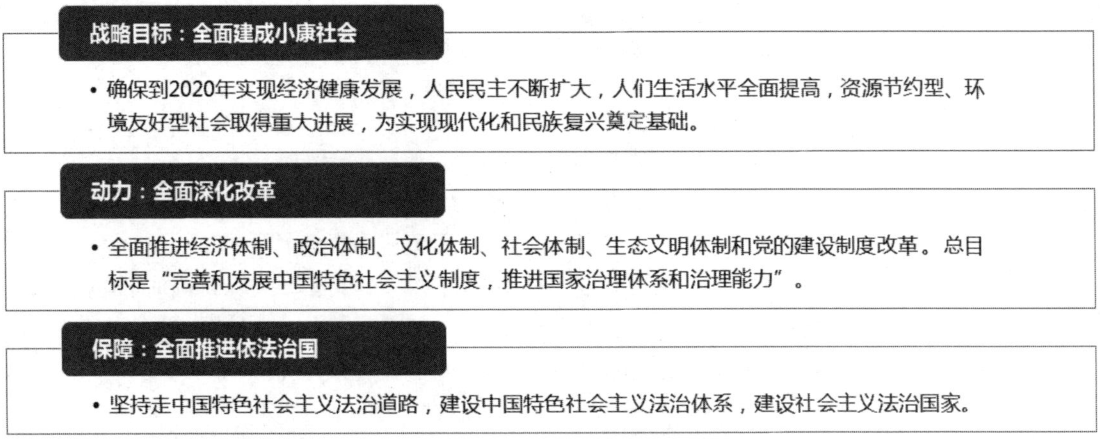

战略目标：全面建成小康社会

• 确保到2020年实现经济健康发展，人民民主不断扩大，人们生活水平全面提高，资源节约型、环境友好型社会取得重大进展，为实现现代化和民族复兴奠定基础。

动力：全面深化改革

• 全面推进经济体制、政治体制、文化体制、社会体制、生态文明体制和党的建设制度改革。总目标是"完善和发展中国特色社会主义制度，推进国家治理体系和治理能力"。

保障：全面推进依法治国

• 坚持走中国特色社会主义法治道路，建设中国特色社会主义法治体系，建设社会主义法治国家。

图 5.46　转换为 SmartArt 效果

【操作要点】

① 将光标定位在"确保到"文字所在段落，单击"开始"|"段落"组中的"提高列表级别"命令，将正文向右缩进，类似地，将其余三段正文也向右缩进，让标题和正文具有层次关系，效果如图 5.47 所示。

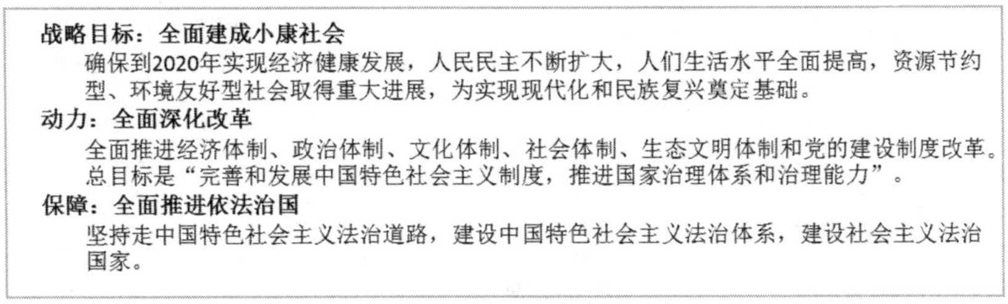

战略目标：全面建成小康社会
　　确保到2020年实现经济健康发展，人民民主不断扩大，人们生活水平全面提高，资源节约型、环境友好型社会取得重大进展，为实现现代化和民族复兴奠定基础。
动力：全面深化改革
　　全面推进经济体制、政治体制、文化体制、社会体制、生态文明体制和党的建设制度改革。总目标是"完善和发展中国特色社会主义制度，推进国家治理体系和治理能力"。
保障：全面推进依法治国
　　坚持走中国特色社会主义法治道路，建设中国特色社会主义法治体系，建设社会主义法治国家。

图 5.47　具有层次关系的文字效果

② 选择所有文字，右击鼠标，在弹出的快捷菜单中选择"转换为 SmartArt"命令，然后在展开的列表中单击"其他 SmartArt 图形"，打开"选择 SmartArt 图形"对话框，如图 5.44 所示，选择"列表"选项中的"垂直框列表"。

③ 选择的文字将转换为垂直框列表图形效果，调整文字的大小及图形的填充颜色、大小和线条，如图 5.46 所示。

5.4.5　图像

图像是幻灯片视觉化展示最重要的对象，更能彰显要表达的含义，具有更强的视觉冲击力。

1. 插入图片

插入计算机中的图片，过程如下：

① 单击"插入"|"图像"组中的"图片"命令，打开"插入图片"对话框。

② 在图片所在的文件夹中选择相应的图片，单击"插入"按钮，图片将插入到幻灯片中。

③ 选择插入的图片，按住【Shift】键，用鼠标拖动图片对角线上的控点可以在保持图片纵横比不变的情况下调整图片的大小，并将其拖放到幻灯片的合适位置上。

2．裁剪图片

若只需图片的部分区域时，可以对图片进行裁剪，裁剪过程如下：

① 选择要裁剪的图片，单击"格式"|"大小"组中的"裁剪"命令，在下拉列表中选择"裁剪"命令，图片处于裁剪状态，四周出现 8 个黑色线型控点。

② 若要裁剪某一侧区域，则将该侧的中心裁剪控点向内拖动。若要同时裁剪相邻两边，则向内拖动裁剪角控点。

图片还可以裁剪为其他的形状，如图 5.48 所示，将图片裁剪为圆形。

图 5.48　裁剪为形状

选择图片，选择"裁剪"|"纵横比"中的"1:1"，将图片裁剪为正方形，拖动图片调整图片裁剪的区域；再次单击"裁剪"|"裁剪为形状"命令，在形状列表中选择"椭圆"形状，即可将图片裁剪为正圆形。

3．删除图片的背景

PowerPoint 对图片的处理功能十分强大，如可删除图片的背景，实现抠图功能。

【例题 5-4】如图 5.49 所示，要删除地球周围的黑色背景。

图 5.49　删除背景示例

【操作要点】

① 选择图片，单击"格式"|"调整"组中的"删除背景"命令，图片进入删除背景状态，如图 5.50 所示。

② 删除的区域呈现紫红色状态，调整控点，使矩形框扩大，让地球完全显示出来。

③ 若地球上有部分区域被删除，则在"删除背景"命令中，可以通过相应选项进行调整，其中，"标记要保留的区域"是指在图片上绘制出要保留的区域；"标记要删除的区域"是指在图片上绘制出要删除的区域。

④ 删除背景后，在图片外单击即可，删除背景效果如图 5.51 所示。

图 5.50　删除背景状态　　　　　　　　　图 5.51　删除背景效果

5.5　演示文稿放映设计

为了让幻灯片在演示时具有动感的视觉效果，吸引用户注意，可以对幻灯片或幻灯片上的文本、形状、图片和图表等对象添加动画、超链接和缩放定位等功能，此外还可以插入音、视频等对象。

5.5.1　对象的动画设置

PowerPoint 动画有两类：一类是动画设置，为幻灯片上的文本、形状、图片和图表等对象设置动画效果；一类是幻灯片切换动画，设置幻灯片之间的过渡动画。

动画设置可以让幻灯片上的对象动态显示，这样可以突出重点，控制信息播放的流程，增加演示的趣味性。

1．动画类型

利用动画设置可以实现连贯、协调和逼真的动画过程。动画设置包括 4 种动画类型：进入动画、强调动画、退出动画和动作路径，这 4 类动画各自又有多种具体的动画类型。

1）进入动画

进入动画是指幻灯片在演示时，对象以什么动画效果出现在幻灯片上的过程。使用频率较高的进入动画有飞入、淡化、擦除和缩放等。

2）强调动画

强调动画是指幻灯片在演示时，幻灯片上的对象发生某种状态上的改变，如改变大小、颜色等，起到强调作用。使用频率较高的强调动画有放大/缩小、陀螺旋等。

3）退出动画

退出动画是进入动画的逆过程，即对象从有到无、陆续在幻灯片上消失的一个过程。

它和进入动画一一对应，有什么样的进入动画，就有什么样的退出动画。

4）动作路径

动作路径是指幻灯片演示时，幻灯片上的对象按照绘制的路径进行运动的动画效果。

无论哪一种动画，单一的动画都不够自然细腻。逼真的动画效果都是不同动画叠加出来的，在动画设置时要充分联想处于一个场景时，会伴随哪些动作过程，从而进行动画设置。如树叶飘落时，同时发生的动画有树叶从高到低飘落，位置发生改变，可通过动作路径来实现；在飘落过程中，树叶还伴随被风吹起的旋转动画和翻转动画，对树叶同时设置这三种动画，飘落的过程才会形象逼真。

2. 动画设置方法

选择幻灯片上的对象，在"动画"|"动画"组中可以设置进入动画、强调动画、退出动画以及动作路径。单击"更多进入效果"、"更多强调效果"、"更多退出效果"或"其他动作路径"命令，打开相应的对话框，可显示更多动画效果，如图5.52所示。

图 5.52　动画列表

3. 效果选项

对象设置了某种动画之后，要对动画的细节部分进行设置，可以在"动画"组的"效果选项"命令中进行。若给对象设置了"擦除"进入动画，则在"效果选项"命令中可以设置擦除的方向，如图5.53所示。

4. 添加动画

若对象已经设置了动画，再给它添加新动画时，不能直接在"动画"组的动画列表中进行添加，这样会替换已经设置的动画。给对象添加叠加动画时，应单击"动画"|"高级

动画"组中的"添加动画"命令。

5．计时设置

在"动画"|"计时"组中，可以设置动画开始方式、持续时间和延迟等，如图 5.54 所示。

1）开始

单击"开始"右侧的下拉按钮，选择动画在放映时的开始方式，有三种：单击时、与上一动画同时和上一动画之后。

"单击时"表示该动画由鼠标单击开始播放；"与上一动画同时"表示该动画与上一个动画同时进行；"上一动画之后"表示该动画在上一个动画播放完毕后开始播放。

图 5.53　效果选项

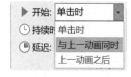

图 5.54　计时设置

2）持续时间

表示动画从开始到结束所用的时间，持续时间应合理，不能过长或过短。

3）延迟

延迟是设置动画连贯性的重要参数。在衔接动画的连贯性上，仅靠"与上一动画同时"或"上一动画之后"无法满足特定的要求，因此可以通过延迟来设置。如两个对象的动画持续时间都是 2s，第 2 个对象比第 1 个对象延迟 1s 才开始，则将第 2 个对象的开始方式设置为"与上一动画同时"，延迟设置为 1s。

6．动画窗格

动画设置完成后，单击"高级动画"组中的"动画窗格"命令，打开动画窗格，显示幻灯片上所有对象动画的详细信息，如图 5.55 所示。

图 5.55　动画窗格

1）数字编号

数字编号表示动画播放的顺序，如图 5.55 所示，动画窗格中的"1"和"2"表示先播放标题 1，再播放副标题 2。通过单击动画窗格右上方的上、下箭头按钮可以调整对象动画播放的先后顺序。

2）星形标记

动画窗格中，每个对象的动画前都有一个星形标记，表示该对象的动画类型，当鼠标指针停留在该标记上时，会显示动画的名称。

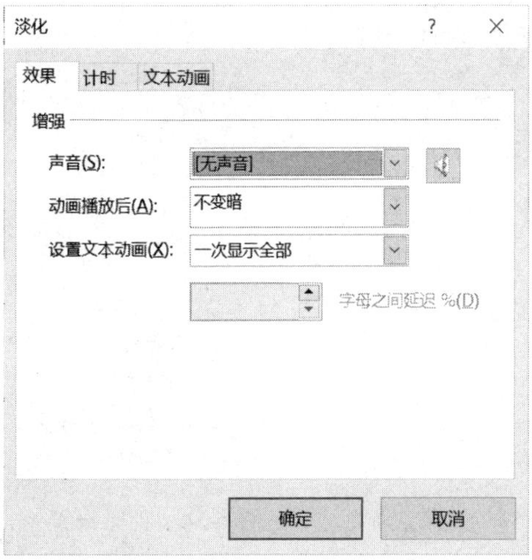

图 5.56　对应效果对话框

3）时间轴

每个动画都有一个长短不一的矩形块，表示动画的时间轴。向前或向后移动时间轴，可以设置动画延迟的时间；拖动时间轴的起点或终点，会延长或缩短动画持续的时间。

4）效果选项

在动画窗格中，若要对某一动画进行具体设置，则双击该动画，打开该动画的对应效果对话框，如图 5.56 所示，可以从“效果”“计时”“文本动画”等几个方面进行设置。

7．动画刷

动画刷的作用是复制动画，提高动画的制作效率。与格式刷一样，首先选择已经设置好动画的对象，单击“高级动画”组中的“动画刷”命令，此时鼠标指针变成一把刷子的形状，在需要设置同样动画的对象上，单击即可。单击动画刷，只能刷一个对象，双击动画刷，可以刷多个对象。

【例题 5-5】设置文字动画效果。演示时，单击幻灯片，标题文字基本缩放进入幻灯片后，底层文字很快地从左到右依次出现、放大、消失，形成一种虚影效果，对标题文字进行强化演示，动画过程如图 5.57 所示。

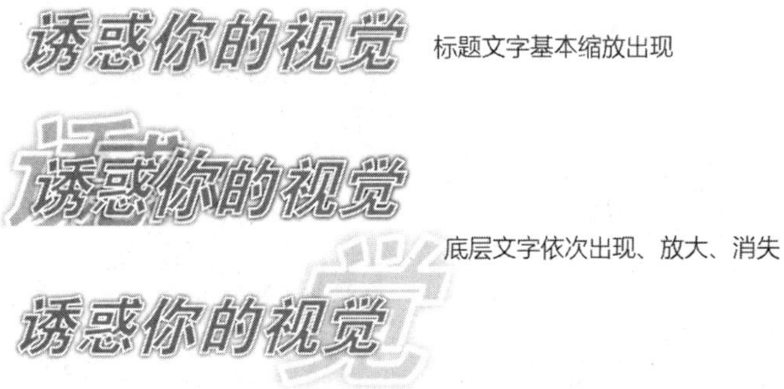

图 5.57　动画过程

这是对标题文字进行强调演示的动画，通过对象的叠加和动画的叠加制作而成。

【操作要点】

① 复制标题文字，放在幻灯片上备用。

② 选择复制前的标题文字，设置其进入动画为“基本缩放”，效果默认。

③ 选择复制后的标题文字，设置其进入动画为“出现”，开始方式为“上一动画之后”。再对其添加叠加动画，单击“动画”|“高级动画”组中的“添加动画”命令，为标题文字添加强调动画“放大/缩小”，开始方式为“与上一动画同时”，持续时间为 0.5s，然后在动画窗格中双击该动画，打开对应效果对话框，设置“尺寸”为 300%，动画文本按字母顺序 20%延迟。再次单击“添加动画”命令，对其添加退出动画“淡化”，开始方式为“与

上一动画同时"，持续时间为 0.5s，在动画窗格中双击"淡化"动画，在对应效果对话框中设置动画文本按字母顺序 20%延迟。

④ 选择复制前的文字，右击鼠标，在弹出的快捷菜单中选择"置于顶层"命令。

⑤ 按住【Shift】键，依次选择两个标题文字，单击"格式"|"排列"组中的"对齐"命令，分别设置"水平居中"和"垂直居中"，将两个标题文字叠加在一起，放置在幻灯片之间。

5.5.2 幻灯片切换

幻灯片切换动画是指上一张幻灯片放映结束，下一张幻灯片进入时的动画效果，目的是使演示时幻灯片之间的过渡衔接更为自然流畅。

单击"切换"选项卡，从内置的切换动画中选择一种切换效果，可以应用到当前的幻灯片上。PowerPoint 内置的切换动画分为三大类：细微型、华丽型和动态内容。特别强调的是，PowerPoint 2019 中增加了平滑切换，为幻灯片之间的切换提供了非常多的创意应用。

单击"切换"|"计时"组中的相关命令可以设置换片方式，如图 5.58 所示。

换片方式是针对本张切换到下一张幻灯片的方式，有两种换片方式。

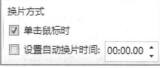

图 5.58 换片方式

（1）单击鼠标时：即手动切换，在演示时，单击鼠标或按键盘的上下箭头及 PgUp、PgDn 键时，幻灯片才会切换。

（2）设置自动换片时间：限定当前幻灯片演示停留的时间，单位为 s。如设置为 5s，是指当前幻灯片在演示时播放 5s。注意：如果当前幻灯片上所有对象的动画设置持续总时间小于 5s，则自动换片时间设置有效；如果当前幻灯片上所有对象动画设置持续总时间超过 5s，则设置的自动换片时间 5s 无效，待幻灯片上所有动画播放完成后才会切换到下一页。

在换片方式里设置每张幻灯片停留的时间，相当于对每张幻灯片进行排练计时，在演示时，按照自动换片时间自动播放各张幻灯片。

合理利用幻灯片切换动画能够实现不同幻灯片之间的无缝连接，使得幻灯片演示过程自然流畅。

5.5.3 声音和影片

在演示文稿中，可以插入音乐、音效和影片。根据动画的节奏配合适当的音效和音乐，能够冲击视觉、震撼听觉。

对于宣传片、广告片、休闲娱乐等自动播放的演示文稿来说，插入合适的声音能够起到解说或烘托气氛的作用；但对于学术报告、商务会议和项目宣讲类型的演示文稿来说，插入声音就有点画蛇添足了，因为这些类型的演示文稿通常是用来辅助演讲者的，观众的目光应聚集在演讲者身上，在演示文稿中插入声音，会分散观众的注意力。

演示文稿中使用的声音按作用来划分主要有两种：背景音乐和动作音效。

1．背景音乐

背景音乐主要用于解说或营造气氛，音乐的选择必须符合主题表达的意境。单击"插入"|"媒体"组中的"音频"命令，选择"PC 上的音频"命令，打开"插入音频"对话框，在计算机中选择音乐文件插入。

音乐文件插入到幻灯片后，在幻灯片上会显示声音图标，同时在动画窗格中出现声音动画的信息行，如图 5.59 所示。

图 5.59 插入音频

1）播放时隐藏声音图标

声音图标显示在幻灯片上，颇显突兀，可以将声音图标隐藏起来。隐藏声音图标最简单的方法就是将声音图标拖到幻灯片页面之外。

2）剪裁音频

如果只希望使用音乐中的某一段，可以对音乐进行裁剪。选择幻灯片上的声音图标，选择"播放"|"编辑"组中的"剪裁音频"命令，打开"剪裁音频"对话框，如图 5.60 所示，拖动左侧绿色的开始滑块和右侧红色的结束滑块可以设置声音的开始时间和结束时间。

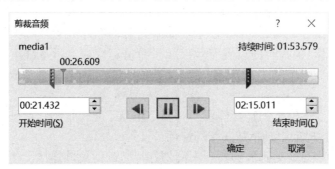

图 5.60 "剪裁音频"对话框

3）跨页播放

在当前幻灯片上插入的音乐只能在该页播放。若要将插入的音乐作为演示文稿中所有幻灯片的背景音乐，可在"播放"|"音频选项"组中，勾选"跨幻灯片播放"复选框。

2．动作音效

动作音效是指动画发生时的声音特效。在 PowerPoint 中有两种：一种是幻灯片切换时的音效；另一种是动画设置的音效。PowerPoint 提供了 19 种预设的动作音效可供选择，这些音效都是基于现实生活中的物体发出的。除非是在动画片或娱乐型作品中要追求特殊的音效，一般在演示文稿中，动作音效应慎用。

1）幻灯片切换音效的设置

在"切换"|"计时"组中可以设置幻灯片切换的音效，如图 5.61 所示，单击"声音"右侧的下拉按钮，从中可以选择一种预设音效。

2）动画音效

动画音效是动画附属的特性，即动画执行过程中发出的音效。在动画窗格中双击动画，打开对应效果对话框，如图 5.62 所示，单击"声音"右侧的下拉按钮，从中可以选择一种预设音效，也可以从计算机中选择音效。背景音乐的音频格式可以是 WAV、MP3 等，而动作音效的音频格式仅限于 WAV，不支持其他格式的音频文件。

图 5.61　幻灯片切换音效　　　　图 5.62　动画音效的设置

3．录音

在 PowerPoint 中，用户还可以录制声音到当前的幻灯片上。单击"插入"|"媒体"组中的"音频"命令，选择"录制音频"命令，打开"录制声音"对话框，如图 5.63 所示。

单击"录音"按钮进行录音，完成时单击"停止"按钮。在"名称"文本框中输入录制声音的文件名称，单击"确定"按钮，当前幻灯片上会出现"声音"图标。

图 5.63　"录制声音"对话框

5.5.4　视频

在幻灯片中插入视频的方法与插入音频类似，在此不再赘述。插入的视频以静态图片的形式显示在幻灯片中，只有在幻灯片演示时，才能看到视频真实的动态效果。

5.5.5　幻灯片定位

PowerPoint 中，可以为幻灯片中的文本、形状和图片等对象添加链接、动作或为幻灯片插入缩放定位，来改变幻灯片的线性播放顺序，单击对象时会跳转到指定的幻灯片上，增强幻灯片演示的交互性。

1．链接

选择要插入链接的对象，单击"插入"|"链接"组中的"链接"命令，打开"插入超链接"对话框，如图 5.64 所示。

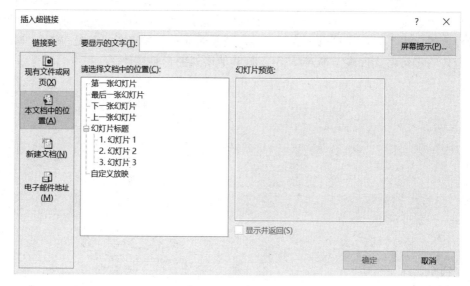

图 5.64 "插入超链接"对话框

在左侧的"链接到"区域中选择链接的目标。

（1）现有文件或网页：链接到其他的文件或打开某个网页。

（2）本文档中的位置：链接到"请选择文档中的位置"列表中选定的幻灯片。

（3）新建文档：链接到新建的演示文稿。

（4）电子邮件地址：链接到某个邮箱地址。

在该对话框中，单击右上角的"屏幕提示"按钮，输入提示文字，放映幻灯片时在链接位置会显示提示文字。

图 5.65 "操作设置"对话框

2．动作与动作按钮

1）动作

放映时定位到某张幻灯片上，还可以通过动作或动作按钮来实现。选择对象后，单击"插入"|"链接"组中的"动作"命令，打开"操作设置"对话框，如图 5.65 所示。

动作设置有两种：在对象上单击鼠标时触发动作和鼠标悬停时触发动作。选择"超链接到"单选按钮，单击下方的列表选项，可以设置链接的位置。

2）动作按钮

PowerPoint 提供了一系列的动作按钮，通过这些按钮可快速定位到特定的幻灯片上。

选择需要插入动作按钮的幻灯片，单击"插入"|"插图"组中的"形状"命令，在展开的下拉列表中选择动作按钮，如图 5.66 所示，按住鼠标左键拖动即可画出动作按钮，同时打开"操作设置"对话框，如图 5.65 所示，设置链接的位置即可。

图 5.66 动作按钮

3．缩放定位

缩放定位是 PowerPoint 2019 中新增加的功能，有三种类型，分别是摘要缩放定位、节缩放定位和幻灯片缩放定位。

1）摘要缩放定位

摘要缩放定位为每张幻灯片建立一个节，然后将每一节的缩略图作为摘要。演示的时候，在摘要页单击缩略图就可以缩放定位到该节幻灯片上，演示完该节所有幻灯片后，自动返回摘要页。

2）节缩放定位

节缩放定位和摘要缩放定位基本类似，摘要缩放定位在演示文稿没有建立节的时候，自动生成节和摘要页，而节缩放定位需要将相同主题内容的所有幻灯片建立在同一个节中，插入节缩放定位，选择每一节首页幻灯片，生成缩略图，其功能类似于演示文稿中的目录和过渡页，演示时单击缩略图，就会缩放定位到该节，演示完该节所有的幻灯片后自动回到目录页。

3）幻灯片缩放定位

幻灯片缩放定位也是将选择的幻灯片生成缩略图，演示时单击缩略图进行缩放定位，再单击会自动切换到下一页，而不是返回到生成缩略图的幻灯片上，这是和摘要缩放定位的区别。

如图 5.67 所示，演示文稿共有 4 张幻灯片，第 1 张主题是城市介绍，第 2 张主题是主要景点，第 3 张主题是经典美食，第 4 张主题是传统文化。在幻灯片浏览窗格中，将光标定位在第 1 张幻灯片上方，单击"插入"|"链接"组中的"缩放定位"命令，选择"摘要缩放定位"命令，打井"插入摘要缩放定位"对话框，选择这 4 张幻灯片，如图 5.68 所示。

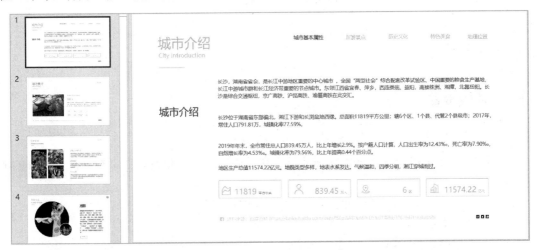

图 5.67 摘要缩放定位的创建

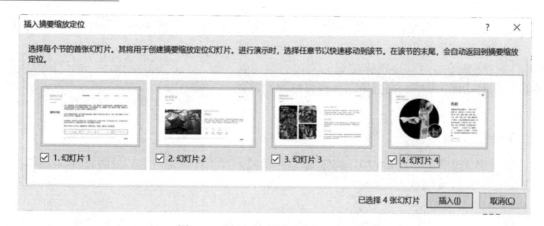

图 5.68 "插入摘要缩放定位"对话框

单击"插入"按钮,在光标处生成新节。摘要部分,自动生成这 4 张幻灯片的缩略图,如图 5.69 所示,并将原来的 4 张幻灯片建立在 4 个节中,演示时单击摘要幻灯片上的缩略图,就可以快速缩放到对应节的幻灯片上,展示结束时,会自动返回摘要缩放定位处。

图 5.69 摘要缩放定位效果

5.6 演示管理

5.6.1 放映设置

1. 放映幻灯片

一般是在 PowerPoint 环境中打开演示文稿后进行放映,也可以在不打开演示文稿的情况下直接放映。

(1)在 PowerPoint 中对打开的演示文稿进行放映有两种方法。

① 按【F5】键。

② 单击视图切换按钮中的"幻灯片放映"按钮 🖵。

(2)不启动 PowerPoint,对制作好的演示文稿直接放映有两种方法。

① 右击演示文稿文件，在弹出的快捷菜单中选择"显示"命令。

② 将演示文稿保存为放映类型（*.ppsx），打开时将会自动放映。

2．控制幻灯片的放映

放映幻灯片有 3 种方式，即从头开始放映、从当前幻灯片开始放映或从某张幻灯片开始放映。

（1）从头开始放映：单击【F5】键或选择"幻灯片放映"|"开始放映幻灯片"组中的"从头开始"命令。

（2）从当前页开始放映：按【Shift+F5】组合键或单击视图切换按钮中的"幻灯片放映"按钮 ，即可从当前幻灯片处开始放映。

（3）从某张幻灯片开始放映：选择"幻灯片放映"|"设置"组中的"设置幻灯片放映"命令，打开"设置放映方式"对话框，如图 5.70 所示，在"放映幻灯片"中进行设置。如设置"从 3 到 5"，表示放映时，幻灯片从第 3 页开始播放，到第 5 页停止。

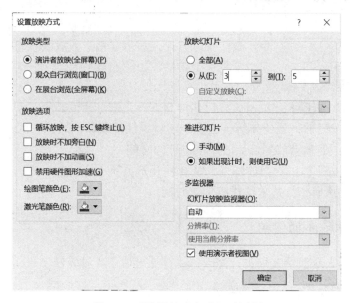

图 5.70　"设置放映方式"对话框

3．幻灯片放映类型

PowerPoint 提供了 3 种适应不同场合需求的放映类型，需要在放映前进行设置。设置方法也是在"设置放映方式"对话框中进行的，如图 5.70 所示。

1）演讲者放映

这是最常用的一种放映方式，即在观众面前全屏演示幻灯片，演讲者对演示过程有完全的控制权，是一种非常灵活的放映方式。

2）观众自行浏览

让观众在带有导航菜单的标准窗口中，通过滚动条或方向键自行浏览演示内容，还可以打开其他演示文稿，这种放映方式又称为交互式放映。

3）在展台浏览

通过事先设置的排练计时来自动切换幻灯片，观众不能对演示文稿做任何修改，该方式也称为自动放映方式。

4．隐藏幻灯片

放映幻灯片时，系统将依次演示每张幻灯片。有时并不需要放映演示文稿中所有的幻灯片，可以将不需要放映的幻灯片隐藏起来，需要放映时再显示。

在幻灯片浏览窗格中选择需要隐藏的幻灯片，右击鼠标，在弹出的快捷菜单中选择"隐藏幻灯片"命令，该幻灯片在播放时就不显示了；再次右击鼠标选择"隐藏幻灯片"命令，即可取消隐藏。

5．排练计时

控制演示文稿中每张幻灯片的切换时间有两种方式：手动设置和排练计时。手动设置每张幻灯片的切换时间是在"切换"|"计时"组中设置的。排练计时是指预先放映最终效果的演示文稿，记录每张幻灯片切换的时间，从而让幻灯片按照事先计划好的时间进行自动放映。

图 5.71　"录制"工具栏

选择"幻灯片放映"|"设置"组中的"排练计时"命令，激活排练方式，演示文稿进入放映状态，屏幕左上角会出现"录制"工具栏，如图 5.71 所示。

"录制"工具栏各部分的含义如下。

（1）"下一项"按钮 ➜：单击该按钮切换到下一张幻灯片。

（2）"暂停"按钮 ❚❚：暂停排练，再次单击时继续排练。

（3） 0:00:04 ：显示当前幻灯片放映已进行的时间。

（4）"重复"按钮 ↩：对当前幻灯片从 0 秒开始重新排练。

（5）0:00:04：所有幻灯片放映排练的总时间。

5.6.2　对演示文稿添加保护

如果不希望别人对演示文稿进行修改，可以通过以下 3 种方法实现。

1．保存为放映模式

这种保护方法可靠性低，容易修改，但对于新手来说，能够起到一定的保护作用。

通常情况下，演示文稿默认的保存格式为".pptx"，这是一种编辑模式，打开后即可进行编辑，将其保存为放映模式，格式为".ppsx"，打开后只能放映而不能编辑。

单击"文件"|"另存为"命令，在"另存为"对话框中，设置"保存类型"为"PowerPoint 放映（*.ppsx）"即可。

2．添加打开和修改密码

打开密码是指打开演示文稿时必须输入正确密码，否则无法打开；修改密码是指只有输入了正确密码，才能修改演示文稿，如果密码不正确，只能浏览文稿，但不能复制、编辑演示文稿内容。

设置打开和修改密码的方法：单击"文件"|"另存为"命令，在"另存为"对话框中，单击下方的"工具"按钮，选择"常规选项"命令，打开"常规选项"对话框，如图 5.72 所示，输入相应密码，单击"确定"按钮后再次输入密码确认。

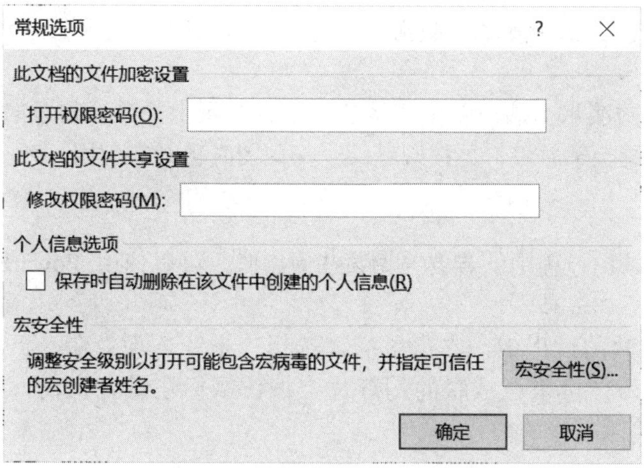

图 5.72 "常规选项"对话框

3. 把演示文稿转换成 PDF 或视频

1）转换成 PDF

PowerPoint 能够直接将文档内容保存为 PDF 文档，单击"文件"|"导出"命令，选择"创建 PDF/XPS 文档"命令。

把演示文稿转换成 PDF 后，除了动画会消失，其余效果基本保持不变，所以这种方法适用于没有设置动画的演示文稿。

2）转换成视频

若把演示文稿转换成视频，就可以在视频软件中进行播放。把演示文稿转换成视频的方法为：单击"文件"|"导出"命令，选择"创建视频"命令。

5.6.3 演示技巧

掌握演示文稿放映时的一些演示技巧可以提升演示质量与效率。

1. 快速放映

1）【F5】快捷键

在放映幻灯片时常用到两个快捷键：【F5】键和【Shift+F5】组合键。其中按【F5】键，无论在哪一张幻灯片上，都会直接从头放映；按【Shift+F5】组合键，直接从当前所选定的幻灯片开始放映。

2）【数字+Enter】组合键

在放映中，要定位到某一张幻灯片时，需要使用上、下翻页键或鼠标滚轴上、下滚动来定位。按【数字+Enter】组合键也可以直接放映所希望的幻灯片，速度大大加快。另外，放映首页和末页只需直接按【Home】键和【End】键即可。

2. 白屏、黑屏和暂停放映

在放映过程中，有几个控制放映节奏的方法，让屏幕变白、变黑或暂停放映。

1）白屏和黑屏

在放映时，直接按【B】键，画面将变黑，再按则恢复；按【W】键画面会变白，再按会恢复。这两个键主要是让观众脱离放映画面，从而与演示者进行交流与讨论，或进行休息。

2）暂停放映

对于自动播放的演示文稿，希望在播放某页或某页上的某个对象时停止下来，可以按【S】键，所有的动画全部暂停，再按则继续，在截图时也经常使用。

3．绘图笔

在演示文稿放映的过程中，若要强调某些问题时，可以使用 PowerPoint 提供的"绘图笔"功能在屏幕上添加信息。

在演示文稿放映的过程中，右击鼠标，选择"指针选项"命令，从中选择一种绘图笔，如图 5.73 所示，可以在放映的幻灯片上按住鼠标左键并拖动，利用绘图笔进行书写。按【E】键可清除书写的内容。

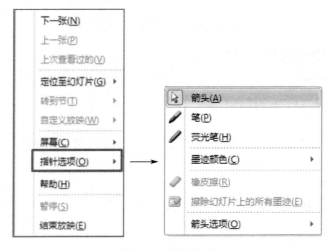

图 5.73　指针选项

习　　题

一、判断题

1．在 PowerPoint 中，使用旋转工具能旋转文本和图形对象。

2．在幻灯片母版中进行设置，可以起到统一整个幻灯片风格的作用。

3．文档保护可以采取加密方式和文件类型转换方式。

4．在幻灯片中，超链接的颜色设置是不能改变的。

5．在幻灯片中，可以对文字进行三维效果设置。

6．幻灯片母版设置可以起到统一标题内容的作用。

二、选择题

1．幻灯片中占位符的作用是（　　　）。

　　A．表示文本长度　　　　　　　　　　B．限制插入对象的数量

　　C．表示图形大小　　　　　　　　　　D．为文本、图形预留位置

2．可以用拖动方法改变幻灯片顺序的是（　　）。

    A．普通视图   B．备注页视图

    C．幻灯片浏览视图   D．幻灯片放映

3．下面哪个视图下不可以编辑、修改幻灯片（　　）。

    A．浏览   B．普通   C．大纲   D．备注页

4．幻灯片的主题不包括（　　）。

    A．主题动画   B．主题颜色   C．主题效果   D．主题字体

5．幻灯片放映过程中，右击鼠标，选择"指针选项"中的荧光笔，在讲解过程中可以进行写和画，其结果是（　　）。

    A．对幻灯片进行了修改

    B．对幻灯片没有进行修改

    C．写和画的内容留在幻灯片上，下次放映还会显示出来

    D．写和画的内容可以保存起来，以便下次放映时显示出来

第 3 部分

数据与计算

　　本部分主要阐述计算机中的数据及其处理方法。通过对数据表示、算法基础、语言和程序、数据库、大数据等内容的讲解，全面地理解计算机及其科学基础，理解计算机的计算对象，以及计算机能够做什么、不能做什么、如何做到等，从而认识作为工具的计算机处理数据的方法。

第6章 数据编码

数据编码是计算机处理信息的关键。由于计算机要处理的数据信息十分庞杂，有些数据代表的含义又使人难以记忆。为了便于使用，容易记忆，常常要对加工处理的对象进行编码，用一个编码代表一条信息或一串数据。人们可以利用编码来识别每条记录，区别处理方法，进行分类和校核，从而克服项目参差不齐的缺点，节省存储空间，提高处理效率。

6.1 数值与文本信息编码

6.1.1 进制

1. 进位计数制

计数制是指用一组固定的符号和统一的规则来表示数值的方法。按进位的原则进行计数的方法，称为进位计数制。

如十进制是逢十进一，十六进制是逢十六进一，以此类推，X 进制就是逢 X 进位。

计算机中通常采用的进位计数制有：

（1）十位制（Decimal Notation）。

（2）二进制（Binary Notation）。

（3）八进制（Octal Notation）。

（4）十六进制（Hexadecimal Notation）。

通常，十进制数直接表示或加后缀 D 表示，如十进制数 452 可以写成 452 或 452D。二进制数采用下标 2 或数据后面加 B 表示，如二进制数 10110011 可以写成$(10110011)_2$ 或 10110011B。八进制采用下标 8 或数据后面加 O 表示，如二进制数$(11101010.010110100)_2$，对应八进制数可以写成$(352.264)_8$ 或 352.264O。十六进制数采用下标 16 或数据后面加 H 表示，如二进制数$(10011110.01011010)_2$，对应十六进制数可以写成$(9E.5A)_{16}$ 或 9E.5AH。

2. 基数与位权

"基数"和"位权"是进位计数制的两个要素。

1）基数

基数是进位计数制的每位数上可选择的数码的个数。如十进制数每位上的数码有 0、1、2、…、9 共 10 个数码，所以基数为 10。

2）位权

位权是指一个数值的每位上的数字权值的大小。如十进制数 4567 从低位到高位（从右向左）的位权分别为 10^0、10^1、10^2、10^3。

3）数的位权表示

任何一种进位计数制的数都可以表示成按位权展开的多项式之和。

如十进制数 435.05 按位权展开表示为：

$435.05=4\times10^2+3\times10^1+5\times10^0+0\times10^{-1}+5\times10^{-2}$

3．常见进制

1）二进制

计算机采用二进制计数，因为二进制运算简单，电路简单可靠，逻辑性强。

二进制数按"逢二进一"的原则进行计数，即每位上计满 2 时向高位进 1。

二进制数的最大数码是 1，最小数码是 0，基数是 2。

如二进制数 1101.101 按位权展开为：

$(1101.101)_2=1\times2^3+1\times2^2+0\times2^1+1\times2^0+1\times2^{-1}+0\times2^{-2}+1\times2^{-3}=(13.625)_{10}$

2）八进制数

八进制数按"逢八进一"的原则进行计数，即每位上计满 8 时向高位进 1。

八进制数的数码分别为 0、1、2、3、4、5、6、7 共 8 个数码，最大数码是 7，最小数码是 0，基数是 8。

如八进制数 107.13 按位权展开为：

$(107.13)_8=1\times8^2+0\times8^1+7\times8^0+1\times8^{-1}+3\times8^{-2}=(65.171875)_{10}$

3）十六进制数

十六进制数按"逢十六进一"的原则进行计数，即每位上计满 16 时向高位进 1。

十六进制数数码分别为 0、1、2、3、4、5、6、7、8、9、10、11、12、13、14、15 共 16 个数码，通常数码 10 用 A 表示，11 用 B 表示，12 用 C 表示，13 用 D 表示，14 用 E 表示，15 用 F 表示（字母大小写均可）。十六进制数最大数码是 F，即 15，最小数码是 0，基数是 16。

如十六进制数 109.13、2FDE 按位权展开分别为：

$(109.13)_{16}=1\times16^2+0\times16^1+9\times16^0+1\times16^{-1}+3\times16^{-2}$

$(2FDE)_{16}=2\times16^3+15\times16^2+13\times16^1+14\times16^0$

4）几种进位计数制间数码的对应关系

二进制、八进制、十进制和十六进制的数码对应关系如表 6-1 所示。

表 6-1　数码的对应关系

二进制数	八进制数	十进制数	十六进制数
0	0	0	0
1	1	1	1
10	2	2	2
11	3	3	3
100	4	4	4
101	5	5	5
110	6	6	6
111	7	7	7
1000	10	8	8

（续表）

二进制数	八进制数	十进制数	十六进制数
1001	11	9	9
1010	12	10	A
1011	13	11	B
1100	14	12	C
1101	15	13	D
1110	16	14	E
1111	17	15	F
10000	20	16	10

6.1.2 进制间的转换

1. 十进制数转换成二进制数、八进制数和十六进制数

整数部分和小数部分要分别转换，整数的转换采用除基逆序取余法。如将十进制数 41 转换成二进制数，则采用"除 2 逆序取余"。即每次将整数部分除以 2，余数为该位权上的数，而商继续除以 2，余数又为上一个位权上的数，一直持续，直到商为 0 为止，最后读数时，从最后一个余数读起，一直到最前面的一个余数，如图 6.1 所示。

具体过程如下：

① 将商 41 除以 2，商 20 余数为 1。

② 将商 20 除以 2，商 10 余数为 0。

③ 将商 10 除以 2，商 5 余数为 0。

④ 将商 5 除以 2，商 2 余数为 1。

⑤ 将商 2 除以 2，商 1 余数为 0。

⑥ 将商 1 除以 2，商 0 余数为 1。

读数时，因为最后一位余数是经过多次除以 2 才得到的，因此它是最高位，读取余数从最后的余数向前读，为 101001，即 $(41)_{10}=(101001)_2$。

同理，将十进制整数转换成八进制整数的方法就是"除 8 逆序取余"，将十进制整数转换成十六进制整数的方法是"除 16 逆序取余"。

小数部分的转换采用乘基顺序取整法。例如，将十进制小数 0.6875 转换成二进制数，如图 6.2 所示。即 $(0.6875)_{10}=(0.1011)_2$。

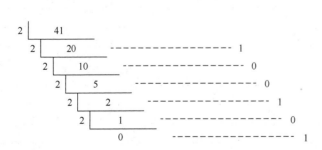

图 6.1　十进制整数转换成二进制数

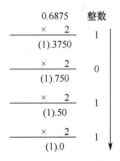

图 6.2　十进制小数转换成二进制数

同理，将十进制小数转换成八进制小数的方法相应就是"乘 8 顺序取整"，将十进制整数转换成十六进制整数的方法是"乘 16 顺序取整"。

注意，不是任意的一个十进制小数都能完全精确地转换成其他数制的小数，一般可以根据精度要求保留到某一位小数即可。

2．二进制数、八进制数、十六进制数转换成十进制数

将二进制数、八进制数和十六进制数转换成十进制数的方法是按位权展开相加。

$(101.01)_2 = 1 \times 2^2 + 0 \times 2^1 + 1 \times 2^0 + 0 \times 2^{-1} + 1 \times 2^{-2} = 5.25$

$(32)_8 = 3 \times 8^1 + 2 \times 8^0 = 26$

$(A8B.F)_{16} = 10 \times 16^2 + 8 \times 16^1 + 11 \times 16^0 + 15 \times 16^{-1} = 2699.9375$

3．二进制数与八进制数、十六进制数之间相互转换

因为 3 位二进制数正好表示 0 到 7 这 8 个数字，所以一个二进制数要转换成八进制数时，以小数点为界分别向左、向右开始，每 3 位分为一组，一组一组地转换成对应的八进制数。若最后不足 3 位时，整数部分在最高位前面加 0 补足 3 位再转换；小数部分在最低位之后加 0 补足 3 位再转换。如$(10110101110.1101)_2 = (2656.64)_8$。

将八进制数转换成二进制数时以小数点为界，向左或向右每 1 位八进制数用相应的 3 位二进制数取代即可。如$(2637.514)_8 = (10110011111.1010011)_2$。

二进制数与十六进制数转换时，方法同上，只要将 3 位改成 4 位即可。如$(10100001111110.110110101)_2 = (287E.DA8)_{16}$。

同理，将十六进制数转换成二进制数时以小数点为界，向左或向右每 1 位十六进制数用相应的 4 位二进制数取代即可。

6.1.3 数值信息编码

1．整数编码

整数的编码分为原码、反码和补码。

1）原码

将一个整数转换成二进制数形式，即为其原码。例如，若以 1 个字节来存储整数，则 1 和−1 的原码如下：

1=**0**0000001

−1=**1**0000001

其中最高位表示符号位，0 表示正数，1 表示负数。

2）反码

正整数的反码为其原码，而负整数的反码是将原码中除符号位以外的所有位（数值位）按位取反。

例如，若以 2 个字节存储整数，则 6 的原码和反码都是 **0**000 0000 0000 0110，而−6 的反码是 **1**111 1111 1111 1001。

3）补码

正整数的补码就是其原码，而负整数的补码是其反码加 1。

例如，若以 2 个字节存储整数，则 6 的原码、反码、补码都是 **0**000 0000 0000 0110，−6 的补码是 1111 1111 1111 1010。

补码是在反码的基础上打了一个补丁，进行了一下修正，所以叫"补码"。补码的意义在于使计算机中负整数执行加法运算和正整数一样。

例如，以 1 个字节存储整数，1 和−1 的补码如下：

1=00000001（补）

−1=11111111（补）

则 1−1 = 1+(−1)= 00000001+11111111 = 100000000 = 0

对于正整数，其原码、反码、补码都相同。其实，原码、反码和补码的概念只对负整数有实际意义。

2．实数编码

小数点和小数精度是实数编码中主要考虑的两个问题，所以实数编码一般采用定点数表示或浮点数表示。

定点数表示法是小数点固定地位于实数所有数字中间的某个位置，其局限性是不能表示很小的数或者很大的数。

浮点数表示法是利用指数达到了浮动小数点的效果，从而可以灵活地表达更大范围的实数。

IEEE（电器及电子工程师协会）提出了一个从系统角度支持浮点数的表示方法，称为 IEEE 754 标准。IEEE 754 标准制定了 32 位单精度浮点数和 64 位双精度浮点数格式，目前几乎所有计算机都采用 IEEE 754 标准来表示浮点数。

32 位浮点数（单精度浮点数）在计算机中的存储形式：

31 30	23 22	0
S	E	M

64 位浮点数（双精度浮点数）在计算机中的存储形式：

63 62	52 51	0
S	E	M

（1）S 是浮点数的符号位，占 1 位，安排在最高位，S=0 表示正数，S=1 表示负数。

（2）M 是尾数，放在低位部分，32 位浮点数占 23 位，64 位浮点数占 52 位，小数点位置放在尾数域最左（最高）有效位的右侧。

（3）E 是阶码，占 8 位，阶符采用隐含方式，即采用移码（又叫增码，是符号位取反的补码）方式来表示正、负指数。

如将十进制数 20.59375 转换成 IEEE 754 标准的 32 位浮点数的二进制格式。

① 将它转化为二进制数，$(20.59375)_{10}=(10100.10011)_2$。

② 移动小数点，使它位于第 1、2 位之间，$10100.10011=1.010010011×10^4$，可以得到 e=4。

③ 阶码 E=e+127=131，M=010010011。

④ 最后的 32 位浮点数的二进制数代码为 0100 0001 1010 0100 1100 0000 0000 0000。

6.1.4　文本信息编码

计算机能理解的"语言"是二进制数，而人类所能理解的语言则是一套由英文字母、汉字、标点符号、阿拉伯数字等很多字符构成的字符集。若要让计算机按照人类的意愿进行工作，必须把人类所使用的这些字符集转换为计算机所能理解的二进制信息，这个过程就是编码，它的逆过程称为解码。

1．ASCII

ASCII（American Standard Code for Information Interchange）即美国信息交换标准代码，由美国国家标准学会（American National Standard Institute，ANSI）制定，是一种标准的单字节字符编码方案，用于基于文本的数据。它最初是美国国家标准，供不同计算机在相互通信时用作共同遵守的西文字符编码标准，后来它被国际标准化组织定为国际标准。

标准 ASCII 也叫基础 ASCII，使用 7 位二进制数来表示所有的大小写字母、数字 0 到 9、标点符号，以及在美式英语中使用的特殊控制字符。7 位 ASCII 一共可以表示 $2^7=128$ 个不同的编码，由于 1 个字节是 8 位二进制数，所以在 ASCII 的最高位（b7）补 0。

在标准 ASCII 中，有时也将其最高位（b7）用作奇偶校验位。奇偶校验是代码传送过程中用来检验是否出现错误的一种方法，分为奇校验和偶校验两种。奇校验规定正确代码的 1 个字节中 1 的个数必须是奇数，若非奇数，则在最高位（b7）添 1；偶校验规定正确代码的 1 个字节中 1 的个数必须是偶数，若非偶数，则在最高位（b7）添 1。

扩展 ASCII 在标准 ASCII 基础上扩充了 128 个特殊符号字符、外来语字母等，这 128 个扩充字符是由 IBM 制定的，因此又叫 IBM 扩展字符集。扩展 ASCII 用 8 位二进制数表示，一共可以表示 $2^8=256$ 个不同的编码。

标准 ASCII 对应的字符信息如表 6-2 所示。

表 6-2　标准 ASCII 对应的字符信息

ASCII 值	字符	ASCII 值	字符	ASCII 值	字符	ASCII 值	字符
0	NUT	5	ENQ	10	LF	15	SI
1	SOH	6	ACK	11	VT	16	DLE
2	STX	7	BEL	12	FF	17	DC1
3	ETX	8	BS	13	CR	18	DC2
4	EOT	9	HT	14	SO	19	DC3

（续表）

ASCII 值	字　符	ASCII 值	字　符	ASCII 值	字　符	ASCII 值	字　符
20	DC4	47	/	74	J	101	e
21	NAK	48	0	75	K	102	f
22	SYN	49	1	76	L	103	g
23	ETB	50	2	77	M	104	h
24	CAN	51	3	78	N	105	i
25	EM	52	4	79	O	106	j
26	STB	53	5	80	P	107	k
27	ESC	54	6	81	Q	108	l
28	FS	55	7	82	R	109	m
29	GS	56	8	83	S	110	n
30	RS	57	9	84	T	111	o
31	US	58	:	85	U	112	p
32	(SPACE)	59	;	86	V	113	q
33	!	60	<	87	W	114	r
34	"	61	=	88	X	115	s
35	#	62	>	89	Y	116	t
36	$	63	?	90	Z	117	u
37	%	64	@	91	[	118	v
38	&	65	A	92	\	119	w
39	‘	66	B	93	]	120	x
40	(	67	C	94	^	121	y
41	)	68	D	95	_	122	z
42	*	69	E	96	、	123	{
43	+	70	F	97	a	124		
44	,	71	G	98	b	125	}
45	-	72	H	99	c	126	~
46	.	73	I	100	d	127	DEL

2．GB 2312/GBK

要处理中文，显然 1 个字节是不够的，至少需要 2 个字节，而且还不能和 ASCII 编码冲突，所以我国制定了 GB 2312 编码，用来对绝大多数常用汉字进行编码。

GB 2312 又称为《信息交换用汉字编码字符集》，是 1980 年发布，1981 年 5 月 1 日开始实施的一套国家标准，标准号是 GB 2312—1980。

GB 2312 标准共收录 6763 个汉字，其中一级汉字 3755 个，二级汉字 3008 个。同时，GB 2312 还收录了包括拉丁字母、希腊字母、日文平假名及片假名字母、俄语西里尔字母在内的 682 个全角字符。

国标码 GBK 又称为《汉字内码扩展规范》，是对 GB 2312 进行的扩充，GBK 支持繁体与简体汉字，而 GB 2312 只支持简体汉字。

3．Unicode

Unicode 称为万国码或统一码，把所有语言都统一到一套编码里，避免乱码问题。

Unicode 分为两种：UCS-2（2 个字节的 Unicode 编码）和 UCS-4（4 个字节的 Unicode 编码）。

4．UTF-8

英文字母的编码只需要 1 个字节，大部分汉字的编码也只需要 2 个字节或 3 个字节。而 Unicode 编码统一采用 4 个字节编码，造成字节浪费，且不利于数据存储与传输。因此，一种对 Unicode 编码进行压缩的 UTF-8 编码出现。

UTF-8 又称为可变长的万国码，最少使用 1 个字节、最多使用 4 个字节进行编码，常用的英文字母被编码成 1 个字节，汉字通常是 3 个字节。

5．通用字符编码的工作方式

在计算机内存中，统一使用 Unicode 编码，当需要保存到硬盘或者需要传输时，就转换为 UTF-8 或其他编码。如用文本文件编辑文本时，从文件读取的 UTF-8/GBK 字符被转换为 Unicode 字符传输到内存里，编辑完成，保存时再把 Unicode 转换为 UTF-8 保存到文件中。

6.2　多媒体信息编码

6.2.1　音频编码

1．音频

音频一般指声音的频率，声音是物体振动产生的波，如图 6.3 所示。

声波具有三要素。

（1）频率：表示音阶。

（2）振幅：表示响度。

（3）波形：表示音色。

图 6.3　声波

2．数字音频

数字音频是指使用数字编码（0 和 1）的方式记录的音频信息。数字音频具有存储方便、存储成本低、编辑和处理方便等特点。声波转换为数字音频需要三个步骤：采样、量化和编码，如图 6.4 所示。

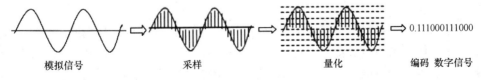

图 6.4　转换过程

1）采样

在某些特定的时刻对原始模拟信号进行测量称为采样。

根据奈奎斯特采样定理，需要按照声音最高频率 2 倍以上的频率进行采样。

如高质量音频信号频率范围是 20Hz～20kHz，所以采样频率一般是 44.1kHz，即 1s 采样 44100 次。这样可以保证频率达到 20kHz 的采样声音也能被数字化，而且经过数字化处理后的声音音质不会明显降低。

2）量化

量化就是把幅度上连续取值（模拟量）的每一个样本转换为离散值（数字值）表示，量化过程也称为 A/D 转换（模/数转换）。

量化后的样本是用若干位二进制数来表示的，位数的多少反映了度量声音波形幅度的精度，称为量化精度。

量化精度越高，采样的数字信号精度越高。如量化精度为 16bit，采样的数字信号幅度有 $2^{16} = 65536$ 个挡位。音频量化精度一般有 8bit、16bit 等。CD 音质的量化精度为 16bit。

量化精度越高，音质越高，需要的存储空间也就越多；量化精度越低，声音质量越差，需要的存储空间也越少。

3）编码

按照一定的格式记录采样和量化后的数据称为编码。音频编码的格式有多种，通常所说的音频裸数据指的是脉冲编码调制（PCM）。

数字音频信号不加压缩地直接进行传送，将会占用极大的带宽。如一套双声道数字音频，若取样频率为 44.1kHz，每个声道按 16bit 量化，则其码率为 2×44.1kHz×16bit=1.411Mbit/s。

如此大的码率将给信号的传输和处理带来很多困难，因此需要通过音频压缩技术对音频数据进行处理，才可有效地传输音频数据。

压缩算法分为两种，有损压缩和无损压缩。无损压缩是指采样后的 PCM 音频文件，包括封装后的 WAV 文件；而编码后的 MP3 文件是有损压缩的。

3．编码分类

1）波形编码

波形编码的基本原理：在时间轴上对模拟语音信号按一定的速率抽样，然后将幅度样本分层量化，并用代码表示。

波形编码不利用生成音频信号的任何参数，直接将时间域信号变换为数字代码，使重构的语音波形尽可能地与原始语音波形保持一致。

优点：波形编码方法简单，易于实现，适应能力强，并且音质高。

缺点：压缩比相对较低，导致有较高的编码率。

2）参数编码

参数编码是从语音波形信号中提取生成语音的参数，使用这些参数通过语音生成模型重构出语音，使重构的语音信号尽可能地保持原始语音信号的语意。参数编码是把语音信号产生的数字模型作为基础，然后求出数字模型的模型参数，再按照这些参数还原数字模型，进而合成语音。

优点：编码率较低，保密性好。

缺点：失真可能会比较大，音质低。

3）混合编码

混合编码是指同时使用两种或两种以上的编码方法进行编码。这种编码方法克服了波形编码和参数编码的弱点，并结合了波形编码高质量和参数编码低编码率的优点，能够取得比较好的效果。

4．音频主要压缩编码格式

1）WAV 编码

WAV 编码是在源 PCM 数据格式的前面加上 44 个字节，分别用来描述 PCM 的采样率、声道数、数据格式等信息。音质非常高，大量软件都支持其播放。

2）MP3 编码

MP3 编码具有较高的压缩比，而且听感也接近于 WAV 文件，兼容性高。

3）AAC 编码

AAC 编码是目前比较热门的有损压缩编码技术，衍生了 LC-AAC、HE-AAC、HE-AAC v2 三种主要编码格式。

LC-AAC：是比较传统的 AAC 编码格式，主要应用于中高码率的场景编码（>= 80kbit/s）。

HE-AAC：用容器的方法实现了 AAC（LC）和 SBR 技术。频段复制（SBR）把频谱切割开来，低频单独编码保存主要成分，高频单独放大编码保存音质，在减小文件尺寸的情况下保存了音质。

HE-AAC v2：用容器的方法包含了 HE-AAC v1 和 PS 技术。PS 指的是参数立体声。原本立体声文件的大小是一个声道的两倍，但是两个声道的声音存在某种相似性，根据香农信息熵编码定理，相关性应该被去掉才能降低文件的大小，所以 PS 技术存储了一个声道的全部信息，然后花很少的字节用参数描述另一个声道和它不同的地方。

6.2.2 图像编码

同音频一样，要利用计算机处理图像，首先必须将图像数字化。图像数字化的过程也是采样、量化和编码。

1．采样

采样就是指用多少点来描述一幅图像，采样质量的高低通过图像分辨率来衡量。将二维空间上连续的图像在水平和垂直方向上等间距地分割成矩形网状结构，所形成的微小方格称为像素点。一幅图像被采样成有限个像素点构成的集合，如一幅图像的分辨率为 320×240，表示这幅图像是由 320×240=76800 个像素点组成的。

如图 6.5 所示，左侧是待采样的物体，右侧是采样后的图像，其中每个小方格即为一个像素点。

2．量化

量化是指要使用多大范围的数值来表示图像采

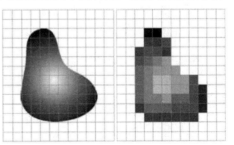

图 6.5 图像采样

样之后的每一个点。量化的结果是图像能够容纳的颜色总数，它反映了采样的质量。

例如，若以 4 位存储一个点，就表示图像只能有 16（2^4）种颜色；若采用 16 位存储一个点，则有 65536（2^{16}）种颜色。

在量化时所确定的离散取值个数称为量化级数。为表示量化的色彩值所需的二进制位数称为量化字长，一般可用 8 位、16 位、24 位或更高的量化字长来表示图像的颜色。

3．编码

图像编码也称图像压缩，是指在满足一定质量的条件下，以较少比特数表示图像中所包含信息的技术。

如一幅灰度级别为 256、分辨率为 512×512 的图像的比特数为 512×512×8bit=2097152bit= 262144Byte= 256KB。

由此可见，数字图像通常要求很大的比特数，图像编码期望用较少的码字表示原始的图像信号，使数据得到压缩，减少图像数据占用的信号空间和能量，降低信号处理的复杂度。

目前已有许多成熟的编码算法应用于图像压缩。常见的图像编码有预测编码、变换编码、分形编码、小波变换图像压缩编码等。

当需要对所传输或存储的图像信息进行高比率压缩时，必须采取复杂的图像编码技术。但是，如果没有一个统一的标准，不同系统间将不能兼容。为使图像压缩标准化，国际电信联盟、国际标准化组织和国际电工委员会已经制定并将继续制定一系列静止和活动图像编码的国际标准，现已批准的标准主要有 JPEG 标准、MPEG 标准等。

6.2.3 视频编码

视频编码是指通过压缩技术，将原始视频格式的文件转换成另一种视频格式文件的方式。视频流传输中主要的编、解码标准有国际电信联盟制定的 H.261、H.263、H.264，运动静止图像专家组制定的 M-JPEG 和国际标准化组织运动图像专家组制定的 MPEG 系列标准等。

1．AVI 格式

AVI（Audio Video Interleaved）即音频视频交错格式。它是 1992 年由微软公司开发的。音频视频交错是指将视频和音频交织在一起进行同步播放。这种视频格式的优点是图像质量高，可以跨多个平台使用，缺点是体积过于庞大，而且压缩标准不统一，从而常常导致高版本 Windows 媒体播放器无法播放采用早期编码编辑的 AVI 格式视频，而低版本 Windows 媒体播放器又播放不了采用最新编码编辑的 AVI 格式视频。

2．MPEG 格式

MPEG（Moving Picture Expert Group）即运动图像专家组格式，常见的 VCD、DVD 就是这种格式。MPEG 格式是运动图像压缩算法的国际标准，它采用了有损压缩方法，从而减少运动图像中的冗余信息。

3．MOV 格式

MOV 是 Apple 公司开发的一种视频格式，默认播放器是 QuickTime Player。它具有较高的压缩比率、视频清晰度，以及跨平台性。

4．WMV 格式

WMV（Windows Media Video）是微软公司推出的一种采用独立编码方式并且可以直接在网上实时观看视频节目的文件压缩格式。

5．RM 格式

RM（Real Media）是 Networks 公司制定的音频视频压缩规范。用户可以使用 RealPlayer 或 RealOne Player 对符合 RM 技术规范的网络音频/视频资源进行实况转播。RealMedia 可以根据不同的网络传输速率制定出不同的压缩比率，从而实现在低速率的网络上进行影像数据实时传送和播放。

6．RMVB 格式

RMVB 是一种由 RM 格式升级延伸出的新视频格式，它的优点在于打破了原先 RM 格式那种平均压缩采样的方式，在保证平均压缩比的基础上合理利用比特率资源，即在静止和动作场面少的画面场景采用较低的编码速率，这样可以留出更多的带宽空间，而这些带宽会在出现快速运动的画面场景时被利用，从而实现在保证了静止画面质量的前提下，大幅地提高了运动图像的画面质量。

6.2.4　条形码

条形码分为一维条形码和二维条形码，是近些年流行起来的一种对商品进行信息编码的方式。可用于快速辨认商品种类，提高工作效率。

1．条形码的概念

条形码是将宽度不等的多个黑条和白条按照一定的编码规则排列，用以表达一组信息的图形标识符。一般分为一维条形码和二维条形码（简称为二维码）。

常见的条形码是由反射率相差很大的黑条（简称为条）和白条（简称为空）排成的平行线图案。条形码可以标出物品的生产国、制造厂家、商品名称、生产日期等信息，因而在商品流通、图书管理、邮政管理等领域得到广泛应用。

目前，国际广泛使用的条形码有 EAN 码、UPC 码、Code 39 码等。

EAN 码是国际物品编码协会制定的一种商品用条形码，通用于世界各国。EAN 码符号有标准版（EAN 13）和缩短版（EAN 8）两种，下面介绍 EAN 13 码。

EAN 13 商品条形码为 EAN 条形码系统中的标准码，共由 13 位数字组成（3 位国家代码、4 位厂商代码、5 位产品代码、1 位检查码），其排列如图 6.6 所示。

EAN 13 商品条形码的编码方式如下。

（1）前置码：EAN 13 商品条形码左侧首位数字，即国家代码，不用条码符号表示，其功能仅用于资料码的编码设定。

（2）起始符：为辅助码，不代表任何资料信息，列印长度比一般资料长，逻辑形态为 101（1 代表黑条，0 代表白条）。

（3）左侧信息：位于起始符和中间分隔符之间的部分，共有 6 位数字资料，其编码方式取决于导入值的大小。

图 6.6　条形码组成

（4）中间分隔符：辅助码，用于区分左侧信息与右侧信息，逻辑形态为 01010。

（5）右侧信息：位于终止符与中间分隔符之间的部分，包括 5 位产品代码与 1 位检查码。

（6）终止符：辅助码，长度与起始符、中间分隔符相同，逻辑形态为 101。

2．二维码

二维码是指在一维条形码的基础上扩展出另一维具有可读性的条形码，使用黑、白矩形图案表示二进制数据，被设备扫描后可获取其中包含的信息。

一维条形码的宽度记载着数据，而其长度没有记载数据。二维码的长度、宽度均记载着数据。二维码有一维条形码没有的"定位点"和"容错机制"。容错机制指在没有辨识到全部的条形码或条形码有污损时，也可以正确地还原条形码上的信息。

二维码的种类很多，不同的机构开发出的二维码具有不同的结构以及编写、读取方法。

从形成方式上分，二维码可以分为以下两类。

1）堆叠式二维码

堆叠式二维码又称为行排式二维码。它是在一维条形码的基础上，按需要将多个一维条形码堆积成两行或者多行进行编码，如图 6.7 所示。

堆叠式二维码在编码设计、校验原理、识读方式等方面继承了一维条形码的一些特点，识读设备、条形码印刷与一维条形码技术兼容，但因行数的增加，需对行进行判定。常见的编

图 6.7　堆叠式二维码

码标准有 PDF 417、Code 16K 等。

2）矩阵式二维码

矩阵式二维码又称为棋盘式二维条形码。它是在一个矩形空间内通过黑、白像素的不同分布进行编码的。

在矩阵相应元素位置上，用点（方点、圆点或其他形状）的出现表示二进制数 "1"，点不出现表示二进制数 "0"，点的排列组合确定了矩阵式二维码代表的意义。

矩阵式二维码是建立在计算机图像处理技术、组合编码原理等基础上的一种新型图形符号自动识读处理码制。具有代表性的矩阵式二维码有 QR Code、Code One、Maxi Code、Data Matrix 等。一个 QR Code 二维码结构如图 6.8 所示。

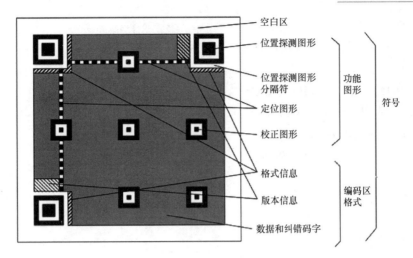

图 6.8　QR Code 二维码结构

（1）位置探测图形、位置探测图形分隔符、定位图形用于对二维码的定位，对每个 QR Code 二维码来说，位置都是固定存在的，只是大小规格会有所差异。

（2）校正图形：规格确定，校正图形的数量和位置也可确定。

（2）格式信息：表示改二维码的纠错级别，分为 L、M、Q、H。

（4）版本信息：即二维码的规格，QR Code 二维码符号共有 40 种规格的矩阵（一般为黑、白色），从 21×21（版本 1）到 177×177（版本 40），每一版本符号比前一版本每边增加 4 个模块。

（5）数据和纠错码字：实际保存的二维码信息和纠错码字（用于修正二维码损坏带来的错误）。

习　　题

一、判断题

1．目前常用的一维条形码码制有 EAN 条码、UPC 条码、交叉 25 条码等。

2．JPEG 是声音数据压缩编码的标准。

3．将音频格式由 WAV 格式转换成 MP3 格式，可以得到更高的音质。

4．Windows 中的"画图"软件，可以将 WAV 格式转换成 MP3 格式。

5．汉字存储至少需要 2 个字节，是因为汉字个数多。

二、选择题

1．大写字母 A 的 ASCII 码为 1000001，则大写字母 D 的 ASCII 码是（　　）。

　　A．1000010　　　　B．1000011　　　　C．1000100　　　　D．1000101

2．汉字"化"的 GBK 内码是 0110111011110101111，它的十六进制编码是（　　）。

　　A．BBAE　　　　B．BBAF　　　　C．BAAF　　　　D．ABAF

3．将一幅未经压缩的 1024×768 像素、256 位色的 BMP 图片转换成 JPEG 格式后，存储容量为 96.2KB，则压缩比约为（　　）。

A．28:1   B．18:1   C．8:1   D．4:1

4．一张未经压缩的 1024×768 像素、16 位色的 BMP 图像，其文件存储容量大小约为（ ）。

A．384KB   B．288KB   C．2.38MB   D．1536KB

5．录制一段 20s 采样频率为 44.1kHz，量化位数为 16，四声道立体环绕的 WAV 格式音频数据，需要的磁盘存储空间大约是（ ）。

A．6.8MB   B．6.8KB   C．254MB   D．254KB

第7章　计算机问题求解与计算思维

计算思维被认为是与理论思维、实验思维并列的第 3 种思维模式，是促进学科交叉、融合与创新的重要思维模式。问题求解需要由问题到算法再到程序，而算法是计算机求解问题的步骤表达。

7.1　计算机问题求解与计算思维概述

7.1.1　计算机问题求解

随着科技的发展和计算机的普及，越来越多的人会使用计算机，利用计算机来帮助解决问题。计算机和人脑不一样，计算机是如何去"理解"人们需要解决的问题，找到解决问题的策略，从而完成问题的求解的呢？

计算机问题求解一般分为以下几个步骤。

（1）把具体的问题抽象化，即建立合适的数学模型。数学建模通过抽象、简化，建立对问题进行精确描述和定义的数学模型，是对实际问题的一种数学表述，目的是求出模型的解，验证模型的合理性，并用它的解来解释现实问题。将现实世界的问题抽象成数学模型，就可能发现问题的本质及确定其能否求解，甚至找到求解该问题的方法和算法。

（2）对建立的数学模型进行求解，即设计可行的算法。算法设计包括算法策略设计、数据结构设计和控制结构设计。

（3）选择一种语言进行编程，使用计算机来执行算法得到问题的求解结果。

（4）对编写完的代码进行调试运行，对算法的复杂性进行评价，在解决问题的基础上实现代码优化。

在以上步骤中，建立数学模型、设计算法是整个计算机问题求解的关键。真正由计算机独立完成的只有"执行代码"，其他步骤都需要在人的"指挥"下完成。

7.1.2　计算思维

计算思维这个概念是在 2006 年由美国卡内基梅隆大学计算机科学系主任周以真教授首次提出的，她认为计算思维是运用计算机科学的基础概念进行问题求解、系统设计，以及人类行为理解等涵盖计算机科学广度的一系列思维活动。2011 年，她再次更新定义，提出计算思维包括算法、分解、抽象、概括和调试 5 个基本要素。

计算思维是一种思维过程，可以脱离计算机、互联网、人工智能等技术独立存在。这种思维是人的思维，而不是计算机的思维，人用计算思维来控制计算设备，从而更高效、快速地完成单纯依靠人力无法完成的任务，解决之前无法想象的问题，它是未来世界认知、思考的常态思维方式。也就是说，计算思维教育不需要人人成为程序员、工程师，而是在未来拥有一种适配未来的思维模式。计算思维是人类在未来社会求解问题的重要手段，而不是让人像计算机一样机械运转。

经过多年的研究、扩展和归并，计算思维的基本思维流程与要素被大致明确，如图 7.1 所示。

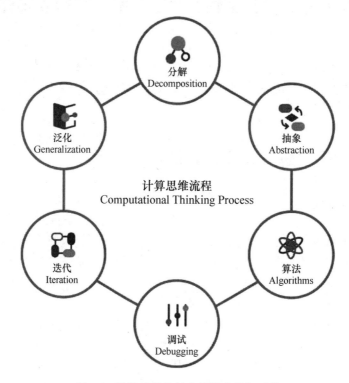

图 7.1　计算思维的基本思维流程与要素

7.2　算法与数据结构

7.2.1　算法

设计出一个合理高效的算法是计算机进行问题求解的关键。算法是指解题方案的准确而完整的描述，是一系列解决问题的清晰指令，算法代表着用系统的方法描述解决问题的策略机制。也就是说，能够对一定规范的输入，在有限时间内获得所要求的输出。

一个算法应该具有以下 5 个特性。

（1）有穷性：算法必须能在执行有限个步骤之后终止，且应该在可以接受的时间内结束。

（2）确定性：算法中的每一个步骤都必须是确切定义的，不能产生二义性。

（3）输入：一个算法可以有零个或多个输入，以刻画运算对象的初始情况，零个输入是指算法本身定义了初始条件。如在求 $\sum_{i=1}^{n} i$ 时，n 的值就需要从键盘输入；若求 $\sum_{i=1}^{100} i$，则不需要从键盘输入数据。所以算法输入数据的个数取决于算法的功能。

（4）输出：一个算法有一个或多个输出，以反映对输入数据加工的结果。没有输出的算法是毫无意义的。

（5）可行性：算法中执行的任何计算步骤都是可以被分解为基本的、可以被计算机理解和执行的操作步骤，即每个计算步骤都可以在有限时间内完成。

7.2.2　数据结构

数据结构就是同一类数据元素中各元素之间的相互关系，是计算机存储、组织数据的方式，包括逻辑结构和物理结构。数据的逻辑结构和物理结构是数据结构两个密切相关的方面，同一逻辑结构可以对应不同的存储结构。算法的设计取决于数据的逻辑结构，而算法的实现依赖于指定的存储结构。

数据结构的逻辑结构指的是前后数据元素之间的关系，而与它们在计算机中的存储位置无关。逻辑结构有集合、线性、树和图 4 种。

1．集合结构

在集合结构中，数据元素之间除了有"同属一个集合"的相互关系，无其他关系，所以说集合是元素关系最为松散的一种结构。

2．线性结构

在线性结构中，数据元素存在一对一的相互关系，除第 1 个元素无直接前驱，最后一个元素无直接后继之外，其他每个数据元素都有一个前驱和后继。线性结构包括线性表、栈、队列、串和数组，其中线性表是最基本且最常用的一种线性结构，同时也是其他数据结构的基础。

3．树结构

在树结构中，数据元素存在一对多的相互关系，直观来看，树是以分支关系定义的层次结构。树结构在客观世界中广泛存在，如人类社会的族谱和各种社会组织机构都可用树来形象的表示。树在计算机领域中也得到了广泛应用，尤其以二叉树最为常用，如在操作系统中，用树来表示文件目录结构；在数据库系统中，树结构也是信息的重要组织形式之一。

4．图结构

在图结构中，数据元素存在多对多的相互关系，图中任意两个元素之间都可能相关，是一种比较复杂的数据结构。图的应用极为广泛，已渗入如物理、化学、电子信息、计算机科学以及数学等分支。在离散数学中，图论是专门研究图的性质的数学分支，而在数据结构中，则应用图论的知识讨论如何在计算机上实现图的操作，在图结构上设计算法，用计算机解决客观世界的实际问题。

7.2.3　算法描述

算法描述是指对设计出的算法用一种规范的方式清晰地展示问题求解的基本思想和具体步骤。常用的算法描述方法有自然语言、流程图、N-S 图和伪代码等。

1．自然语言描述

自然语言就是人们通常使用的语言，用自然语言描述算法通俗易懂，但是容易产生歧义。所以用自然语言描述时要语言简练、层次清晰。为了将解题步骤清晰地表述出来，通常在每一步前面加上标号，如 Step1、Step2 等。即便如此，用自然语言来描述包含分支和循环结构的算法，还是不够直观方便，所以除那些简单的问题以外，一般不用自然语言描述算法。如计算 1+2+3+⋯+n，其中 n 是正整数，从键盘输入，用自然语言描述算法如下。

Step1：从键盘输入正整数 n。

Step2：设计算结果用 s 表示，且 s 初始化为 0。

Step3：设变量 i 的初值为 1。

Step4：把 i 累加到 s 中。

Step5：i 的值加 1。

Step6：如果 i<=n，转 Step4，否则转 Step7。

Step7：输出 s 的值。

Step8：结束。

2. 流程图描述

流程图是采用一些图框来表示算法，各种操作内容写在框内，流程线表示操作执行的顺序。流程图比文字方式更能直观明确地说明解决问题的步骤。美国国家标准学会规定了一些流程图符号，如表 7-1 所示。

表 7-1　流程图中常用的符号说明

符　号	含　　义
⬭	起止框：表示开始、结束、停止或中断
▱	输入/输出框：表示输入数据或输出结果，有一个入口和一个出口
▭	处理框：对框内信息进行处理或执行操作，有一个入口和一个出口
◇	判断框：表示判断，并对判断结果执行不同操作，有一个入口和两个出口
↓ 或 →	流程线：表示算法步骤执行的顺序
▱	文档：以文件的方式输入或输出
○	联系：同一流程图中从一个进程到另一个进程的交叉引用

因此，计算 1+2+3+⋯+n，用流程图描述算法如图 7.2 所示。

3. N-S 图描述

1973 年美国学者 I.Nassi 和 B.Scheiderman 提出了一种符合结构化程序设计原则的图形描述工具，称为 N-S 图。在 N-S 图中，去掉了带箭头的流程线，全部算法写在一个矩形框内，在该框内可以包含其他从属于它的框，或由一些基本的框组成一个大的框。结构化程序中 3 种控制结构的 N-S 图如图 7.3 所示。

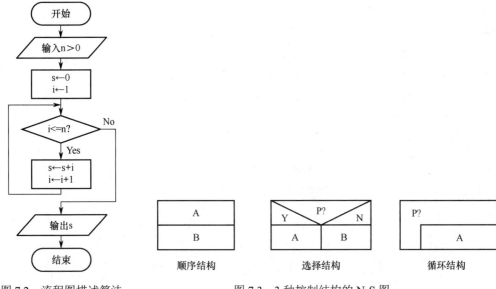

图 7.2　流程图描述算法

图 7.3　3 种控制结构的 N-S 图

计算 1+2+3+⋯+n，用 N-S 图描述算法如图 7.4 所示。

4．伪代码描述

用流程图和 N-S 图描述算法直观易懂，但是画起来都比较费事。在设计一个算法过程中，因为需要对算法反复修改，所以用图形描述算法不是很理想。为了设计算法时方便，常用一种称为伪代码的描述方法。

伪代码是用介于自然语言和程序设计语言之间的文字和符号来描述算法的。伪代码不使用图形，在书写上方便，格式紧凑，比较好懂，同时伪代码更接近程序设计语言，对算法的描述也更具体，因此，也更容易实现编码。

图 7.4　N-S 图描述算法

计算 1+2+3+⋯+n，用伪代码描述算法如下：

```
Begin
  input  n
  s=0
  i=1
  while  i≤n
  {  s←s+i
     i←i+1
  }
  output s
End
```

7.2.4　算法评价

一个特定问题的算法在大部分情况下都不是唯一的，也就是说，同一个问题，可以有多种解决问题的算法，而一个算法的质量优劣将影响到算法乃至程序的执行效率。通过对算法进行分析可以评价一个算法的优劣，所以算法分析的目的在于选择合适的算法和改进算法。

评价一个算法需要从算法的正确性、可读性、健壮性和高效性几个方面来进行，算法的高效性分析又可分为时间复杂度分析和空间复杂度分析。算法的正确性、可读性、健壮性是在算法设计实现时应遵守的基本原则，而通过对算法高效性的分析，使得算法代码能进一步优化，尽量满足时间效率高和空间存储量低的需求。

1．正确性

正确性是评价一个算法好坏最重要的标准，是指算法至少应该具有输入、输出和加工处理无歧义性，能正确反映问题的需求和得到问题的正确答案。

2．可读性

一个好的算法，首先应便于人们理解和交流，其次才是机器可执行。可读性强的算法有助于人们对算法的理解，也便于将来对算法做一些修改，而晦涩难懂的算法容易隐藏错误，并且难以调试和修改。

3．健壮性

当输入数据非法时，好的算法不会产生莫名其妙的输出结果，而是能恰当地做出正确反应或进行相应处理，并且处理出错的方法不是中断程序的执行，而是返回一个表示错误或错误性质的信息，以便在更高的抽象层次上进行处理。

4．时间复杂度

算法的时间复杂度是指执行算法所需要的计算工作量。一般来说，计算工作量是问题规模 n 的函数 $f(n)$，算法的时间复杂度也因此记为 $T(n) = Of(n)$，其中"O"表示数量级，是"Order of Magnitude"的首字母。因此，随着问题规模 n 的增大，算法执行时间的增长率与 $f(n)$ 的增长率正相关，称渐进时间复杂度（Asymptotic Time Complexity），简称时间复杂度。

5．空间复杂度

一般情况下，一个程序在机器上执行时，除需要寄存本身所用的指令、常数、变量和输入数据外，还需要一些对数据进行操作的辅助存储空间。其中，输入数据所占的具体存储空间取决于问题本身，与算法无关，所以分析算法的空间复杂度只需分析该算法在实现时所需要的辅助空间就可以了。算法的空间复杂度，类似于算法的时间复杂度，采用渐进空间复杂度（Space Complexity）作为算法所需存储空间的量度，它也是问题规模 n 的函数，记为 $S(n) = Of(n)$。

7.2.5 典型算法

1．枚举算法

枚举算法又称穷举算法，是最简单、最基础也是效率最低的算法。作为一个应用比较广泛的算法之一，枚举算法的优点很明显：首先枚举具有很高的准确性，只要时间足够，正确的枚举得到的结论是绝对正确的；其次枚举具有全面性，因为它对所有方案全面搜索，所以它能得出所有的解。

如百马百担问题。有 100 匹马，驮 100 担货，大马驮 3 担，中马驮 2 担，2 匹小马驮 1 担，大马、中马和小马都要参与驮货，问有大、中、小马各多少匹。

这是一个求解不定方程的问题，假设大马、中马和小马的匹数分别是 x，y，z，可列出

方程组：$\begin{cases} x+y+z=100 \\ 3x+2y+\dfrac{z}{2}=100 \end{cases}$。

像这种 2 个方程 3 个未知数的求解问题，可遍历 x，y，z 的所有可能组合，因为解必在其中，而且不止一个，只要某种组合同时满足上述 2 个方程，这个组合就是问题的解，当遍历完所有可能的组合，也就得到了问题的所有解。在计算机科学中，这是典型的枚举算法问题。

在枚举算法中，枚举对象的选择是非常重要的，由于 3 种马的总数是固定的，货物担数也是固定的，因此只要枚举大马 x 和中马 y，根据约束条件就能得到小马 z，并不需要把每种马从 1 枚举到 98，而由题意可以确定 x 的取值范围为 1～33；y 的取值范围为 1～50；z 的值为 100−x−y。

使用 C++实现算法的程序代码如下：

```cpp
#include<iostream>
using namespace std;
int main()
{
  int x,y,z;
  for(x=1;x<=33;x++)
       for(y=1;y<=20;y++)
       {
            z=100-x-y;
            if(x*3+y*2+z/2==100&&z%2==0)
                cout<<x<<"  "<<y<<"  "<<z<<endl;
       }
  return 0;
}
```

2．递归算法

递归算法指一种通过重复将问题分解为同类子问题而解决问题的方法。递归被用于解决很多的计算机科学问题，因此它是计算机科学中十分重要的一个概念。绝大多数编程语言支持函数的自调用，在这些语言中函数可以通过调用自身来进行递归。递归策略只需少量的代码就可描述出解题过程所需要的多次重复计算，大大地减少了程序的代码量。

如汉诺塔问题。有 n 个盘子和 3 根柱子：A（源）、B（备用）、C（目的），盘子的大小不同且中间有一孔，可以将盘子"串"在柱子上，每个盘子只能放在比它大的盘子上面。起初，所有盘子在 A 柱子上，目的是将盘子一个一个地从 A 柱子移动到 C 柱子上。移动过程中，可以使用 B 柱子，但盘子也只能放在比它大的盘子上面。

现以 3 个盘子的移动为例，盘子自上而下依次标注为盘 1、盘 2 和盘 3，如图 7.5 所示，移动方法如下。

图 7.5 汉诺塔 3 个盘子示意图

（1）盘 1 从柱子 A 移到柱子 C；
（2）盘 2 从柱子 A 移到柱子 B；
（3）盘 1 从柱子 C 移到柱子 B；
（4）盘 3 从柱子 A 移到柱子 C；
（5）盘 1 从柱子 B 移到柱子 A；
（6）盘 2 从柱子 B 移到柱子 C；
（7）盘 1 从柱子 A 移到柱子 C。
共计移动 7 次完成任务。

接着把问题抽象出来，盘子借助柱子 B 从柱子 A 移到柱子 C，移动的过程可以分解为 3 个步骤：

（1）把柱子 A 上的 $n-1$ 个盘子移到柱子 B 上；
（2）把柱子 A 上的 1 个盘子移到柱子 C 上；
（3）把柱子 B 上的 $n-1$ 个盘子移到柱子 C 上。

至于（1）或（3）中如何把柱子 A 上的 $n-1$ 个盘子移到柱子 B 上或柱子 C 上，就又回到问题本身，同样也要 3 个步骤：

（1）把柱子 A 上的 $n-2$ 个盘子移到柱子 C 上；
（2）把柱子 A 上的 1 个盘子移到柱子 B 上；
（3）把柱子 C 上的 $n-2$ 个盘子移到柱子 B 上。

如此继续，n 值不断减小，直到盘子 $n=2$，则

（1）把柱子 A 上的 1 个盘子移到柱子 B 上；
（2）把柱子 A 上的 1 个盘子移到柱子 C 上；
（3）把柱子 B 上的 1 个盘子移到柱子 C 上。

根据以上的分析，可以写出下面的递归表达式：

$$借助 B 将 n 个盘子从 A 移到 C = \begin{cases} 将一个盘子从 A 移到 C, n=1 \\ \begin{cases} 借助 C 将 n 个盘子从 A 移到 B \\ 将 1 个盘子从 A 移到 C \\ 借助 A 将 n-1 个盘子从 B 移到 C \end{cases} \end{cases}$$

使用 C++实现算法的程序代码如下：

```
#include<iostream>
using namespace std;
#define N 64;
void Hanoi(int n,char sA,char sB,char sC);
int m=0;
int main()
```

```
{
    int n=N;
    char a='A',b='B',c='C';
    cout<<" "<<endl;
    Hanoi(n,a,b,c);
    cout<<n<<" 个盘子，共移动 "<<m<<" 次 "<<endl;
}
void Hanoi(int n,char sA,char sB,char sC)
{
    m=m+1;
    if(n==1)
            cout<<" 从柱 "<<sA<<" -> "<<" 柱 "<<sC<<endl;
    else
    {
            Hanoi(n-1,sA,sC,sB);
            cout<<" 从柱 "<<sA<<" -> "<<" 柱 "<<sC<<endl;
            Hanoi(n-1,sB,sA,sC);
    }
}
```

3．分治算法

分治算法是一种很重要的算法，字面上的解释是"分而治之"，就是把一个难以直接解决的复杂问题分成两个或更多相同或相似的子问题，再把子问题分成更小的子问题……直到最后子问题可以简单地直接求解，子问题的解或者子问题解的合并即为原问题的解。在这个过程中，反复应用分治手段，可以使子问题与原问题类型一致而其规模却不断缩小，最终使子问题缩小到很容易直接求出其解。这个技巧是很多高效算法的基础，如二分查找、排序算法（快速排序、归并排序），傅里叶变换（快速傅里叶变换）等。

如给定一个有序数组 array，要在这个数组中找一个值为 x 的元素。这个元素可能存在，也可能在数组中没有。

二分查找是在采用顺序存储结构的有序表中查找，是一种效率较高的查找方式，它的查找过程为：从表的中间记录开始，如果给定值和中间记录的关键字相等，则查找成功；如果给定值大于中间记录的关键字，则在表中大于中间记录的那一半中继续查找，如果给定值小于中间记录的关键字，则在表中小于中间记录的那一半中继续查找，这样重复操作，直到查找成功或者在某一步中查找的区间为空，则代表查找失败。

结合分治算法的思想，可以看出二分查找每一次和一个中间元素比较过后，数据查找的范围将缩小一半，即子问题规模都是父问题的 1/2，并且查找方式和切分之前的方式相同，只比较中间记录的值，在二分查找中最后得到的子问题解直接为最初问题的解，不需要合并。

使用 C++实现算法的程序代码如下：

```
#include<iostream>
using namespace std;
#define N 20
int main()
{
```

```
      int a[N];
      int key;
      for(int i=0;i<N;i++) cin>>a[i];
      cin>>key;
      int low=0,high=N-1;
      while(low<=high)
      {
            int mid=(low+high)/2;
            if(key==a[mid])
            {
                 cout<<key<<"是数组中第"<<mid+1<<"个元素！"<<endl;
                 return 0;
            }
            else
                 if(key>a[mid]) low=mid+1;
                 else
                       high=mid-1;
      }
      cout<<key<<"不在这个数组中！"<<endl;
      return 0;
}
```

4. 递推算法

递推法是一种重要的数学方法，在数学的各个领域中都有广泛的运用，也是计算机用于数值计算的一个重要算法。

递推是指从已知的初始条件出发，依据某种递推关系，逐次推出所要求的各中间结果及最后结果。其中，初始条件、问题本身已经给定，或是通过对问题的分析与化简后可以确定。实现递推算法的关键是要找到递推式。这种处理问题的方法能使复杂运算化为若干步重复的简单运算，充分发挥出计算机擅长于重复处理的特点。

递推算法的首要问题是得到相邻的数据项间的关系（即递推关系）。递推算法避开了求通项公式的麻烦，把一个复杂问题的求解分解成了连续的若干步简单的运算。一般，可以将递推算法看成一种特殊的迭代算法。

递推算法的执行过程如下：

（1）根据已知结果和关系求解中间结果。

（2）判定是否达到要求，如果没有达到，则继续根据已知结果和关系求解中间结果。如果满足要求，则表示寻找到一个正确的答案。

如猴子吃桃子问题。猴子第 1 天摘下若干桃子，当即吃了一半，还觉不过瘾，又多吃了 1 个；第 2 天早上接着将剩下的桃子吃掉一半多 1 个。以后每天都吃前一天剩下桃子的一半多 1 个。到第 7 天早上想再吃时，只剩 1 个桃子了。求第 1 天共摘了多少桃子。

第 7 天的桃子数为 1，即 $t_7=1$，根据题目描述，依次求得：

第 6 天的桃子数为 $t_6=(t_7+1)\times2=(1+1)\times2=4$；

第 5 天的桃子数为 $t_5=(t_6+1)\times2=(4+1)\times2=10$；

第 4 天的桃子数为 $t_4=(t_5+1)\times2=(10+1)\times2=22$；

第 3 天的桃子数为 $t_3=(t_4+1)\times2=(22+1)\times2=46$；

第 2 天的桃子数为 $t_2=(t_3+1)\times2=(46+1)\times2=94$；

第 1 天的桃子数为 $t_1=(t_2+1)\times2=(94+1)\times2=190$。

由此可知，第 i 天的桃子数为 $t_i=(t_{i+1}+1)\times2$，$i=6,5,\cdots,1$。

使用 C++实现算法的程序代码如下：

```cpp
#include<iostream>
using namespace std;
int main()
{
  int i=7,t1,t2=1;
  while(i>1)
  {
      i--;
      t1=(t2+1)*2;
      t2=t1;
  }
  cout<<"第1天有桃子"<<t1<<"个"<<endl;
  return 0;
}
```

5. 贪心算法

贪心算法又称贪婪算法，是指在对问题求解时，总是做出在当前看来是最好的选择。也就是说，不从整体最优上加以考虑，所做出的仅是在某种意义上的局部最优解。一个问题的整体最优解可通过一系列局部的最优解的选择达到，并且每次的选择可以依赖以前做出的选择，但不依赖于后面要做出的选择。这就是贪心选择性质。对于一个具体问题，要确定它是否具有贪心选择性质，必须要证明每一步所做的贪心选择将最终导致问题的整体最优解。贪心算法不能对所有问题求得整体最优解，但对范围相当广泛的许多问题能求得整体最优解或者整体最优解的近似值。贪心算法一般按如下步骤进行：

（1）建立数学模型来描述问题；

（2）把求解的问题分成若干个子问题；

（3）对每个子问题求解，得到子问题的局部最优解；

（4）把子问题的局部最优解合成原来问题的一个解。

贪心算法是一种对某些求最优解问题的更简单、更迅速的设计技术，它的特点是一步一步进行，常以当前情况为基础，根据某个优化测度做最优选择，而不考虑各种可能的整体情况，省去了为找最优解要穷尽所有可能而必须耗费的大量时间。贪心算法采用自顶向下的方式，以迭代的方法做出相继的贪心选择，每做一次贪心选择，就将所求问题简化为一个规模更小的子问题，通过每一步贪心选择，可得到问题的一个最优解。虽然每一步上都要保证能获得局部最优解，但由此产生的全局解不一定是最优的。例如，平时购物找零钱时，为使找回零钱的硬币数最少，不需要求找零钱的所有方案，而是从最大面值的币种开始，按递减的顺序考虑各面额，应先尽量用大面额的，当不足时才去考虑下一个较小的面额，这就是贪心算法。

如删除数问题。有一个高精度的正整数 n（n 的有效位数≤240），删掉其中任意 s 个数字后，剩下的数字按原来的次序将组成一个新的正整数，要求这个新数的值最小。

根据贪心算法的理论，选取的贪心策略为：每一步总是选择删掉一个使剩下的数最小的数字，即按高位到低位的顺序搜索，若各位数字递增，则删除最后一个数字，否则删除第 1 个递减区间的首字符。然后回到串首，按上述规则再删除下一个数字。重复以上过程 s 次，剩下的数字串就是问题的解了。

如 n=178543，s=4，删数的过程如下：

（1）原数 n=178543，删掉 8，得到新数 n=17543；

（2）n=17543，删掉 7，得到新数 n=1543；

（3）n=1543，删掉 5，得到新数 n=143；

（4）n=143，删掉 4，得到新数 n=13，即为此问题的解。

这样，删除数问题就转化成如何寻找递减区间首字符这样一个简单的问题了。

使用 C++实现算法的程序代码如下：

```cpp
#include<iostream>
#include<cstring>
using namespace std;
void Delete_Num(char str[],int n,int k);
int main()
{
  char str[300];
  int k;
  cin>>str>>k;
  int lenth=strlen(str);
  Delete_Num(str,lenth,k);
  cout<<str;
  return 0;
}
void Delete_Num(char str[],int n,int k)
{
  while(k--)
  {
      int m=0,i=0;
      while(i<n&&str[i]<=str[i+1])
          i++;
      for(int j=i+1;j<=n;j++)
          str[j-1]=str[j];
  }
}
```

习　　题

一、判断题

1. 问题求解过程中的第 1 步是要数学建模。

2. 著名计算机科学家沃斯认为：程序=算法+数据结构。

3．结构化程序的 3 种基本结构包括层次结构、分支结构和循环结构。

4．将一个较大规模的问题分解为较小规模的子问题，求解子问题、合并子问题的解，以得到整个问题的解的算法是归并算法。

5．贪心算法得到的解一定是最优解。

二、选择题

1．算法可以没有（　　）。

　　A．输入　　　　　　　B．输出　　　　　　　C．输入和输出　　　　D．结束

2．（　　）不能用来描述算法。

　　A．自然语言　　　　B．流程图　　　　　　C．伪代码　　　　　　D．方程式

3．以下不是衡量算法标准的是（　　）。

　　A．正确性　　　　　　　　　　　　　　B．时间效率和空间占用量

　　C．可读性　　　　　　　　　　　　　　D．代码少

4．复杂的算法都可以用 3 种基本结构组成，下列不属于基本结构的是（　　）。

　　A．顺序结构　　　　B．层次结构　　　　　C．选择结构　　　　　D．循环结构

5．下列关于算法的描述，正确的是（　　）。

　　A．一个算法的执行步骤可以是无限的　　B．一个完整的算法必须有输出

　　C．算法只能用流程图表示　　　　　　　D．一个完整的算法至少有一个输入

6．用计算机无法解决"打印所有素数"的问题，其原因是解决该问题的算法违背了算法特征中的（　　）。

　　A．唯一性　　　　　　　　　　　　　　B．有输入

　　C．有穷性　　　　　　　　　　　　　　D．有 0 个或多个输入

7．目前，能够通过计算机实现算法得到结果的是（　　）。

　　A．自然语言　　　　　　　　　　　　　B．N-S 图

　　C．伪代码　　　　　　　　　　　　　　D．计算机语言编写的程序

8．二分查找算法是利用（　　）实现的算法。

　　A．分治策略　　　　B．动态规划法　　　　C．贪心法　　　　　　D．递归法

9．从算法实现的角度看，（　　）就是算法的实现。

　　A．算法　　　　　　B．代码　　　　　　　C．语言　　　　　　　D．流程图

10．采用从小的方案推广到大的解决方法的算法称为（　　）。

　　A．贪心法　　　　　B．分治法　　　　　　C．动态规划　　　　　D．回溯法

第8章　数据管理

随着计算机技术、通信技术以及互联网的发展，各种类型的数据涌现出来，人们对数据的需求也日益递增。对这些数据进行存储、表示、分析处理、传输等都要用到数据管理技术。

8.1　数据库管理系统

作为数据管理技术的核心——数据库管理系统（Database Management System，DBMS），其主要目的是建立、使用和维护数据库。它对数据库进行统一的管理和控制，并保证数据的完整和安全。

数据库管理系统是数据库系统的核心，是介于操作系统和用户之间管理数据库的系统软件。

8.1.1　数据管理技术的发展

数据管理是指对数据的组织、分类、加工、存储、检索和维护。数据管理技术的发展经历了人工管理阶段、文件系统管理阶段、数据库管理系统阶段。

1．人工管理阶段

20 世纪 50 年代以前，人们把计算机当成一种计算工具，主要用于科学计算。计算机没有完善的操作系统，没有专门管理数据的软件，一组数据对应一个应用程序，如图 8.1 所示。不同的用户根据编写的程序要求，需要整理程序所需的数据，数据的管理完全由用户负责。数据如果发生变化，程序就要做出相应的修改，将程序和相关的数据通过输入设备送入计算机，计算机处理之后输出用户所需的结果，数据并不保存在计算机内。同时，因为没有统一的数据管理软件，数据的存储结构、存取方式、输入/输出方式等都由应用程序处理。

因此，这个阶段的数据管理，数据不保存、不共享、不独立，由应用程序管理数据。

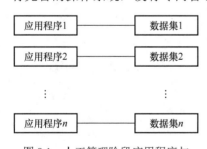

图 8.1　人工管理阶段应用程序与
数据集之间的关系

2．文件系统管理阶段

20 世纪 50～60 年代，这个时期出现了磁鼓、磁盘等直接存取存储设备，操作系统中出现了专门的数据管理软件，称为文件系统，在处理方式上，不仅有批处理，还出现了联机实时处理。在文件系统中，数据以文件形式组织与保存。文件是一组具有相同结构的记录的集合。记录是由某些相关数据项组成的。数据组织成文件以后，就可以与处理它的程序相分离，单独存在。数据按其内容、结构和用途的不同，可以组织成若干不同命名的文件。文件一般为某一用户（或用户组）所有，但也可供指定的其他用户共享，如图 8.2 所示。文件系统还为用户程序提供一组对文件管理与维护的操作或功能命令，包括对文件的建立、打开、读/写和关闭等。应用程序可以调用文件系统提供的操作命令来建立和访问文件。该阶段管理的数据可以长期保存，由文件系统管理数据，应用程序和数据之间有了一定的独立性。

3. 数据库管理系统阶段

从 20 世纪 60 年代后期开始，随着大容量磁盘系统的使用，计算机联机存取大量数据成为可能；软件价格相对上升，硬件价格相对下降，使独立开发系统和维护软件的成本增加，文件系统的管理方法已无法满足要求。为了克服文件系统管理阶段的弊病，解决多用户、多应用共享数据的需求，使数据为尽可能多的应用服务，出现了统一管理数据的专门软件系统，这标志着数据库管理系统阶段的到来。

如图 8.3 所示，数据统一由数据库管理系统管理和控制，应用程序通过数据库管理系统共享数据库中的数据。数据库中的数据可被多个应用共享访问，降低了数据冗余度，提高了一致性。

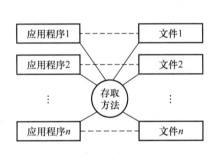

图 8.2　文件系统管理阶段应用程序与
文件之间的关系

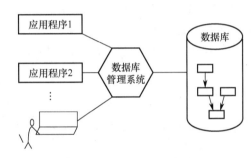

图 8.3　数据库管理系统阶段应用程序与
数据之间的关系

这一阶段实现了数据多级别的安全管理、多用户同时访问数据的并发控制以及灾难发生时的回复机制。同时数据是按照一定的数据模型组织、描述和存储的。

数据模型是数据库管理系统的基础，是用来描述数据、组织数据和对数据进行操作的模型。通常由数据结构、数据操作和数据完整性约束三部分组成。

依据数据模型的发展，数据库可以分为以下几个发展阶段：层次数据库管理系统阶段、网状数据库管理系统阶段、关系数据库管理系统阶段、新一代数据库管理系统阶段。

8.1.2　数据管理系统的功能

数据库管理系统是管理数据库的软件。它在操作系统的支持下工作，主要作用是建立、运行及管理维护数据库，具体功能包括以下几个方面。

（1）数据定义功能：提供数据定义语言，定义数据库中数据对象的组成、结构、格式，包括定义数据库的模式、定义数据约束条件、用户存取权限等。

（2）数据操纵功能：提供数据操纵语言供用户实现对数据的追加、删除、更新、查询等基本操作。

（3）数据库的运行管理功能：提供控制语言来保证数据库正常安全运行，是管理系统的核心部分。它包括多用户环境下的并发控制、安全性检查和存取限制控制、完整性检查和执行等。

（4）数据的组织、存储和管理：负责分类组织、存储和管理各种数据，包括数据字典、用户数据、存取路径等，需确定以何种文件结构和存取方式在存储级上组织这些数据，实现数据间的联系。

（5）数据库的建立和维护功能：包括数据库初始数据的装入，数据库的转存、恢复、重组织，系统性能监视、分析等功能；也包括提供一些实用程序，用于数据库的备份与恢复。

（6）数据库的通信功能：提供处理数据的传输，实现用户程序与数据库管理系统之间的通信，实现网络环境下的通信功能，通常与操作系统协调完成。

从 1970 年美国 IBM 公司的 E.F.Codd 首次提出关系模型直到现在，关系数据库管理系统仍然是主流数据库管理系统，其中 MySQL、Oracle、SQL Server 占据了市场的大部分份额。

8.1.3　典型数据库管理系统

典型的数据库管理系统有 IBM 公司的 DB2、甲骨文公司的 Oracle、微软公司的 SQL Sever 和 Access、Sybase 公司的 Sybase、MySQL AB 公司的 MySQL 等。不同的数据库管理系统有不同的特点，也有相对独立的应用领域和用户支持。

1．DB2

DB2 是 IBM 公司研制的一种关系数据库管理系统，是一个多媒体、Web 关系数据库管理系统，主要应用于大型应用系统，具有较好的可伸缩性，可支持从大型机到单用户环境。

DB2 既可以在主机上以主/从方式独立运行，也可以在客户/服务器环境中运行。其中，服务平台可以是 OS/400、AIX、OS/2、HP-UNIX、SUN Solaris 等操作系统，客户机平台可以是 OS/2 或 Windows、DOS、AIX、HP-UX、SUN Solaris 等操作系统。

DB2 提供了高层次的数据利用性、完整性、安全性、可恢复性，以及小规模到大规模应用程序的执行能力，具有与平台无关的基本功能和 SQL 命令。

2．Oracle

Oracle 数据库管理系统是美国 Oracle（甲骨文）公司提供的以分布式数据库为核心的一组软件产品，是客户/服务器（C/S）或浏览器/服务器（B/S）体系结构的数据库管理系统之一。

Oracle 数据库管理系统可以运行在 UNIX、Windows 等操作系统平台上，完全支持各种工业标准。

Oracle 是和 DB2 同时期发展起来的数据库产品，也是第 2 个采用 SQL 的数据库产品。Oracle 从 DB2 等产品中吸取到了很多优点，同时又大胆地引进了许多新的理论与特性，所以 Oracle 无论是功能、性能还是可用性都非常好。

3．SQL Sever

SQL Sever 是由微软公司推出的大型关系数据库管理系统，继承了微软产品界面友好、易学易用的特点，在操作性和交互性方面独树一帜。

SQL Sever 与 Windows 操作系统紧密集成，不论是应用程序开发速度还是系统事务处理运行速度，都得到较大的提升。对于在 Windows 平台上开发的各种企业级信息管理系统来说，不论是客户/服务器架构还是浏览器/服务器架构，SQL Sever 都是一个很好的选择。

4．Sybase

Sybase 是美国 Sybase 公司研制的一种关系数据库管理系统，是一种典型的 UNIX 或 WindowsNT 平台上客户机/服务器环境下的大型数据库管理系统。Sybase 提供了一套应用程序编程接口和库，可以与非 Sybase 数据源及服务器集成，允许在多个数据库之间复制数据，适于创建多层应用。

Sybase 通常与其旗下产品 Sybase SQL Anywhere 共同用于客户机/服务器环境，前者作为服务器数据库，后者作为客户机数据库，采用该公司研制的 PowerBuilder 为开发工具，在我国大中型系统中具有广泛的应用。

5．MySQL

MySQL 是一个小型关系数据库管理系统，开发者为瑞典 MySQL AB 公司。目前 MySQL 被广泛地应用在小型系统中，在网络应用中用户群更多。MySQL 不提供小型系统中很少使用的功能，所以 MySQL 的资源占用少，更加易于安装、使用和管理。由于数据库本身的限制，MySQL 也不适合大访问量的商业应用。

6．Access

Access 是由微软公司发布的关系数据库管理系统。它是把数据库引擎的图形用户界面和软件开发工具结合在一起的一个数据库管理系统，是微软 Office 办公软件的组件之一，可以满足小型数据管理及处理需要。

8.2 关系数据库管理系统

关系数据库指的是以数据逻辑模型为关系模型的数据库，关系模型是目前应用最广泛的数据模型。下面介绍关系模型的一些基本概念及关系性质。

8.2.1 关系模型的基本概念

（1）关系：关系模型中用于描述数据的主要结构是关系。数据对象用关系表示，对象之间的联系也用关系表示，对数据对象的操作就是对关系的运算。实际上一个关系就是一张二维表。

（2）属性（字段）：二维表的每列对应一个属性，也称为字段。每个字段都有一个字段名。如学生关系模式有学号、姓名、班级等字段进行学生特征的描述。

（3）对关系的描述称为关系模式。它确定关系由哪些属性构成，即关系的逻辑结构。关系模式的一般格式为：关系名（属性名 1、属性名 2、…、属性名 n）。如描述学校专业的关系模式可以是：专业（专业代码、专业名称、…、专业负责人）。描述学生基本信息的关系模式可以是：学生（学号、姓名、班级、…、专业代码）。

（4）元组（记录）：二维表中的每一行称为一个元组。

（5）域：指字段的取值范围。如学生表中的性别域值是"男"或"女"，年龄域值为整数。

（6）关键字、候选关键字、主关键字：关键字是指关系中唯一标识一个元组的属性或属性组，一个关系中可以有多个候选关键字，可以选定其中一个关键字作为主键或主码。若姓名不重名，则在学生关系中"学号""姓名"都可以作为主关键字。

（7）外关键字：如果一个字段或字段集不是所在关系的主关键字，而是另一个关系的主关键字，则该字段集称为外关键字，也称为外键或外码。如学生关系中的"专业代码"是外键，它是专业关系中的主键。

（8）关系数据库模式：关系是关系模式在某一时刻的状态和内容，关系数据库模式在某一时刻的数据集合构成一个关系数据库。

8.2.2　关系的性质

关系不仅仅是表，一个关系具有如下性质。

（1）如表 8-1 所示，表中的每列数据必须是不可再分的数据项（不允许表中套表）。

表 8-1　学生成绩表

学　号	姓　名	语　文	数　学
19001001	张三	75	89

（2）列是同质的，体现为每列数据必须是同一类型的数据，来自同一个域。

（3）表中不能有值完全相同的行。

（4）表中属性（字段）不能重名。

（5）表中信息的展示与行、列的顺序无关。

8.2.3　关系数据库实例

关系数据库实例是关系模式的某一时刻的动态的数据集合。如学生成绩管理系统中对学生选课采用如下关系模式：

（1）专业表（专业代码、专业名称、联系电话、负责人）。

（2）学生表（学号、姓名、性别、出生日期、班级、专业代码）。

（3）课程表（课程号、课程名称、学时、学分）。

（4）选课成绩表（学号、课程号、成绩）。

专业表中"专业代码"是主键，学生表中"学号"是主键，专业代码是外键，课程表中"课程号"是主键。因为一个学生可以选修多门课程，而且一门课程也可以有多个学生选修。需要学号和课程号组合来唯一确定一个学生的某门课的成绩，因此学号和课程号组合在一起成为选课成绩表的主关键字。

如学生选课关系数据库包含数据表 8-2 至表 8-5。

表 8-2　专业表

专业代码	专业名称	负责人	联系电话
1001	计算机科学与技术	沈明	88342554
1002	信息管理	周平	88342556

表 8-3　学生表

学　号	姓　名	性　别	出生日期	班　级	专业代码
19001001	张三	男	2000-10-6	191	1001
19001002	李四	女	2001-1-25	191	1001
19001003	王五	女	2000-12-9	192	1001
19001004	赵六	男	2001-3-18	193	1002

表 8-4　课程表

课程号	课程名称	学　时	学　分
13002101	计算机网络	4	2
13002102	高等数学	5	3
13002103	数字电路	3	1.5
13002104	电子商务	1	1

表 8-5　选课成绩表

学　号	课程号	成　绩
19001001	13002101	74
19001001	13002102	91
19001001	13002103	86
19001002	13002102	80
19001002	13002104	81

8.2.4　关系的完整性约束

为了使关系数据库中的数据有效、正确，需要满足一定的约束条件。约束主要包括三大类：实体完整性、参照完整性和用户自定义完整性。其中实体完整性和参照完整性是关系模型必须满足的约束条件，由数据库管理系统自动支持；而用户自定义完整性是用户根据应用环境要求定义的约束条件。

（1）实体完整性：实体完整性是指关系数据库中所有的表必须有主关键字，而且表中的主关键字不能重复，也不能取"空值"。如学生表中学号为主关键字，该列数据不得有空值，也不能有重复学号的情况。

（2）参照完整性：参照完整性一般是对表之间的关系进行约束。在关系数据库中用外键来实施参照完整性，即一张表的外键取值只能是与其关联的表中主关键字的值。如上述学生表的专业代码取值必须是专业表中的专业代码的值。

（3）用户自定义完整性：用户自定义完整性主要包括每个字段取值的合理性及根据应用环境对涉及的数据提出约束条件。如字段的数据类型、格式要求、取值范围、是否允许空值、是否允许小数等。

8.2.5　关系操作

关系模型常用的操作分为两类，一类为影响数据变化的操作，如插入、删除、修改；另一类为查询操作。关系操作的操作对象和结果都是关系。关系运算符有传统的集合运算符，如并（∪）、交（∩）、差（−）；也有专门的关系运算符，如广义笛卡儿积、选择、投影、连接等。

1. 并操作

设关系 R 和关系 S 具有相同的属性列且相应的属性值取自同一个域，将 R 和 S 中的元组合并，称为并运算。记为：

$R \cup S = \{t | t \in R \vee t \in S\}$

关系 R 和关系 S 的并运算如下。

关系 R

A	B	C
a_1	b_1	c_1
a_2	b_2	c_2
a_3	b_3	c_3

关系 S

A	B	C
a_1	b_1	c_1
a_1	b_2	c_3

$R \cup S$

A	B	C
a_1	b_1	c_1
a_2	b_2	c_2
a_3	b_3	c_3
a_1	b_2	c_3

2. 交操作

设关系 R 和关系 S 具有相同的属性列且相应的属性值取自同一个域，交运算结果由既属于 R 又属于 S 的元组组成。记为：

$R \cap S = \{t | t \in R \wedge t \in S\}$

关系 R 和关系 S 的交运算如下。

关系 R

A	B	C
a_1	b_1	c_1
a_2	b_2	c_2
a_3	b_3	c_3

关系 S

A	B	C
a_1	b_1	c_1
a_1	b_2	c_3

$R \cap S$

A	B	C
a_1	b_1	c_1

3. 差操作

设关系 R 和关系 S 具有相同的属性列且相应的属性值取自同一个域，差运算由属于 R 但不属于 S 的元组组成。记为：

$R - S = \{t | t \in R \wedge t \notin S\}$

关系 R 和关系 S 的差运算如下。

关系 R

A	B	C
a_1	b_1	c_1
a_2	b_2	c_2
a_3	b_3	c_3

关系 S

A	B	C
a_1	b_1	c_1
a_1	b_2	c_3

$R - S$

A	B	C
a_2	b_2	c_2
a_3	b_3	c_3

4. 广义笛卡儿积操作

有 n 个属性的关系 R 和 m 个属性的关系 S，两者的其广义笛卡儿积是一个具有 $n+m$ 列的元组的集合。记为：

$$R\times S=\{\widehat{t_r\ t_s}\ |t_r\in R\wedge t_s\in S\}$$

关系 R 和关系 S 的广义笛卡儿积运算如下。

关系 R

A	B	C
a_1	b_1	c_1
a_2	b_2	c_2
a_3	b_3	c_3

关系 S

A	B	C
a_1	b_1	c_1
a_1	b_2	c_3

$R\times S$

$R\cdot A$	$R\cdot B$	$R\cdot C$	$S\cdot A$	$S\cdot B$	$S\cdot C$
a_1	b_1	c_1	a_1	b_1	c_1
a_1	b_1	c_1	a_1	b_2	c_3
a_2	b_2	c_2	a_1	b_1	c_1
a_2	b_2	c_2	a_1	b_2	c_3
a_3	b_3	c_3	a_1	b_1	c_1
a_3	b_3	c_3	a_1	b_2	c_3

5．选择操作

对关系 R 中，选择使条件 F 为真的元组，即为选择操作。记为：

$\sigma F(R)=\{t|t\in R$ 且 $F(t)=$ "真" $\}$

其中 F 为条件表达式，其值为"真"或"假"。它是由逻辑运算符（与、或、非）连接比较表达式而成的。比较表达式基本形式为 $X\theta Y$，θ 是比较运算符，比较运算符有大于、小于、大于或等于、小于或等于、等于、不等于；X 和 Y 是属性名、常量或简单函数，属性名也可以用它在关系中的位置序号来表示。

如学生表（学号、姓名、性别、出生日期、班级、专业代码）中，查询所有男生的基本信息，有

σ 性别="男"（学生表）或者表示为 $\sigma_{3=}$"男"（学生表）

如要查询所有 191 班的男生基本信息，有

σ 性别="男"∧ 班级="191"（学生表）或者表示为 $\sigma_{3=}$"男"∧ 5="191"（学生表）

6．投影操作

对关系 R 的投影是从 R 中选择出若干属性组成新的关系。记为：

$\prod A(R)=\{t|t[A]|\ t\in R\}$

其中 A 是关系 R 中的部分属性集合。

7．连接操作

将关系 R、关系 S 进行广义笛卡儿积运算，然后选出满足一定条件的元组组成一个新元组，由这样的新元组构成的关系便是连接操作的结果。

$$R\bowtie S=\{\widehat{t_r\ t_s}\ |t_r\in R\wedge t_s\in S\wedge t_r[A]\ \theta\ t_s[B]\ \}$$

A 和 B 分别是关系 R、关系 S 上数目相等且可比的属性组，θ 为比较运算符，连接运算将从广义笛卡儿积 $R\times S$ 中选取 R 关系在 A 属性组上的值与 S 关系在 B 属性组上的值满足关系 θ 的元组。

当 θ 是 "=" 时，为等值连接，选取 A 属性组上的值与 B 属性组上的值相等的元组组合。

在数据库中最常使用的是自然连接操作，即要求两个关系相同的属性组进行等值连接，将两个关系的元组拼接成一个新元组，同时在新元组中删除重复的属性列。

$$R \bowtie S = \{ (\widehat{t_r \ t_s}) \mid t_r \in R \land t_s \in S \land t_r[A] = t_s[B] \}$$

如有如下关系 R 和关系 S。

关系 R

A	B	C
a_1	b_1	6
a_1	b_2	8
a_2	b_3	10
a_2	b_4	12

关系 S

B	D
b_1	2
b_2	2
b_3	13
b_3	4
b_5	8

对关系 R 和关系 S 进行连接操作，连接条件分别是 $R \cdot C < S \cdot D$、$R \cdot B = S \cdot B$ 以及关系 R 和关系 S 进行自然连接操作，去掉一个相同的属性名，连接结果分别如下：

$R \cdot A$	$R \cdot B$	$R \cdot C$	$S \cdot B$	$S \cdot D$
a_1	b_1	6	b_3	13
a_1	b_2	8	b_3	13
a_2	b_3	10	b_3	13
a_2	b_4	12	b_3	13
a_1	b_1	6	b_5	8

$R \cdot A$	$R \cdot B$	$R \cdot C$	$S \cdot B$	$S \cdot D$
a_1	b_1	6	b_2	2
a_1	b_2	8	b_2	2
a_2	b_3	10	b_3	13
a_2	b_3	10	b_3	4

$R \cdot A$	$R \cdot B$	$R \cdot C$	$S \cdot D$
a_1	b_1	6	2
a_1	b_2	8	2
a_2	b_3	10	13
a_2	b_3	10	4

8.3 结构化查询语言

关系模型是一种数学语言，关系模型的表达使用了许多数学符号，如 ∪、∩、∏ 等，但不方便计算机处理。1974 年由 Boyce 和 Chamberlin 提出了结构化查询语言（Structured Query Language，SQL），并于 1979 年首先在 IBM 公司研制的关系数据库系统 SystemR 上实现，在此基础上经过不断扩展，SQL 语言已经成为关系数据库的标准语言。

8.3.1 SQL 语言概述

SQL 语言是一种实现了关系数据库定义、操纵、查询、控制等功能的语言。主要包含以下 4 部分。

数据定义语言（DDL）：其语句包括动词 CREATE、ALTER 和 DROP。可在数据库中创建新表或修改、删除表（CREAT TABLE 或 DROP TABLE），以及为表加入索引等。

数据操作语言（Data Manipulation Language，DML）：其语句包括动词 INSERT、UPDATE 和 DELETE，分别用于添加、修改和删除。

数据查询语言（Data Query Language，DQL）：关键字 SELECT 是 DQL 用得最多的动词，其他 DQL 常用的保留字有 WHERE、ORDER BY、GROUP BY 和 HAVING。

数据控制语言（Data Control Language，DCL）：其语句通过 GRANT 或 REVOKE 实现

权限控制,确定单个用户和用户组对数据库对象的访问。某些 RDBMS 可用 GRANT 或 REVOKE 控制对表单个列的访问。

SQL 语言可以独立完成数据库生命周期中的全部活动,包括定义关系模式、录入数据、建立数据库、查询、更新、维护、数据库重构、数据库安全性控制等一系列操作,这就为数据库应用系统开发提供了良好的环境,在数据库投入运行后,还可根据需要随时逐步修改模式,且不影响数据库的运行,从而使系统具有良好的可扩充性。

利用 SQL 语言进行数据库操作可以分 3 个阶段进行,即:

(1)定义数据库结构,定义关系模式。

(2)向已定义的数据库中添加、删除和修改数据。

(3)对数据库进行各种查询和统计。

8.3.2 基本 SQL 语句

本书只简单介绍数据库的定义、表结构的定义,以及表数据的增加、删除和修改语句。对 SELECT 语句仅介绍关键字的作用,以使初学者能够了解数据库的建立过程。较为详细的内容,读者可以参阅其他专门的数据库书籍。

1. 数据定义语句

1)数据库定义语句

```
CREATE DADABASE 数据库名;
```

该语句的功能是创建一个数据库。CREATE DADABASE 是定义数据库的语句引导词。数据库名由定义者命名,符合规范就可以。

如创建学生数据库:

```
CREATE DADABASE  wlsdb
```

2)表结构定义语句

```
CREATE TABLE 表名(列名 1 类型 [PRIMARY KEY|NOT NULL][, 列名 2  类型 [PRIMARY
KEY|NOT NULL]]);
```

CREATE TABLE 是创建一个表结构,表名即关系名,列名即属性名。类型可以是数值型、字符型等。"[]"中的内容是可选项,可以省略。"|"表示或者的关系。可选项 PRIMARY KEY 是一项约束,表示该列为主键。NOT NULL 也是一项约束,表示该列的值不能为空。类型和约束定义了该列值域。

如创建专业表,且专业代码是主键。

关系模式:专业表(专业代码、专业名称、联系电话、负责人)。

```
CREATE TABLE  profession (
pno CHAR(4)  PRIMARY KEY,
pname CHAR(10),
ptel CHAR(11),
pother CHAR(30)
);
```

如创建学生表,且学号是主键。

关系模式:学生(学号、姓名、性别、出生日期、班级、专业代码)。如果考虑专业代码是外键,则需要在属性定义完后用 FOREIGN KEY 语句引导词定义外键。

```
CREATE TABLE Student(
sno CHAR(8)  PRIMARY KEY,
sname CHAR(10),
ssex CHAR(2),
sdate DATE,
sclass CHAR(30),
pno CHAR(4)
FOREIGN KEY (pno) REFERENCES  profession (pno)
);
```

2. 数据操作语句

1）元组插入语句

```
INSERT INTO 表名[(列名1,…,列名 n)] VALUES(对应列名1的值,…,对应列名 n 的值);
```

INSERT INTO 是向表中插入元组的语句引导词。该语句的功能是将 VALUES 后面的数据插入。当需要插入表中所有列的数据时，表名后面的列名可以省略，但插入数据的格式和顺序必须与表的格式和顺序完全相同；若只要插入表中某列数据，则需要列出列名。

如插入新元组：

```
INSERT INTO   Student  VALUES ('19001001','张敏敏','女','2001-1-12',
'192', '1002');
```

2）元组更新语句

```
UPDATE 表名 SET 列名1=表达式1[,列名2=表达式2 [,…] ][WHERE 条件表达式];
```

UPDATE 是更新元组的语句引导词。该语句的功能是对表中指定的列数据进行修改。WHERE 条件表示对满足条件的元组进行修改。

如更新张敏敏的课程号为 13002101 的成绩：

```
UPDATE Sc SET sgrade=87 WHERE (sno='19001001' and cno='13002101');
```

3）元组删除语句

```
DELETE FROM 表名 [WHERE 条件表达式];
```

DELETE FROM 是删除元组的语句引导词。该语句的功能是删除表中满足条件的元组。当没有 WHERE 子句时，表示删除表中全部数据。

3. 基本 SQL 查询语句

对数据库进行各种查询和统计是 SQL 语句的重要功能。SQL 查询语句的格式如下：

```
SELECT [ALL|DISTINCT] 列名1 [列别名1][,列名2 [列别名2] …];
FROM 表名1 [表别名1][,表名2 [表别名2]…];
[WHERE 条件表达式];
[GROUP BY 列名1 [HAVING 条件表达式]];
[ORD BY列名2 [ASC|DESC]…];
```

其中，[]中的内容可以省略。该语句的功能是根据 WHERE 子句的条件表达式从 FROM 子句指定的表中找出满足条件的元组，再按 SELECT 子句中的列名选出元组中的属性值形成结果表。

DISTINCT 表示对结果表中的重复元组进行过滤，只保留一份。省略或 ALL 表示允许出现重复。FROM 后面如果有多个逗号区分开的表名，则表示元组进行广义笛卡儿积运算。

如果 SQL 语句中有 GROUP BY 子句，则查询结构按子句中的列名1进行分组，该属性列值相等的元组为一个组。通常会在每组中使用聚集函数。如果 GROUP BY 子句后带有 HAVING 短语，则只有满足指定条件的组才会输出。

如果 SQL 语句中有 ORD BY 子句，则查询结果将按列名 2 进行升序或降序排序输出。

如查询选课表中学号为 19001001 的全部元组：

```
SELECT * FROM Sc WHERE sno='19001001';
```

如查询选了 13002101 课程号的学生学号、姓名：

```
SELECT sno,sname FROM Student,Sc WHERE SC.sno=Student.sno and SC.cno=
'13002101';
```

其中，SC.sno=Student.sno 表示连接运算。

如查询学号为 19001001 的学生的选课平均成绩：

```
SELECT sno,avg(grade) FROM Sc WHERE sno='19001001' GROUP BY sno;
```

SELECT … FROM…WHERE …GROUP BY …HAVING …语句，逻辑上先做 FROM 后面的广义笛卡儿积运算，然后对 WHERE 子句的逐行进行条件选择，接着按照 GROUP BY 子句分组，分组时根据 HAVING 条件过滤，留下满足条件的分组，同时计算各项统计值。实际运行时，DBMS 会做查询优化，在不改变结果的情况下提高查询效率。

习　题

选择题

1．关于数据库（DB）、数据库系统（DBS）和数据库管理系统（DBMS），以下描述（　　）是正确的。

  A．DBS 包括 DB 和 DBMS   B．DBMS 包括 DB 和 DBS

  C．DB 包括 DBS 和 DBMS   D．DBMS 是用于管理 DB 的软件

2．数据库系统能实现对数据的查询、插入、删除和修改等操作，这种功能是（　　）。

  A．数据定义功能 B．数据管理功能   C．数据操纵功能 D．数据控制功能

3．结构数据模型的三个组成部分中，不包括（　　）。

  A．数据完整性约束   B．数据结构

  C．数据操作   D．数据加密

4．关系数据库中，实现实体之间的联系是通过表与表之间的（　　）。

  A．公共索引   B．公共存储   C．公共元组   D．公共属性

5．如果关系 R 有 M 个属性，关系 S 有 N 个属性，并且 $M>N$，则 $R×S$ 有（　　）个属性。

  A．$M+N$ B．$M-N$ C．$M×N$ D．M

6．关系模型中，一个主键（主码）（　　）。

  A．由多个任意属性组成   B．至多由一个属性组成

  C．可由一个或多个属性组成   D．与属性无关

7．有一个关系：课程表（课程号、课程名、学分、学时、先修课程），规定"先修课号"必须是课程表中已有的课程号，这一规则属于（　　）约束。

A．实体完整性约束   B．域完整性约束

C．参照完整性约束   D．用户完整性约束

8．SQL 基本表的创建是通过（   ）实现参照完整性规则的。

A．主键子句   B．外键子句

C．检查子句   D．NOT NULL 子句

第9章 大　数　据

大规模数据的聚集正在改变人们的生活、工作方式，大数据时代带给人们的是一种全新的思维方式，放弃对因果关系的渴求，转而追求相关关系。让数据说话，用数据进行决策、创新已成为一种习惯。

9.1　大数据概述

9.1.1　大数据的定义

随着信息技术的发展，人们开始频繁地使用"大数据"来描述和定义信息时代所产生的海量数据。随着移动互联网及物联网平台的发展和普及，各种终端设备遍布人们生活的各个角落，其产生的数据量十分巨大。大数据处理已经从 TB 级别跃升到 PB 级别。国际数据公司（IDC）预测到 2025 年，全球会有 160ZB 多的数据量。

数据的最小单位是位（bit），计算机中数据的存储是以字节（Byte，简写为 B）为基本计算单位的，1B=8bit。数据存储单位的换算关系，如表 9-1 所示。

表 9-1　数据存储单位的换算关系

单　　位	换算关系	单　　位	换算关系
1 KB（KiloByte 千字节）	1024B	1ZB（ZettaByte 泽字节）	1024EB
1MB（MegaByte 兆字节）	1024KB	1YB（YottaByte 尧字节）	1024ZB
1GB（GigaByte 吉字节）	1024MB	1BB（BrontoByte 珀字节）	1024YB
1TB（TeraByte 太字节）	1024GB	1NB（NonaByte 诺字节）	1024BB
1PB（PetaByte 拍字节）	1024TB	1DB（DoggaByte 刀字节）	1024NB
1EB（ExaByte 艾字节）	1024PB	1CB（CorydonByte 馈字节）	1024DB

麦肯锡给出的大数据定义是：大数据是指大小超过常规的数据库工具获取、存储、管理和分析能力的数据集。但它同时强调，并不是说一定要超过特定的 TB 值的数据才能是大数据。百度百科中给出的大数据定义是：指无法在一定时间范围内用常规软件工具进行捕捉、管理和处理的数据集合，是需要新处理模式才能具有更强的决策力、洞察发现力和流程优化能力的海量、高增长率和多样化的信息资产。

9.1.2　大数据的特征

IDC 提出了大数据的"4V"特征，即 Volume（大体量）、Variety（多样性）、Velocity（高速性）、Value（价值性）。

1．大体量

在这个信息高度发展的时代，人类每年获取的数据量都比以前成百上千年所积累的信息总量要多很多。

在 1998 年，图灵奖获得者杰姆·格雷（Jim Gray）提出著名的"新摩尔定律"，即人类有史以来的数据总量，每过 18 个月就会翻一番。

2．多样性

指数据来源众多，如社交网络中的博客内容、购物网站中的购买记录、监控网络中的录像视频、通过传感器得到的测量数据、移动设备中的位置信息等，多类型的数据对数据的处理能力提出了更高的要求。

3．高速性

指数据以极快的速度被产生、累积、消化和处理，大数据时代的很多应用都需要基于快速生成的数据给出实时分析的结果，如通过搜索引擎要能搜索到几分钟前发生的国内外新闻报道。

大数据管理，不仅要对海量数据进行可靠存储，更要具备对存储数据高效的响应速度。大数据时代对人类的数据驾驭能力提出了新的挑战，也为人们获得更为深刻、全面的洞察能力提供了前所未有的空间与潜力。

4．价值性

大数据体量大，价值密度低。大数据的价值不在于数据本身，而在于从大数据的分析中所能发掘出的潜在价值。

如何通过强大的机器算法迅速地完成数据的价值发现，是大数据时代亟待解决的难题。

IBM 提出大数据的"5V"特征，即在上述特征的基础上增加了 Veracity（真实性）。数据的来源通常无法人为进行控制，数据的可靠性和完整性决定了数据的质量。如果不加以甄别，对这些质量不一的数据进行统一的加工处理，那么得到的分析结果也是不可靠的。如何在数据分析处理过程中对数据的真实性加以判别，将是大数据时代人们面临的又一个挑战。

9.1.3 大数据结构类型

大数据就是互联网发展到现今阶段的一种表象或特征，当今企业存储的数据不仅内容多，而且其结构已发生了大的改变。根据数据所表示的过程、状态和结果等特点，可以将数据划分为不同的类型。按照数据是否有很强的结构模式，可以将其划分为结构化、半结构化和非结构化数据。

1．结构化数据

结构化数据是由二维表结构进行逻辑表达和实现的数据，严格地遵循数据格式和常识规范，有固定的结构、属性划分和类型等信息，主要通过关系数据库进行存储和管理，数据记录的每一个属性对应数据表的一个字段。结构化数据主要是存储在关系数据库中的传统数据，只占数据总量的 10%左右。

随着网络技术的发展，特别是互联网技术的发展，使得非结构化数据的数量日趋增大。这时主要用于管理结构化数据的关系数据库的局限性暴露地越来越明显，数据库开始进入基于网络应用的非结构化数据库时代。

2. 非结构化数据

非结构化数据是相对于结构化数据而言的，就是没有固定结构的数据，不适合用二维表来表现的数据。它主要包括邮件、音频、微信、微博、社交媒体论坛、位置信息、链接信息、搜索索引、手机呼叫信息、网络日志等网络数据。

根据 IDC 的调查报告显示：企业中 80%的数据都是非结构化数据，这些数据每年都按指数增长。非结构化数据越来越成为数据的主要部分。

3. 半结构化数据

半结构化数据是指既具有一定的结构，又灵活多变，介于结构化数据（如关系数据库数据）和非结构化数据（如音频、图像文件）之间的数据，也可以理解为非结构化数据的特例。HTML 形式的文档就属于半结构化数据。

目前大量的数据不仅仅是结构化数据，而是兼有半结构化数据和非结构化数据。NoSQL 是能管理这些不同数据结构的数据管理系统的统称。目前出现的 NoSQL 数据库有 MangoDB、CouchDB、Hbase、Cassandra、Redis、Neo4j 等，不同的 NoSQL 数据库有不同的特征，如 MangoDB、CouchDB 是面向文档型的数据库，Hbase、Cassandra 是面向列的数据库，Neo4j 是一个图形数据库。

9.2 大数据技术

根据大数据处理流程，可将大数据系统的组成分为大数据存储系统、大数据处理系统和大数据应用系统。大数据存储系统包括大数据的采集、导入与预处理、存储等方面。大数据处理系统主要包括大数据统计分析、大数据挖掘等方面。大数据应用系统是指大数据的可视化，将大数据分析结果应用到在实际业务中。

大数据技术是指采集、整理和处理大容量数据集，并从中获得结果所需的一整套技术。

9.2.1 大数据的采集和预处理

大数据时代，数据无处不在，且每时每刻都在不断产生数据。如何采集出有用的信息是大数据发展的关键技术之一。

大数据采集通常采用多种数据库来接收终端数据，并且使用这些数据库进行简单的查询和处理工作。数据库包括传统的关系数据库、非关系数据库。

1. 各种数据库

1）各种数据源导入数据库

数据源包括各种计算机软件产生的各种数据文件，如传统的关系数据库（SQL Server、Oracle、MySQL、Access 等）文件、Excel 表格、XML 文档、文本文件等。

2）多媒体数据库

多媒体数据库是指文本、图形、图像、声音和视频等的集合。这类数据库具有数据量大、处理复杂等特点。需要通过压缩/解压缩等编码/解码手段来存储和展现相关的媒体数据。

3）工程数据库

工程数据库是一种能存储和管理各种工程设计图文，并为工程设计和工程制造提供（如过程仿真、性能仿真等）各种服务的数据库。这类数据库支持复杂对象、产品全生命期的数据管理和集成，包括设计、制造、测试和使用阶段的数据，能够与各种计算机辅助软件（如 CAD、CAM）进行有效集成。

4）环境、地理信息采集数据库

环境、地理信息的采集和感知技术的发展是紧密联系的，可通过传感设备测量和传递有关位置、运动、震动、温度、湿度乃至空气中化学物质的变化信息等，产生海量的数据。

大数据的采集很重要，它强调的是数据全体性、完整性，而不是抽样调查。大数据的采集需要庞大的数据库支持，有时是多个数据库同时进行大数据的采集，在采集过程中会有并发问题，对数据库的负载以及各个数据库之间的切换等都存在挑战，这也是很多数据库系统设计时需要考虑的问题。

2．大数据采集技术

1）系统日志采集系统

许多公司的业务平台每天都会产生大量的日志数据。通过对这些日志信息的分析，可以得到很多有价值的数据。目前常用的开源日志收集系统有 Flume、Scribe 等。

Flume 是一个分布式、可靠、可用的服务，用于高效地收集、聚合和移动大量的日志数据，它具有基于流式数据流的简单灵活的架构。其可靠性机制、故障转移和恢复机制，使 Flume 具有强大的容错能力。

Scribe 是 Facebook 开源的日志采集系统。Scribe 实际上是一个分布式共享队列，它可以从各种数据源上收集日志数据，然后放入共享队列中。Scribe 支持持久化的消息队列。

2）网络数据采集系统

通过网络爬虫和一些网站平台提供的公共 API 可从网站上获取数据，可以将非结构化数据和半结构化数据的网页数据从网页中提取出来，并将其清洗、转换成结构化的数据，存储为统一的本地文件数据。目前常用的网页爬虫系统有 Apache Nutch、Crawler4j、Scrapy 等框架。开发人员只需要关心爬虫 API 接口的实现，不需要关心框架怎么爬取数据。

3）数据库采集系统

一些企业会使用传统的关系数据库（MySQL 和 Oracle 等）来存储数据。除此之外，Redis 和 MongoDB 这样的 NoSQL 数据库也常用于数据的采集。数据库采集系统直接与企业业务后台服务器结合，将企业业务后台每时每刻产生的大量业务记录写入到数据库中，最后通过特定的处理分析系统进行系统分析。

通常采集后的数据有不少是无用的、重复的，此时需要对数据进行导入和预处理，包括存储和清洗处理。数据导入是指将分散的数据库采集来的数据进行有效清洗后全部导入一个大型分布式数据库或分布式存储集群，以便对数据进行集中处理；也可以依据一些数据的特征，初步对各种数据进行粗选，然后根据成本、格式、查询等各种需求，将它们存放在合适的存储系统中。

9.2.2　大数据的存储和管理

大数据存储面向海量、异构、大规模、结构化、非结构化等数据，提供高性能、高可靠的存储和访问能力，解决数量巨大，难于收集、处理、分析的数据集的存储问题，为大规模的数据分析挖掘和智能服务提供支撑。

1．分布式文件系统

相对于传统的本地文件系统而言，分布式文件系统（Distributed File System，DFS）是一种通过网络实现文件在多台主机上进行分布式存储的文件系统。GFS（Google File System）是谷歌公司开发的分布式文件系统，能较好地满足大规模数据存储的需求。Hadoop 分布式文件系统（Hadoop Distributed File System，HDFS）是 GFS 的开源实现，是一个搭建在廉价服务器上的分布式集群系统框架，是具有高可靠性、高容错性和高可扩展性等优点的开放平台。当前比较流行的分布式文件系统还有 Lustre、FastDFS、OpenAFS、NFS 等。

2．分布式数据库系统

分布式数据库系统（Distibuted Database System，DDBS）利用高速计算机网络将物理上分散的多个存储单元连接起来，组成一个逻辑上统一的数据库系统。分布式数据库系统的基本思想是将原来集中式数据库中的数据分散存储到多个通过网络连接的数据存储节点上，以获取更大的存储容量和更高的并发访问量。现在主要的分布式数据库系统包括 Oracle 分布式数据库、DB 分布式数据库、Sybase 数据库、SQL Server 数据库。

3．NoSQL 和 NewSQL

NoSQL 是一种不同于关系数据库的数据库管理系统设计方式，是对非关系数据库的统称。NoSQL 数据库主要分为以下几类：

（1）键值存储数据库。这类数据库主要用哈希表实现，通过高性能索引构建和检索技术，支持快速数据检索和查询。常见的键值存储数据库有 Oracle BDB、Redis 等。

（2）列式存储数据库。这类数据库是按列存储数据的，主要针对某一列或某几列的批量数据处理和即时查询，特别适用于分布式存储的海量数据。

（3）图形数据库。它应用图形理论存储实体之间的关系信息。与关系数据库相比，图形数据库更直观、更灵活，是最接近高性能的一种存储数据的数据结构方式。常见的图形数据库有 Neo4j、FlockDB、Infinite Graph 等

（4）文档数据库。文档数据库存储的内容是文档型的，与键值存储相类似，通过对某些字段建立索引，实现关系数据库的某些功能。常见的文档型数据库有 MongoDB、CouchDB、SequoiaDB 等。

随着数据库发展的日新月异，NoSQL 对海量数据的存储管理能力越发强大，但对关系数据库事务处理必须遵循的 ACID 规则（即原子性、一致性、隔离性、持久性）和 SQL 支持不佳。

NewSQL 是对各种新的可扩展、高性能数据库的统称，这类数据库不仅具有 NoSQL 对海量数据的存储管理能力，还保持了传统数据库支持 ACID 和 SQL 等的特性。

9.2.3 大数据分析

大数据分析技术是通过计算和分析从海量大数据中提取出有用的信息，并最终形成知识的技术手段。数据挖掘是大数据分析的核心任务之一。大数据分析主要包括分析数据准备、分析挖掘、数据可视化和大数据知识计算。

1. 分析数据准备

由于数据来源众多，在数据挖掘之前，需要对数据进行预处理工作，把数据变成可用状态。数据预处理方法包括数据清洗、数据集成、数据变换、数据归约等。

数据清洗的目标是数据格式标准化、异常数据清除、数据错误纠正、重复数据清除等。数据集成是将多个数据源中的数据整合起来并统一存储，建立数据仓库。数据变换是通过平滑聚集、数据概化、规范化等方式将数据转换成适用于数据挖掘的形式。数据归约是指在对挖掘任务和数据本身内容理解的基础上，寻找依赖于发现目标的数据有用特征，以缩减数据规模，在尽可能保持数据原貌的前提下，最大限度地精简数据量。

2. 分析挖掘

分析挖掘主要是利用分布式数据库和分布式计算集群，对存储于其内的海量数据进行分析，查找特定类型的模式和趋势，最终创建模型。典型的分析挖掘算法包括分类、聚类、关联规则和预测模型等。

分类是一种重要的数据分析形式，它找出数据库中一组数据对象的共同特点，并按照分类模式将其分类，目的是通过分类模型将数据库中的数据项映射到某给定的类别中。

聚类类似于分类，但与分类的目的不同，它将数据集内具有相似特征属性的数据聚集在一起，同一类别的数据间的相似性很大，但不同类别之间数据的相似性很小，不同的数据群中数据特征要有明显区别。

关联规则是找出能把一组事件或数据项与另一组事件和数据项联系起来的规则，以获得预先未知的和被隐藏的不能通过数据库的逻辑操作和统计方法得出的信息。

预测模型是一种统计和挖掘的方法，可以在结构化和非结构化数据中使用，以确定未来结果的算法和技术。

3. 数据可视化

数据可视化旨在借助图形化手段，清晰、有效地传达与沟通信息。利用图形、图像处理，计算机视觉及用户界面，通过表达、建模，以及对立体、表面、属性和动画的显示，对数据加以可视化解释。

在大数据时代，依靠可视化手段让枯燥的数据以直观、友好的图表形式展现，有助于用户更加方便、快捷地理解数据的深层次含义，有效参与复杂的数据分析过程，提高数据分析效率，改善数据分析效果。

4. 大数据知识计算

大数据知识计算基于大数据技术，针对信息服务的广泛需求，用于解决结构化、半结构化、非结构化数据多维度处理问题。依据大数据资源获得特定的知识体系、知识模型、知识图谱，并不断自我完善和演进。通过分析海量的复杂数据发现规律和预知趋势，做出更明智、更精准的决策。

9.3　大数据的应用与发展

随着大数据技术飞速发展，大数据应用已经融入各行各业，对人民的生活、工作和学习产生了广泛而深远的影响。

美国于 2012 年 3 月提出大数据研究与发展倡议，将大数据作为国家重要的战略资源进行管理和应用。欧盟 2014 年提出数据驱动的经济战略，倡导欧洲各国关注大数据发展机遇。2015 年，我国"十三五"规划建议提出实施国家大数据战略。此外，英国、日本、澳大利亚等国也出台了类似政策，推动大数据应用，拉动产业发展。

9.3.1　大数据应用场景

大数据作为一种新兴的技术，正在推动各行各业的发展。

1．大数据在政府管理方面的应用

政府数据资源丰富，使用大数据技术可以使政府决策科学化、管理精细化。如可基于大数据分析网民搜索关键字，做好舆情监测，提高治理能力；政府应用大数据技术能够更好地响应社会和经济指标变化，进行安全管控，解决行政监管中的实际问题，并预判事态走势。

2．大数据在金融领域的应用

金融行业典型的应用场景包括银行、证券、保险业等。大数据应用主要集中在市场预测、用户行为预测、风险控制、产品设计、决策支持和行业监管等方面。例如，人们通过大数据分析来了解未来物价走向，提前预知通货膨胀或经济危机；银行和保险业可以通过用户行为分析为他们提供专项服务；阿里巴巴集团根据淘宝网上中小企业的交易状况，筛选出财务健康、诚信经营的企业，给它们提供贷款，促进产业健康发展。

3．大数据在教育领域的应用

教育大数据来源广，应用多，在教学、师资培训、考试、师生互动、学生学习、校园管理、家校关系等领域正发挥着越来越广泛的作用，出现了众多的学习软件和 App，涌现出大量的大数据工具。

大数据时代背景下，通过收集学习者学习方面的信息，利用大数据分析技术，可构建教学领域相关模型，预测学生学习过程中的问题、学习的效果、未来的表现等，从而为教育教学决策提供有效支持，为学习者学习状况提供反馈。

4．大数据在交通领域的应用

大数据在交通领域的应用已经给行业带来巨大的变革，大数据和数据挖掘技术的发展为解决交通中存在的问题带来了新的思路。大数据实现了物流资源的优化调度和有效配置以及物流系统效率的提升。大数据缓解了交通堵塞，改善了交通服务，促进了智能交通系统更好、更快发展。

根据乘客出行乘坐公共交通积累的海量数据，利用大数据技术对交通路网进行动态分析，实现资源的合理配置，并为出行人员提供出行的实时选择方案。例如，公交部门会计

算出分时段、分路段、分人群的交通出行参数，甚至可以创建公共交通模型，有针对性地采取措施，提前制定各种情况下的应对预案，科学地分配运力；通过站点实时客流量检测，合理分配资源，提高利用效率。此外，乘客可以通过手机 App 实时查询公交车、地铁等的行驶状况、车内客流情况，及时更改乘坐计划，避免出现盲目等车的状况。交通服务自动化程度越来越高。

交通管理部门通过卫星地图数据对城市道路的交通情况进行分析，得到道路交通的实时数据，发布在各种数字终端，供出行人员参考及选择行车路线。在道路上预埋和预设物联网传感器实施路网监控，实时收集车流量、客流量信息，结合各种道路监控设施及交警指挥控制系统数据，可建立智慧交通管理系统，有利于交通管理部门提高道路管理能力，制定疏散和管制措施预案，提前预警和疏导交通。

5. 大数据在生物医疗领域的应用

在生物医学领域，大数据可以帮助人们实现流行病预测、智慧医疗、健康管理、基因检测等。

在医疗行业，通过大数据平台收集不同病例和治疗方案以及病人的基本特征，可建立针对疾病特点的医学数据库，运用大数据技术整理分析，帮助医生进行疾病诊断，辅助医生提出治疗方案。

6. 大数据在农业领域的应用

可利用大数据技术进行自然灾害监测。通过分析收集的气象数据，结合气象模拟、土地分析、植物根部情况分析等要素，可提高自然灾害的预测预报准确率和改进灾害评估方法。

可利用大数据技术进行作物估产及生长动态监测。农作物的生长监测一般采用遥感技术和作物模拟技术相结合的方法，即卫星遥感监测从宏观上反馈作物的生长数据，作物生长模型从机理上模拟作物的生长发育过程，结合在一起可以对农业生产提供系统、全面的预测。

可利用大数据技术进行精准农业决策，制定出一整套精准管理措施。大数据处理分析技术可以集成作物自身生长发育状况以及作物生长环境的数据，同时综合考虑经济、可持续发展的指标，为农业生产决策者提供更加精准、实时、高效的农业决策。

7. 大数据在商业领域的应用

大数据时代下的商业模式、商业活动等都在发生改变。如沃尔玛公司基于每个月的网购数据，分析开发出了机器学习语义搜索引擎"北极星"，使得在线购物量增加 10%～15%，销售额增加十多亿美元。零售行业通过大数据可预测未来的消费趋势，进而提供热销商品或处理过季商品。

9.3.2　大数据应用发展趋势和挑战

全球范围内，研究、发展大数据技术以及运用大数据推动经济发展、完善社会治理、提升政府服务和监管能力正成为趋势。

当前大数据应用尚处于初级阶段，描述性、预测性分析应用居多，决策指导性等更深层次应用偏少。一般而言，人们做出决策的流程通常包括：认知现状、预测未来和选择策略。应用层次越深，计算机承担的任务越多、越复杂，效率提升越大，价值也越大。

大数据发展与隐私保护、数据安全、数据共享利用效率之间尚存在明显矛盾，成为制约大数据发展的重要短板。

数据规模高速增长，现有技术体系难以满足大数据应用的需求，未来技术体系需要创新和变革。

在我国，互联网大数据领域发展态势良好，市场化程度较高，在移动支付、网络征信、电子商务等应用领域发展较快。但大数据与实体经济融合还不够，行业大数据应用的广度和深度明显不足，生态系统亟待形成和发展，具体体现在以下几个方面。

（1）大数据治理体系尚待构建。首先，隐私保护、数据安全等要求，难以满足快速增长的数据管理需求。其次，共享开放程度低。推动数据资源共享开放，将有利于打通不同部门和系统的壁垒，促进数据流转，形成覆盖全面的大数据资源，为大数据分析应用奠定基础。

（2）核心技术薄弱。我国在大数据应用领域取得较大进展，但是基础理论、核心器件和算法、软件等，较技术发达国家仍落后。在大数据管理、处理系统与工具使用方面，主要依赖国外开源社区的开源软件。

（3）融合应用有待深化。我国大数据与实体经济融合不够深入，主要问题表现在：基础设施配置不到位，数据采集难度大；缺乏有效引导与支撑，实体经济数字化转型缓慢；缺乏自主可控的数据互联共享平台等。

习　　题

选择题

1. 大数据的起源是（　　）。
   A. 金融　　　　　B. 电信　　　　　C. 互联网　　　　　D. 公共管理
2. 大数据应用需依托的新技术有（　　）。
   A. 大规模存储与计算　　　　　B. 数据分析处理
   C. 智能化　　　　　D. 以上三个选项都是
3. 以下不属于大数据"4V"特性的是（　　）。
   A. 数据量大　　　　　B. 数据类型多样
   C. 数据处理速度快　　　　　D. 数据价值密度高
4. 大数据是指不采用随机分析法这样的捷径，而采用（　　）分析处理的方法。
   A. 所有数据　　B. 绝大部分数据　　C. 适量数据　　　D. 少量数据
5. 大数据存储数据采用的是（　　）。
   A. 结构化数据　　　　　B. 半结构化数据
   C. 非结构化数据　　　　　D. 各种类型和格式的有效集成

第 4 部分

网络与新技术

　　本部分阐述了网络的基础理论和当前信息网络领域的新技术，并对网络和新技术的背景、发展历史、技术特点及其面临的问题和应用发展状况进行了分析和探讨。

第10章　计算机网络

计算机网络是通信技术与计算机技术相结合的产物。随着人工智能、大数据、物联网和区块链技术的快速发展，计算机网络已经延伸到了社会的各个领域，带给人们更为方便、快捷的生活体验。

10.1　计算机网络基础

10.1.1　计算机网络概述

1. 计算机网络的产生和发展

计算机网络的产生和发展，实质上是计算机技术和通信技术相结合并不断发展的过程。纵观计算机网络的发展，大致可分为以下 4 个阶段。

（1）面向终端的计算机网络阶段（始于 20 世纪 50 年代）：由一台中心计算机连接大量地理上处于分散位置的终端。这类简单的"终端–通信线路–计算机"系统，形成了计算机网络的雏形。这样的系统除了一台中心计算机，其余的终端设备都没有自主处理的功能。20 世纪 60 年代，面向终端的计算机通信网得到很大的发展，典型应用是由一台计算机和全美范围内 2000 多个终端组成的飞机订票系统，终端是一台计算机的外围设备，包括显示器和键盘，无 CPU 和内存。

（2）计算机网络阶段（始于 20 世纪 60 年代中期）：随着计算机应用的发展，出现了若干个计算机互联的系统，开创了"计算机–计算机"通信的时代，呈现出多处理中心的特点。主机之间不是直接用线路相连的，而是由接口报文处理机（IMP）转接后互联的。IMP和它们之间互联的通信线路一起负责主机间的通信任务，构成了通信子网。通信子网互联的主机负责运行程序，提供资源共享，组成资源子网。典型代表是 20 世纪 60 年代后期美国国防部高级研究计划局协助开发的 ARPAnet，它是由美国 4 所大学的 4 台大型计算机分别采用分组交换技术，通过专门的接口通信处理机和专门的通信线路相互连接组成的计算机网络。该网络首次使用分组交换技术，为计算机网络的发展奠定了基础。

（3）互联互通阶段（始于 20 世纪 70 年代末）：ARPAnet 兴起后，计算机网络发展迅猛，各大计算机公司相继推出自己的网络体系结构及实现这些结构的软、硬件产品。由于没有统一的标准，不同厂商的产品之间互联很困难，人们迫切需要一种开放性的标准化实用网络环境，于是国际化标准组织于 1984 年正式颁布了"开放系统互连基本参考模型（Open System Interconnection Basic Reference Model，OSI/RM）"，简称 OSI 参考模型。OSI/RW 由 7 层组成，所以也称 OSI 7 层模型。这个阶段的计算机网络是具有统一的网络体系结构并遵守国际标准的开放式和标准化的网络。

（4）高速网络技术阶段（始于 20 世纪 90 年代）：20 世纪 90 年代，计算机网络进入第4 个发展阶段，其主要特征是综合化、高速化、智能化和全球化。这一时期在计算机通信与网络技术方面以高速率、高服务质量、高可靠性等为指标，出现了高速以太网、VPN、无线网络、P2P 网络、NGN 等技术，计算机网络的发展与应用渗入了人们生活的各个方面，进入一个多层次的发展阶段。

2．计算机网络的定义

按广义定义：从整体上来说，计算机网络就是把分布在不同地理区域的计算机与专门的外部设备用通信线路互联成一个规模大、功能强的系统，从而使众多的计算机可以方便地互相传递信息，共享硬件、软件、数据信息等资源。简单来说，计算机网络就是由通信线路互相连接的许多自主工作的计算机构成的集合体。

按连接定义：计算机网络就是通过线路互联起来的、自治的计算机集合，确切说就是将分布在不同地理位置上的具有独立工作能力的计算机、终端及其附属设备用通信设备和通信线路连接起来，并配置网络软件，以实现计算机资源共享的系统。

按需求定义：计算机网络由大量独立的，但相互连接起来的计算机来共同完成计算机任务。

3．计算机网络的分类

用户可以根据计算机网络的覆盖范围、物理连接方式、信号传输方式和传输介质的不同，将计算机网络进行划分。通常根据计算机网络的覆盖范围划分是一种大家都认可的通用网络划分标准。按这种标准可以把各种网络类型划分为局域网、城域网、广域网。下面简要介绍这几种计算机网络。

局域网（Local Area Network，LAN）：这是应用最广的一种网络。局域网随着整个计算机网络技术的发展和提高得到充分的应用和普及，几乎每个单位都有自己的局域网，甚至有的家庭中都有自己的小型局域网。很明显，局域网就是在局部地区范围内的网络，它所覆盖的地区范围较小。局域网在计算机数量配置上没有太多的限制，少的可以只有两台，多的可达几百台。网络涉及的地理距离可以是几米至几百米。局域网一般位于一个建筑物或一个单位内。

城域网（Metropolitan Area Network，MAN）：这种网络是指在一个城市，但不在同一地理小区范围内的计算机的互联。这种网络的连接距离可以在 10～100 千米。MAN 与 LAN 相比，扩展的距离更长，连接的计算机数量更多，在地理范围上可以说是 LAN 的延伸。在一个大型城市或都市地区，一个 MAN 通常连接着多个 LAN。

广域网（Wide Area Network，WAN）：这种网络也称为远程网，所覆盖的范围比 MAN 更广，它一般是指在不同城市之间的 LAN 或者 MAN 的网络互联，地理范围可从几百千米到几千千米。因为距离较远，信息衰减比较严重，所以这种网络要租用专线，通过 IMP 协议和线路连接起来，构成网状结构，解决循径问题。

4．计算机网络的组成

从逻辑上讲，计算机网络由"通信子网"和"资源子网"两部分组成，如图 10.1 所示。

通信子网由通信控制处理机、通信线路与其他通信设备组成，用于完成网络数据传输、转发等通信处理任务；资源子网由主机、终端、终端控制器、联网外设、各种软件资源与信息资源组成，负责全网的数据处理业务，并向网络用户提供各种网络资源与网络服务。

从硬件上讲，计算机网络由网络硬件和网络软件组成。网络硬件包括拓扑结构、网络服务器、网络工作站、传输介质和网络设备等；网络软件包括网络操作系统、通信软件和网络协议等。

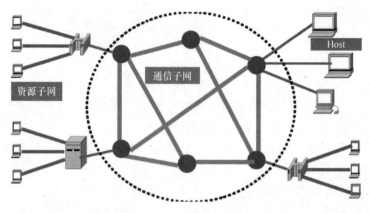

图 10.1　资源子网与通信子网结构图

5．计算机网络体系结构

计算机网络体系结构是指计算机网络层次结构模型，它是各层的协议以及层次之间的端口的集合。在计算机网络构建过程中，必须考虑网络层次结构和网络协议。

网络层次结构：网络层次结构就是为了完成计算机之间的通信，把计算机互联网的功能划分成有明确定义的层次，规定同层次实体通信的协议及相邻层次之间的接口服务。

网络协议：网络协议是计算机网络实体之间有关通信规则、约定的集合。这些为网络数据交换而制定的规则、约定和标准被称为网络协议。网络协议由语法、语义和时序三部分组成。

1）OSI 体系结构

OSI 由国际标准化组织制定的 OSI 参考模型是一个描述网络层次结构的模型，其标准保证了各种类型网络技术的兼容性和互操作性。OSI 参考模型如图 10.2 所示。

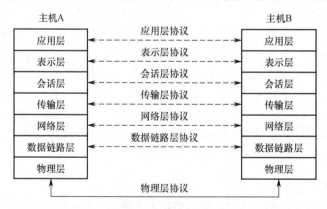

图 10.2　OSI 参考模型

（1）物理层（Physical，PH）：传递信息需要利用一些物理传输媒体，如双绞线、同轴电缆、光纤等。物理层的任务就是为上层提供一个物理的连接，以及该物理连接表现出来的机械、电气、功能和过程特性，实现透明的比特流传输。

（2）数据链路层（DataLink，D）：数据链路层负责在两个相邻节点之间的链路上实现无差错的数据帧传输。每一帧包括一定的数据和必要的控制信息，在接收方接收数据出错时要通知发送方重发，直到这一帧无差错地到达接收节点，数据链路层就是把一条有可能出错的实际链路变成让网络层看起来像不会出错的数据链路。实现的主要功能有：帧的同步、差错控制、流量控制、寻址、帧内定界、透明比特组合传输等。

（3）网络层（Network，N）：网络中通信的 2 个计算机之间可能要经过许多节点和链路，还可能经过几个通信子网。网络层数据传输的单位是分组（Packet）。网络层的主要任务是为要传输的分组选择一条合适的路径，使发送分组能够正确无误地按照给定的目的地址找到目的主机，交付给目的主机的传输层。

（4）传输层（Transport，T）：传输层的主要任务是通过通信子网的特性，最佳地利用网络资源，并以可靠与经济的方式为两个端系统的会话层之间建立一条连接通道，实现透明地传输报文。传输层向上一层提供一个可靠的端到端的服务，使会话层不知道传输层以下的数据通信的细节。传输层只存在端系统中，传输层以上各层就不再考虑信息传输的问题了。

（5）会话层（Session，S）：在会话层及以上各层中，数据的传输都以报文为单位，会话层不参与具体的传输，它提供包括访问验证和会话管理在内的建立及维护应用的通信机制。如服务器验证用户登录便是由会话层完成的。

（6）表示层（Presentation，P）：这一层主要解决用户信息的语法表示问题。它将要交换的数据从适合某一用户的抽象语法，转换为适合 OSI 内部表示使用的传送语法，即提供格式化的表示和转换数据服务。数据的压缩和解压缩、加密和解密等工作都由表示层负责。

（7）应用层（Application，A）：这是 OSI 参考模型的最高层。应用层确定进程之间通信的性质以满足用户的需求，以及提供网络与用户软件之间的接口服务。

2）TCP/IP 体系结构

TCP/IP（Transmission Control Protocol/Internet Protocol，传输控制协议/网际协议）是针对 Internet 开发的一种体系结构和协议标准。通常所说的 TCP/IP 实际上包含了大量的协议和应用，且由多个独立定义的协议组合在一起，因此，更确切地说，应该称其为 TCP/IP 协议族。TCP/IP 体系结构共有 4 个层次，它们分别是网络接口层、网际层、传输层和应用层。TCP/IP 体系结构与 OSI 参考模型的对照关系如图 10.3 所示。

（1）网络接口层：TCP/IP 体系结构的底层是网络接口层，也被称为网络访问层，它包括了可使用 TCP/IP 与物理网络进行通信的协议，且对应着 OSI 参考模型的物理层和数据链路层。TCP/IP 体系结构并没有定义具体的网络接口协议，而是旨在提供灵活性，以适应各种网络类型，如 LAN、MAN 和 WAN。这也说明，TCP/IP 协议可以运行在任何网络上。

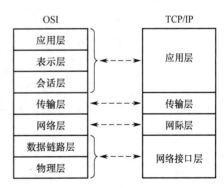

图 10.3　TCP/IP 体系结构与 OSI 参考模型对照关系

（2）网际层：网际层所执行的主要功能是处理来自传输层的分组，将分组形成数据包（IP 数据包），并为该数据包在不同的网络之间进行路径选择，最终将数据包从源主机发送到目的主机。在网际层中，最常用的协议是 IP，其他一些协议用来协助 IP 的操作。

（3）传输层：传输层也被称为主机至主机层，与 OSI 参考模型的传输层类似，它主要负责主机到主机之间的端到端可靠通信，该层使用了两种协议来支持两种数据的传送方法，两种协议分别是 TCP 和 UDP。

（4）应用层：在 TCP/IP 体系结构中，应用层是最高层，它与 OSI 参考模型中高 3 层的任务相同，都是用于提供网络服务，如文件传输、远程登录、域名服务和简单网络管理等。

10.1.2 网络相关术语

1. IP 地址

IP 是整个 TCP/IP 协议族的核心，也是构成互联网的基础。IP 规定网络上所有的设备都必须有一个独一无二的 IP 地址。同一网络设备可以拥有多个 IP 地址，但是同一个 IP 地址却不能重复分配给两个或以上的网络设备。IP 地址是一个 32 位二进制数地址，一般采用点分十进制数来表示。如 11010010 00100001 00011000 00000001 表示成点分十进制数为 210.33.24.1，即每 1 个字节二进制数换算成对应的十进制数，各字节之间用圆点分隔。IP 地址由网络号和主机号两部分组成，根据网络号和主机号的不同位数规则，可以将 IP 地址划分为 A（8 位网络号和 24 位主机号）、B（16 位网络号和 16 位主机号）、C（24 位网络号和 8 位主机号）、D、E 5 类，根据规范，只有 A 类到 C 类的 IP 地址可被分配给主机使用，D 类和 E 类保留作为网络实验等特殊的应用，不分配给主机。具体的划分方法如图 10.4 所示。

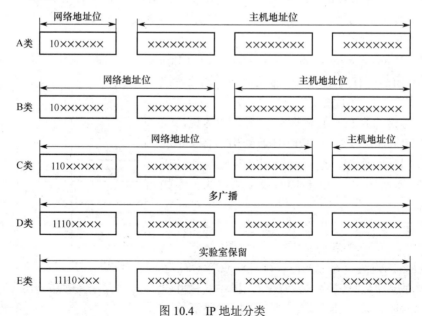

图 10.4 IP 地址分类

2. 域名系统

由于 IP 地址全是数字，为了便于用户记忆，引进了域名系统（Domain Name System，DNS），这是一种组织成域层次结构的计算机和网络服务命名系统。当用户输入某个域名的时候，这个信息首先到达提供此域名解析的服务器上，再将此域名解析为相应网站的 IP 地址。每一个域名都至少要有两个 DNS 服务器，这样如果其中一个 DNS 服务器出现问题，另外一个也可以返回关于这个域名的数据。

一台主机名由它所属各级域和分配给主机的名字共同构成，如计算机名、组织机构名、网络类型名、最高层域名。因此，域名结构由若干分量组成，书写时按照由小到大的顺序，顶级域名放在最右侧，分配给主机的名字放在最左侧，各级名字之间用“.”分隔。形式为：分配给主机及的名字 . 三级域名 . 二级域名 . 顶级域名。常见的域名如表 10-1 所示。

表 10-1　常见的域名

组织域名	含　义	国家和地区域名	含　义
com	商业组织	cn	中国
edu	教育机构	hk	中国香港
gov	政府部门	mo	中国澳门
mil	军事部门	tw	中国台湾
net	主要网络支持中心	us	美国
org	上述以外组织	uk	英国
int	国际组织	jp	日本
top	高端、顶级企业（个人）		

如某单位的域名地址为 http://www.usx.edu.cn，各个部分的含义如下。

协议名为 http，主机名为 www，三级域名为 usx，二级域名为 edu，顶级域名为 cn。

3．HTML

HTML（Hypertext Marked Language）称为超文本标记语言，是一种标识性的语言，它通过超级链接方法将文本中的文字、图表与其他信息媒体相关联。它包括一系列标签，通过这些标签可以将网络上的文档格式统一，使分散的网络资源连接为一个逻辑整体。HTML 文本是由 HTML 命令组成的描述性文本，HTML 命令可以说明文字、图形、动画、声音、表格、链接等。一个网页对应多个 HTML 文件，HTML 文件以.htm 或.html 为扩展名。可以使用任何能够生成 TXT 类型源文件的文本编辑器来产生 HTML 文件，只需修改文件扩展名即可。标准的 HTML 文件都具有一个基本的整体结构，标记一般都是成对出现的（部分标记除外，如
）。HTML 语言简单的框架如下：

```
1  <!DOCTYPE html><html lang="en"><head>  <meta charset="UTF-8">
<title>Title</title>
2
3  </head>
4
5
6  <body>
7
8  </body>
9  </html>
```

<html></html>：这两个标记符分别表示文件的开头和结尾，它们是 HTML 语言文件的开始标记和结尾标记。

<head></head>：这两个标记符分别表示头部信息的开始和结尾。头部中包含的标记是页面的标题、序言、说明等内容，它本身不作为内容来显示，但影响网页显示的效果。HTML head 元素如表 10-2 所示。

表 10-2　HTML head 元素

标　签	描　述
<head>	定义了文档的信息
<title>	定义了文档的标题
<base>	定义了页面链接标签的默认链接地址
<link>	定义了一个文档和外部资源之间的关系
<meta>	定义了 HTML 文档中的元数据
<script>	定义了客户端的脚本文件
<style>	定义了 HTML 文档的样式文件

4．WWW 服务

万维网（World Wide Web，WWW）是网络上集文本、声音、图像、视频等多媒体信息于一身的全球信息资源网络，是网络上的重要组成部分。它以交互方式查询并且访问存放于远程计算机的信息，为多种网络浏览与检索访问提供一个单独一致的访问机制。WWW 服务是目前应用最广的一种基本互联网应用，通过 WWW 服务，只要用鼠标进行本地操作，就可以到达世界上的任何地方。由于 WWW 服务使用的是 HTML，所以用户能轻松地从一个网页链接到其他相关内容的网页上，而不必关心这些网页分散在何处的主机中。

5．HTTP

HTTP（HyperText Transfer Protocol，超文本传输协议）是从 WWW 服务器传输超文本到本地浏览器的传输协议。它可以使浏览器更加高效，使网络传输减少。它不仅保证计算机正确、快速地传输 HTML 文件，还确定传输文件中的哪一部分内容首先显示（如文本先于图形）等。

HTTP 是客户端浏览器或其他程序与 Web 服务器之间的应用层通信协议。在互联网的 Web 服务器上存放的都是超文本信息，客户机需要通过 HTTP 传输所要访问的超文本信息。HTTP 包含命令和传输信息，不仅可用于 Web 访问，也可以用于其他互联网/内联网应用系统之间的通信，从而实现各类应用资源超媒体访问的集成。

用户在浏览器的地址栏里输入的网站地址称为 URL（Uniform Resource Locator，统一资源定位符）。就像每家每户都有一个门牌地址一样，每个网页也都有一个地址。当用户在浏览器的地址栏中输入一个 URL 或是单击一个超级链接时，URL 就确定了要浏览的地址。浏览器通过 HTTP，将 Web 服务器上站点的网页代码提取出来，并翻译成漂亮的网页。URL 的格式为 http://host[" : " port][abs_path]，其中，http 表示要通过 HTTP 来定位网络资源；host 表示合法的互联网主机域名或者 IP 地址；port 指定一个端口号，若为空，则使用默认端口 80；abs_path 指定请求资源的统一资源标识符（Uniform Resource Identifier，URI），如果 URL 中没有给出 abs_path，那么当它作为请求 URL 时，必须以"/"的形式给出，通常这个工作由浏览器自动完成。如输入"www.usx.edu.cn"，浏览器自动转换成"http://www.usx.edu.cn/"。

6．IPv6

IPv6 是英文"Internet Protocol Version 6"（互联网协议第 6 版）的缩写，是互联网工程任务组（IETF）设计的用于替代 IPv4 的下一代 IP 协议，其地址数量号称可以为全世界的每一粒沙子都编上一个地址。IPv4 最大的问题在于网络地址资源有限，严重制约了互联网的应用和发展。IPv6 的使用，不仅解决了网络地址资源数量的问题，也解决了多种接入设备连入互联网的障碍。

IPv6 的地址长度为 128 位，是 IPv4 地址长度的 4 倍，因此 IPv4 的点分十进制格式不再适用，改为采用十六进制表示。IPv6 有 3 种表示方法。

1）冒分十六进制表示法

格式为 X:X:X:X:X:X:X:X，其中每个 X 表示地址中的 16 位，以十六进制表示，如ABCD:EF01:2345:6789:ABCD:EF01:2345:6789。

这种表示法中，每个 X 的前导 0 是可以省略的。

2）0 位压缩表示法

在某些情况下，一个 IPv6 地址中间可能包含很长的一段 0，可以把连续的一段 0 压缩为"::"。但为保证地址解析的唯一性，地址中"::"只能出现一次，如FF01:0:0:0:0:0:0:1101 → FF01::1101，0:0:0:0:0:0:0:1 → ::1，0:0:0:0:0:0:0:0 → ::。

3）内嵌 IPv4 地址表示法

为了实现 IPv4 与 IPv6 互通，IPv4 地址会嵌入 IPv6 地址中，此时地址常表示为：X:X:X:X:X:X:d.d.d.d，前 96 位采用冒分十六进制表示，而最后 32 位地址则使用 IPv4 的点分十进制表示，如::192.168.0.1 与::FFFF:192.168.0.1 就是两个典型的例子，注意在前 96 位中，压缩 0 位的方法依旧适用。

7．电子邮件协议

常用的电子邮件协议有 SMTP、POP3、IMAP4，它们都隶属于 TCP/IP 协议族，默认状态下，分别通过 TCP 端口 25、110 和 143 建立连接。

SMTP（Simple Mail Transfer Protocol）：即简单邮件传输协议。它是一组用于从源地址到目的地址传输邮件的规范，通过它来控制邮件的中转方式。SMTP 协议属于 TCP/IP 协议族，它帮助每台计算机在发送或中转信件时找到下一个目的地。SMTP 服务器就是遵循SMTP 的发送邮件服务器。SMTP 已是事实上的 E-mail 传输标准。

POP（Post Office Protocal）：POP（邮局协议）负责从邮件服务器中检索电子邮件。它要求邮件服务器完成下面几种任务之一，从邮件服务器中检索邮件并从服务器中删除这个邮件；从邮件服务器中检索邮件但不删除它；不检索邮件，只是询问是否有新邮件到达。POP 主要使用 POP3（Post Office Protocol 3），即邮局协议的第 3 个版本，是互联网电子邮件的第 1 个离线协议标准。POP3 采用 C/S 的工作方式。在接收邮件的用户个人计算机中的用户代理必须运行 POP3 的客户程序，而在收件人所连接的互联网服务提供商的邮件服务器中则运行 POP 的服务器程序。POP 服务器只有在用户输入鉴别信息（用户名+密码）后，才允许对方对邮箱进行读取。

IMAP（Internet Mail Access Protocal）：即互联网邮件读取协议。它是一种优于 POP 的

新协议，和 POP 一样，IMAP 也能下载邮件、从服务器中删除邮件或询问是否有新邮件，且 IMAP 克服了 POP 的一些缺点。例如，它可以决定客户机请求邮件服务器提交所收到邮件的方式，请求邮件服务器只下载所选中的邮件而不是全部邮件。客户机可先阅读邮件信息的标题和发送者的名字再决定是否下载这个邮件。通过用户的客户机电子邮件程序，IMAP 可让用户在服务器上创建并管理邮件文件夹或邮箱、删除邮件、查询某封信的一部分或全部内容，完成所有这些工作时都不需要把邮件从服务器下载到用户的个人计算机上。

8．FTP

FTP（File Transfer Protocol，文件传输协议）是 TCP/IP 协议族中的协议之一。FTP 包括两个组成部分，其一为 FTP 服务器，其二为 FTP 客户端。其中 FTP 服务器用来存储文件，用户可以使用 FTP 客户端通过 FTP 访问位于 FTP 服务器上的资源。在开发网站的时候，通常利用 FTP 把网页或程序传到 Web 服务器上。此外，由于 FTP 传输效率非常高，在网络上传输大的文件时，一般也采用该协议。如 ftp://210.32.98.7，可以理解为在 FTP 客户端，通过 FTP 访问 IP 地址为 210.32.98.7 的 FTP 服务器。

9．Telnet

Telnet 是 TCP/IP 协议族中的一员，是互联网远程登录服务的标准协议和主要方式。它为用户提供了在本地计算机上完成远程主机工作的能力。使用 Telnet 程序，可以使用户从一台联网的计算机登录到一个远程分时系统中，然后像使用自己的计算机一样使用该远程系统，实现互相连通。这种连通可以发生在同一房间里的计算机上或是在世界范围内已上网的计算机上。习惯上来说，被连通并且为网络上所有用户提供服务的计算机称为服务器（Server），而自己在使用的计算机称为客户机（Client）。一旦连通后，客户机可以享有服务器所提供的一切服务。

虽然 Telnet 较为简单实用，也很方便，但是在格外注重安全的现代网络技术中，Telnet 并不被重用。原因在于 Telnet 是一个明文传送协议，它将用户的所有内容，包括用户名和密码都使用明文在互联网上传送，具有一定的安全隐患，因此许多服务器都会选择禁用 Telnet 服务。如果要使用 Telnet 的远程登录，使用前应在远端服务器上检查并设置允许 Telnet 服务的功能。

10.1.3　网络设备

网络设备及部件是连接到网络中的物理实体，通过这些实体，可以把网络中的通信线路连接起来实现网络互联，以构成更大规模的网络系统。这些网络设备包括网卡、中继器、集线器、交换机、路由器、调制解调器、无线网卡等。

1．网卡

网卡是网络接口卡的简称。网卡是一块设计用来允许计算机在计算机网络上进行通信的计算机硬件，是组建计算机网络所必需的最基本网络设备。网卡是单机与网络中其他计算机之间通信的桥梁，为计算机之间提供透明的数据传输，每台接入网络的计算机都必须安装网卡，用于唯一标识计算机或设备。目前大多数情况是把网卡集成在计算机主板上，如图 10.5 所示，左侧为普通网卡，右侧为主板上的集成网卡接口。

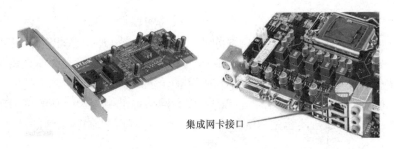

集成网卡接口

图 10.5　普通网卡与集成网卡接口

2．集线器

集线器又称集中器，也被称为"Hub"，如图 10.6 所示。集线器是在网络中通过双绞线集中到一起，以实现联网的物理层网络设备，对信号有整形放大的作用，其实质是一个多端口的中继器，工作在 OSI 的第 1 层（物理层）。集线器的主要功能是对接收到的信号进行再生整形放大，以扩大网络的传输距离，同时把所有节点集中在以它为中心的节点上。集线器是一个多端口的信号放大共享设备，网络中所有用户共享一个带宽，主要用于星形以太网中，当以集线器为中心设备时，网络中某条线路产生了故障，并不影响其他线路的工作。由于集线器会把收到的任何数字信号再生或放大，再从集线器的所有端口提交，这很可能会造成信号之间的碰撞，而且信号也可能被窃听，并且这代表所有连到集线器的设备都属于同一个碰撞域名以及广播域名，因此大部分集线器已被交换机取代。

3．交换机

交换机（Switch）又称为网络开关，如图 10.7 所示。它用于电（光）信号转发，是专门设计的、使计算机能够相互高速通信且独享带宽的网络设备，属于集线器的一种，工作在 OSI 的第 2 层（数据链路层）。由于通信两端需要传输信息，而通过设备或者人工来把要传输的信息送到符合要求标准的对应路由器上的技术，就是交换机技术。从广义上来分析，在通信系统里用于实现信息交换功能的设备，就是交换机。它可以为接入交换机的任意两个网络节点提供独享的电信号通路。最常见的交换机是以太网交换机。其他常见的还有电话语音交换机、光纤交换机等。交换机在外观上看和集线器没有很大区别。

图 10.6　集线器

图 10.7　交换机

4．中继器

中继器（RP Repeater）又称为转发器，如图 10.8 所示。中继器是一种简单的网络互联设备，适用于完全相同的两个网络的互联，主要功能是通过对数据信号的重新发送或者转发，来扩大网络传输的距离，工作在 OSI 的第 1 层（物理层）。由于存在损耗，在线路上传输的信号功率会逐渐衰减，衰减到一定程度时将造成信号失真，因此导致接收错误。中继器就是为解决这一问题而设计的。中继器完成物理线路的连接，主要负责在两个节点的物理层上按位传递信息，完成信号的复制、调整和放大功能，保持与原数据相同，并沿着原来的方向继续传播，以此来延长网络的长度。一般情况下，中继器的两端连接的是相同的媒体，但有的中继器也可以完成不同媒体的转接工作。从理论上讲，中继器的使用是无限的，网络也因此可以无限延长，但事实上这是不可能的，因为网络标准中都对信号的延迟范围作了具体的规定，中继器只能在此规定范围内进行有效的工作，否则会引起网络故障。

5. 路由器

路由器是互联网的主要节点设备，如图 10.9 所示。它是网络层的中继系统，在网络层协议上保存信息，管理局域网至局域网的通信，是一种可以在不同速度的网络和不同媒体之间对数据包进行存储、分组转发处理，适用在运行多种网络协议的大型网络中使用的互联设备，工作在 OSI 的第 3 层（网络层）。路由器又称为网关设备，在网络间起网关的作用，是读取每一个数据包中的地址然后决定如何传送的专用智能性的网络设备。在网络通信中，路由器具有判断网络地址以及选择 IP 路径的作用，可以在多个网络环境中构建灵活的连接系统，通过不同的数据分组以及介质访问方式对各个子网进行连接。它能够理解不同的协议，如某个局域网使用的以太网协议、互联网使用的 TCP/IP 协议，因此，路由器可以分析各种不同类型网络传来的数据包的目的地址，把非 TCP/IP 网络的地址转换成 TCP/IP 地址，或者反之；再根据选定的路由算法把各数据包按最佳路线传送到指定位置。路由器可以把非 TCP/IP 网络连接到互联网上。

图 10.8　中继器

图 10.9　家用路由器

作为不同网络之间互相连接的枢纽，路由器系统构成了基于 TCP/IP 的互联网的主体脉络，也可以说，路由器构成了互联网的骨架。因此，在计算机网络研究领域中，路由器技术始终处于核心地位，其发展历程和方向成为互联网研究的一个缩影。

6. 调制解调器

调制解调器一般由调制器（Modulator）和解调器（Demodulator）组成，故称为调制解调器，英文名称为 Modem，根据 Modem 的谐音，人们也称之为"猫"，如图 10.10 所示。调制解调器是一种能够实现通信所需的调制和解调功能的电子设备，它能把计算机的数字信号翻译成可沿着普通电话线传送的模拟信号，而这些模拟信号又可被线路另一端的另一个调制解调器接收，并译成计算机可懂的语言。这一简单过程完成了两台计算机间的通信。电子信号分两种，一种是模拟信号，另一种是数字信号。通过电话线路传输的是模拟信号，而计算机之间传输的是数字信号。当通过电话线路把计算机连入互联网时，就必须使用调制解调器来翻译两种不同的信号。在发送端，调制器将终端设备和计算机送出的数字信号调制成可以通过电话线、有线电视线等模拟信道上传输的模拟信号，这个过程称为调制；在接收端，解调器将从模拟信道上接收到的模拟信号转换成相应的数字信号，交给终端计算机处理，这个过程称为解调。在个人计算机中，调制解调器常被用来与别的计算机交换数据和程序，以及访问联机信息服务程序等。

7. 无线网卡

无线网卡是在无线局域网的无线覆盖下，通过无线连接网络进行上网的无线终端设备。具体来说，无线网卡就是使计算机可以利用无线设备来上网的一个装置，即无线网卡是一种不需要连接网线即可实现上网的设备。但不是说有了无线网卡计算机就能上网，还需要一个可以连接的无线网络，如果在家里或者所在地有无线路由器或者"热点"的覆盖，就可以通过无线网卡以无线的方式连接无线网络进行上网。无线网卡一种为内置集成的无线网卡，如笔记本电脑、智能手机、平板电脑等数码产品内部均集成无线网卡；另外一种为外置无线网卡，如常见的 USB 无线网卡、PCI 无线网卡等，当笔记本电脑内置无线网卡损坏或者台式电脑需要无线上网的时候，就可以使用外置无线网卡了。使用无线网卡进行联网时，用户只能在架设无线网络的固定地方使用，如家里有无线路由器，那么用户的智能手机、笔记本电脑或者外接 USB 无线网卡的台式电脑只能在家里使用无线上网，因为无线路由器组建的无线网络信号传输得并不远。图 10.11 所示是一种外置 USB 无线网卡。

图 10.10　调制解调器　　　　　图 10.11　USB 无线网卡

10.2　因特网概述

因特网（Internet）是指国际计算机互联网，是世界上相互成网、相互连接的计算机的总称。具体可以描述为：因特网是一个网络的网络（A Network of Networks）。它通过 TCP/IP 网络协议将各种不同类型、不同规模、位于不同地理位置的物理网络连接成一个整体。它把分布在世界各地、各部门的电子计算机存储在信息总库里的信息资源通过电信网络连接起来，从而进行通信和信息交换，实现资源共享。因特网也称为互联网。

10.2.1　Internet 基础

1. Internet 起源与发展

Internet 的发展大致分为 3 个阶段。

（1）Internet 的雏形阶段：Internet 最早来源于美国国防部高级研究计划局的前身 ARPA 建立的 ARPAnet，该网于 1969 年投入使用。当时建立这个网络只是为了将美国的几个军事及研究用的计算机主机连接起来，人们普遍认为这就是 Internet 的雏形。

（2）Internet 的发展阶段：1986 年美国国家科学基金会（NSF）建立起了六大超级计算机中心，为了使全国的科学家、工程师能够共享这些超级计算机设施，NSF 建立了自己的基于 TCP/IP 协议族的计算机网络 NSFnet。NSF 在全国建立了按地区划分的计算机广域网，并将这些地区网络和超级计算中心相连，最后将各超级计算中心连接起来。NSFnet 逐渐成为 Internet 上主要用于科研和教育的主干部分，于 1990 年 6 月彻底取代了 ARPAnet 而成为 Internet 的主干网。

（3）Internet 的商业化阶段：20 世纪 90 年代初，商业机构开始进入 Internet，使 Internet 开始了商业化的新进程，也成为 Internet 发展的强大动力。

今天的 Internet 已不再是计算机人员和军事部门进行科研的领域，而变成了一个开发和使用信息资源的覆盖全球的信息海洋。Internet 已覆盖了社会、生活的方方面面，这也促使下一代互联网将朝着规模更大、速度更快、更安全的方向发展。

2．Internet 在中国的发展

我国已拥有中国公用计算机互联网（ChinaNet）、中国教育和科研计算机网（CERNET）、中国金桥信息网（ChinaGBN）、中国公众多媒体通信网（CNINFO）、中国科技网（CSTNET）四大主干网。Internet 在中国的发展可以大致划分为 3 个阶段。

（1）第 1 阶段为 1986—1993 年：我国一些科研部门通过 Internet 建立电子邮件系统，并在小范围内为国内少数重点高校和科研机构提供电子邮件服务。

（2）第 2 阶段为 1994—1996 年：我国科技人员通过努力开通了 Internet 全功能服务，从此标志着中国开始正式成为一个有互联网的国家。于 1996 年年底，中国互联网用户数已达到 20 万个，利用互联网开展的业务与应用也逐步增多。

（3）第 3 阶段为 1997 年至今：在中国互联网络信息中心发布的第 44 次《中国互联网络发展状况统计报告》中指出，截至 2019 年 6 月，我国网民规模已经达到了 8.54 亿人，其中，手机网民规模达到了 8.47 亿人。

3．Internet 特点

Internet 采用了目前最流行的客户机/服务器工作模式，凡是使用 TCP/IP，并能与 Internet 的任意主机进行通信的计算机，无论是何种类型、采用何种操作系统，均可看成是 Internet 的一部分。

严格地说，用户并不是将自己的计算机连接到 Internet 上，而是连接到其中的某个网络上，再由该网络通过网络干线与其他网络相连。网络干线之间通过路由器连接，使得各个网络上的计算机都能相互进行数据和信息传输。Internet 的这种结构形式，使其具有以下特点：

（1）灵活多样的入网方式。这是由于 TCP/IP 成功地解决了不同的硬件平台、网络产品、操作系统之间的兼容性问题，是 Internet 的核心。网络互联离不开协议，Internet 正是依靠着 TCP/IP 才实现了各种网络的互联。

（2）采用了分布式网络中最流行的客户机/服务器模式，大大提高了网络信息服务的灵活性。

（3）将网络技术、多媒体技术和超文本技术融为一体，体现了现代多种信息技术相互融合的发展趋势。

（4）由于 Internet 实现了与公用电话交换网的互联，因此个人用户能够非常方便地入网。也就是说，任何一个用户在任何地方，仅需要一根电话线、一台计算机和一个 Modem 就可以接入 Internet。

（5）向用户提供极其丰富的信息资源，包括大量免费使用的资源。由于 Internet 上的通信没有统一的管理机构，因此网上的许多服务和功能都是用户自己进行开发、经营和管理的。Internet 上很多流行的软件，也是由用户开发成功后免费提供给广大用户使用的。

（6）具有完善的服务功能和友好的用户界面，操作简便，无须用户掌握更多的专业计算机知识。

10.2.2 Internet 接入

Internet 接入是指用户利用传输介质，通过 ISP（Internet 服务提供商）提供的网络将计算机与 Internet 连接，进而使用其中的资源。Internet 接入技术的实质就是网络远程互联技术。随着网络带宽的增加、传输速度的加快，Internet 的接入技术种类不断增多、技术性能不断提高。

在接入 Internet 之前，用户首先要选择一个 ISP 和一种适合自己的接入方式。国内大多选择的 ISP 为 ChinaNet 或 ChinaGBN。

1．ISP

ISP 是向社会提供公共 Internet 访问服务的公司和商业机构，其作用是帮助用户接入 Internet，并且向用户提供各种类型的信息服务，让大众能在家里或工作场所连上 Internet，达到共享、访问资源的目的。在建设过程中，ISP 首先建立主干线路将自己和 Internet 连接起来，然后让用户通过它来访问 Internet，结构如图 10.12 所示，个人用户便能轻易地连到 Internet 上，使用或共享资源。

图 10.12　一般家庭或中小企业的上网方式

2．Internet 接入方式

Internet 为公众提供了不同的接入方式，以满足用户的不同需要，主要有 PSTN、ISDN、DDN、LAN、ADSL、VDSL、Cable-Modem、无线接入等。

1）PSTN

PSTN（Published Switched Telephone Network，公用电话交换网）技术是利用 PSTN 通过调制解调器拨号实现用户接入的方式。这种接入方式是大家非常熟悉的一种接入方式，其特点是使用方便，用户不用申请就可开户，只要家里有计算机，把电话线接入 Modem 就可以直接上网。一般运用在一些低速率的网络应用（如网页浏览查询、聊天、E-mail 等），主要适合于临时性接入或无其他宽带接入场所的使用。随着宽带的发展和普及，这种接入方式被淘汰。

2）ISDN

ISDN（Integrated Service Digital Network，综合业务数字网）是一个数字电话网络国际标准，是一个典型的电路交换网络系统，俗称"一线通"。它采用数字传输和数字交换技术，将电话、传真、数据、图像等多种业务综合在一个统一的数字网络中进行传输和处理。用户利用一条 ISDN 用户线路，可以在上网的同时拨打电话、收发传真，就像两条电话线一样。与普通拨号上网要使用 Modem 一样，用户使用 ISDN 也需要专用的终端设备。终端设备主要由 NTI 和 ISDN 适配器组成。用户采用 ISDN 拨号方式接入网络需要申请开户，加上 ISDN 的极限带宽为 128kbit/s，从发展趋势来看，窄带 ISDN 不能满足高质量的 VOD 等宽带应用。

3）DDN

DDN（Digital Data Network，数字数据网）是利用数字信道传输数据信号的数据传输网。DDN 的主干网传输媒介有光纤、数字微波、卫星信道等，用户端多使用普通电缆和双绞线。DDN 将数字通信技术、计算机技术、光纤通信技术以及数字交叉连接技术有机地结合在一起，提供了高速度、高质量的通信环境，可以向用户提供点对点、点对多点透明传输的数据专线出租电路，为用户传输数据、图像、声音等信息。DDN 的通信速率可根据用户需要进行选择，当然速度越快，租用费用也越高。用户租用 DDN 业务需要申请开户，一般 DDN 的租用费较高，普通个人用户负担不起，DDN 主要面向集团公司等需要综合运用的单位。

4）LAN

LAN（Local Area Network，局域网）是指在某一区域内由多台计算机互联成的计算机组。局域网可以实现文件管理、应用软件共享、打印机共享、工作组内的日程安排、电子邮件和传真通信服务等功能。局域网是封闭的，可以由办公室内的两台计算机组成，也可以由一个公司内的上千台计算机组成。由于较小的地理范围的局限性，LAN 通常要比广域网具有更高的传输速率。LAN 的拓扑结构目前常用的是总线型、环形、星形。LAN 还有高可靠性、易扩展、易于管理及安全等多种特征。

5）ADSL

ADSL（Asymmetrical Digital Subscriber Line，非对称数字用户环路）是一种能够通过普通电话线提供宽带数据业务的技术，也是目前极具发展前景的一种接入技术。它采用频分复用技术把普通的电话线分成了电话、上行和下行三个相对独立的信道，从而避免了相互之间的干扰，即使边打电话边上网，也不会发生上网速率和通话质量下降的情况。ADSL 有"网络快车"之美誉，因其下行速率高、频带宽、性能优、安装方便、不需缴纳电话费等特点而深受广大用户喜爱，成为继 Modem、ISDN 之后的又一种全新的高效接入方式。ADSL 适用于家庭、个人等用户的大多数网络应用需求，满足 IPTV、视频点播（VOD）、远程教学、可视电话、多媒体检索、LAN 互联、Internet 接入等宽带业务。

6）VDSL

VDSL（Very-high-bit-rate Digital Subscriber Loop，甚高速数字用户环路）就是 ADSL 的快速版本。使用 VDSL，短距离内的最大下传速率可达 55Mbit/s，上传速率可达 2.3Mbit/s（将来可达 19.2Mbit/s，甚至更高）。VDSL 使用的介质是一对铜线，有效传输距离可超过 1000m。但 VDSL 技术仍处于发展初期，长距离应用仍需测试，端点设备的普及也需要时间。目前有一种基于以太网方式的 VDSL，接入技术使用 QAM 调制方式，它的传输介质也是一对铜线，在 1.5km 的范围之内能够达到双向对称的 10Mbit/s 传输，即达到以太网的传输速率。如果这种技术用于宽带运营商社区的接入，可以大大降低成本。

7）Cable-Modem

Cable-Modem（线缆调制解调器）是近两年开始试用的一种超高速 Modem，它利用现成的有线电视（CATV）网进行数据传输，已是比较成熟的一种技术。随着有线电视网的发展壮大和人们生活质量的不断提高，通过 Cable-Modem 利用有线电视网访问 Internet 已成为越来越受业界关注的一种高速接入方式。由于有线电视网采用的是模拟传输协议，因此网络需要用一个 Modem 来协助完成数字数据的转化。Cable-Modem 在原理上是将数据进行调制后在 Cable（电缆）的一个频率范围内传输，接收时进行解调，传输机理与普通 Modem 相同，不同之处在于它是通过 CATV 的某个传输频带进行调制解调的。Cable-Modem 模式采用的是相对落后的总线型网络结构，这就意味着网络用户共同分享有限带宽；另外，购买 Cable-Modem 和初装费也都不算很便宜，这些都阻碍了 Cable-Modem 接入方式在国内的普及。但是，它的市场潜力是很大的，毕竟 CATV 网已成为世界第一大有线电视网，另外，Cable-Modem 技术主要是在广电部门原有线电视线路上进行改造时采用的，所以其建设成本比较低。

8）无线接入

无线是一种有线接入的延伸技术，无线上网是指使用无线连接的 Ir.ternet 登录方式，使用无线电波作为数据传送的媒介，减少使用电线连接，因此无线网络系统既可达到建设计算机网络系统的目的，又可让设备自由安排和搬动。速度和传送距离虽然没有有线线路上网优秀，但它可移动且便捷，深受广大商务人士喜爱。无线上网现在已经广泛应用在商务区、大学、机场及其他各类公共区域，其网络信号覆盖区域正在进一步扩大。一般认为，只要上网终端没有连接有线线路，都称为无线上网，常见的无线上网接入方式有下面几类。

Wi-Fi 无线接入：Wi-Fi 的全称为 Wireless Fidelity，是当今使用最广的一种无线网络传输技术。目前不少智能手机与多数平板电脑都支持 Wi-Fi 上网，手机如果有 Wi-Fi 功能，在有 Wi-Fi 无线信号的时候就可以不通过移动、联通的网络上网，节省流量费。但是 Wi-Fi 信号也是由有线网提供的，如家里的 ADSL、小区宽带之类的，只要接一个无线路由器，就可以把有线信号转换成 Wi-Fi 信号。

GPRS 接入：GPRS 的英文全称为 General Packet Radio Service，中文名称为通用无线分组业务，是一种基于 GSM 系统的无线分组交换技术，提供端到端的、广域的无线 IP 连接。相较于原来 GSM 拨号方式的电路交换数据传送方式，GPRS 使用分组交换技术，具有实时在线、按量计费、快捷登录、高速传输、自如切换的优点。通俗地讲，GPRS 是一项高速数据处理技术，方法是以"分组"的形式传送资料到用户手上。GPRS 是第 2 代移动通信中的数据传输技术，如今已经很少使用。

4G 无线接入：4G 的英文全称是 The 4th Generation Mobile Communication Technology，中文名称为第 4 代移动通信技术。4G 是在 3G 技术上的一次更好的改良，是集 3G 与 WLAN 于一体，并能够传输高质量视频、图像，且图像传输质量与高清晰度电视不相上下的技术。4G 移动通信技术可以在多个不同的网络系统、平台与无线通信界面之间找到最快速与最有效率的通信路径，以进行最即时的传输、接收与定位等动作。

5G 无线接入：5G 的英文全称 The 5th Generation Mobile Communication Technology，中

文名称为第 5 代移动通信技术。5G 是最新一代蜂窝移动通信技术，也是 4G、3G 和 2G 系统之后的延伸。5G 的性能目标是高数据传输速率、减少延迟、节省能源、降低成本、提高系统容量和大规模设备连接。中国信息通信研究院预测，到 2025 年，我国 5G 商用将直接带动 10.6 万亿元经济总产出。

10.2.3　Internet 应用

随着网络技术的发展，特别是 Internet 的普及，网络在政治、经济、管理、教育以及休闲娱乐等社会生活的很多方面都得到了越来越广泛的应用。下面介绍一些 Internet 最常见的应用。

1. 聊天服务

QQ 是腾讯 QQ 的简称，是一种 Internet 的即时通信（IM）软件。目前 QQ 已经覆盖 Microsoft Windows、OS X、Android、iOS、Windows Phone、Linux 等多种主流平台。其标志是一只戴着红色围巾的小企鹅。腾讯 QQ 支持在线聊天、视频通话、点对点断点续传文件、共享文件、网络硬盘、自定义面板、QQ 邮箱等多种功能，并可与多种通信终端相连。是国内功能最强大、用户最多的网络寻呼软件之一。

MSN 全称为 Microsoft Service Network，是微软公司旗下的门户网站。MSN 提供包括必应搜索、文娱、健康、理财、汽车、时尚等功能和栏目，满足了用户在互联网时代的沟通、社交、出行、娱乐等需求。

微信（WeChat）是腾讯公司于 2011 年 1 月 21 日推出的一个为智能终端提供即时通信服务的免费应用程序。微信支持跨通信运营商、跨操作系统平台，通过网络快速发送免费（需消耗少量网络流量）语音、视频、图片和文字，另外微信还提供公众平台、朋友圈、消息推送等功能，用户可以通过"摇一摇"、"搜索号码"、"附近的人"或扫二维码的方式添加好友和关注公众平台，将内容分享给好友以及将看到的精彩内容分享到微信朋友圈。

网络论坛是一个和网络技术有关的网上交流场所。一般就是大家常提的 BBS。BBS 的英文全称是 Bulletin Board System，翻译为中文就是"电子公告板"。BBS 多用于大型公司或中小型企业，是开放给客户交流的平台，对于初识网络的新人来讲，BBS 就是在网络上交流的地方，可以发表一个主题，让大家一起来探讨，也可以提出一个问题，大家一起来解决等，具有实时性、互动性。

2. 文件传输

网际快车（FlashGet）是一个快速下载工具，采用了多服务器超线程技术，全面支持多种协议，具有文件管理、插件扫描功能，在下载过程中自动识别文件中可能含有的间谍程序及捆绑插件，并对用户进行有效提示。

迅雷是迅雷公司开发的一款基于多资源超线程技术的下载软件。迅雷使用基于网格原理的先进的超线程技术，能将网络上存在的服务器和计算机资源进行整合，通过这种先进的超线程技术，用户能够以更快的速度从第三方服务器和计算机获取所需的数据文件。这种超线程技术还具有下载负载均衡功能，在不降低用户体验的前提下，迅雷可以对服务器资源进行均衡，有效降低服务器负载。

3．网络影视

暴风影音是一款媒体播放软件，致力于为用户带来更快的播放体验和更好的视觉效果，支持的视频格式包括 MPEG4、FLV 和 WMV 等。

腾讯视频拥有流行的内容和专业的媒体运营能力，是聚合热播影视、综艺娱乐、体育赛事、新闻资讯等为一体的综合视频内容平台。腾讯视频致力于打造中国领先的在线视频媒体平台，以丰富的内容、极致的观看体验、便捷的登录方式、24 小时多平台无缝应用体验以及快捷分享的产品特性，为用户提供高清、流畅的视频娱乐体验。

爱奇艺是一个拥有海量、优质、高清网络视频的专业网络视频播放平台。2010 年 4 月 22 日正式上线，秉承"悦享品质"的品牌口号，积极推动产品、技术、内容、营销等全方位创新，为用户提供丰富、高清、流畅的专业视频体验，致力于让人们平等、便捷地获得更多、更好的视频。操作界面简单友好，真正为用户带来"悦享品质"的在线观看体验。

其他影视媒体平台有芒果视频、土豆视频、优酷视频、搜狐视频、PPTV 视频等。

4．电子商务和电子政务

电子商务是指以信息网络技术为手段，以商品交换为中心的商务活动。通常指在全球各地广泛的商业贸易活动中，在开放的网络环境下，基于客户端/服务端应用方式，买卖双方不谋面地进行各种商贸活动，实现消费者的网上购物、商户之间的网上交易和在线电子支付以及各种商务活动、交易活动、金融活动和相关的综合服务活动的一种新型的商业运营模式。电子商务也可理解为在互联网、企业内部网和增值网上以电子交易方式进行交易活动和相关服务的活动，是传统商业活动各环节的电子化、网络化、信息化，它不仅会改变企业本身的生产、经营、管理活动，而且将影响到整个社会的经济运行与结构。以 Internet 为媒介的商业行为均属于电子商务的范畴。

电子政务是指国家机关在政务活动中，全面应用现代信息技术、网络技术以及办公自动化技术等进行办公、管理和为社会提供公共服务的一种全新的管理模式，实现高效、透明、规范的电子化内部办公、协同办公和对外服务。

10.2.4　互联网+

"互联网+"是互联网思维的进一步实践成果，代表着一种新的经济形态，它指的是依托互联网信息技术实现互联网与各个传统产业的联合，利用信息通信技术以及互联网平台，让互联网与传统行业进行深度融合，创造新的发展生态，以优化生产要素、更新业务体系、重构商业模式等途径来完成经济转型和升级。"互联网+"计划的目的在于充分发挥互联网的优势，将互联网与传统产业深度融合，以产业升级提升经济生产力，最后实现社会财富的增加。

1．"互联网+"的特征

（1）跨界融合："+"就是跨界，就是变革，就是开放，就是重塑融合。敢于跨界了，创新的基础就更坚实；融合协同了，群体智能才会实现，从研发到产业化的路径才会更垂直。融合本身也指身份的融合，如客户消费转化为投资，伙伴参与创新等。

（2）创新驱动：这正是互联网的特质，用互联网思维来求变、自我革命，也更能发挥创新的力量。

（3）尊重人性：人性的光辉是推动科技进步、经济增长、社会进步、文化繁荣的最根本的力量，互联网的力量之所以强大，最根本的原因在于对人性最大限度的尊重、对人体验的关注、对人创造性发挥的重视，如 UGC、卷入式营销、分享经济。

（4）开放生态：关于"互联网+"，生态是非常重要的特征，而生态的本身就是开放的。推进"互联网+"，其中一个重要的方向就是要把过去制约创新的环节化解，把孤岛式创新连接起来，让研发由人性决定的市场驱动，让创业并努力的人有机会实现价值。

（5）连接一切：连接是有层次的，可连接性是有差异的，连接的价值也相差很大，但是连接一切是"互联网+"的目标。

2. "互联网+"的应用

"互联网+工业"即传统制造业企业采用移动互联网、云计算、大数据、物联网等信息通信技术，改造原有产品及研发生产方式，使产品更适应用户需求，有效提升产品的竞争力。"互联网+工业"有"移动互联网+工业""云计算+工业""物联网+工业""网络众包+工业"等。

"互联网+金融"，从组织形式上看，这种结合至少有 3 种方式：第 1 种是互联网公司做金融；第 2 种是金融机构的互联网化；第 3 种是互联网公司和金融机构合作。"互联网+金融"的核心是利用互联网平台与企业经营数据对接，使金融机构实时了解借款企业的生产经营情况，降低金融企业的评估成本和贷款风险。例如，互联网供应链金融、众筹、互联网银行等。

在商贸领域，互联网的应用正在颠覆传统商业模式。电子商务的发展使得物流成本更低，拉低了商品价格，促进了消费增长，同时也扩大了就业，对于企业的转型升级具有重要意义。如阿里巴巴、京东、拼多多等多家平台开展了针对用户网购的活动，培育用户的在线交易和支付习惯。

"互联网+"被认为是创新 2.0 时代智慧城市的基本特征，有利于形成创新涌现的智慧城市生态，从而进一步完善城市的管理与运行功能，实现更好的公共服务，让人们生活成本更低，出行更便利，环境更宜居。如智慧城市的智慧家居、智慧生活、智慧交通等。

在通信领域，"互联网+通信"有了即时通信，几乎人人都在用即时通信 App 进行语音、文字甚至视频交流。互联网的出现促进了运营商进行相关业务的变革升级。

"互联网+交通"已经在交通运输领域产生了"化学效应"，移动互联网和交通相结合，改善了人们出行的方式，推动了互联网共享经济的发展，提高了生活的效率。例如，滴滴打车、快的打车、共享单车、购票 App 等。

通过互联网医疗，患者有望从移动医疗数据端监测自身健康数据，做好事前防范；在诊疗服务中，依靠移动医疗实现网上挂号、询诊、购买、支付，节约时间和经济成本，提升事中体验；还可依靠互联网在事后与医生沟通。如百度公司推出"健康云"概念，基于百度擅长的云计算和大数据技术，形成"监测、分析、建议"的三层构架，对用户实行数据的存储、分析和计算，为用户提供专业的健康服务。

"互联网+教育"是随着当今科学技术的不断发展，互联网科技与教育领域相结合的一种新的教育形式。"互联网+教育"的结果，将会使未来的教与学活动都围绕互联网进行，教师在互联网上教，学生在互联网上学，信息在互联网上流动，知识在互联网上成形，线下的活动成为线上活动的补充与拓展。

"互联网+农业"推动了传统的农业升级，在一定程度上加快了农业生产方式的转变和现代农业发展的步伐，使农业发展更加科技化、智能化、信息化，致力于打造"品牌、品质、品味、高颜值"的新型农业。

3．"互联网+"的发展趋势

在未来，"互联网+"的发展趋势必将是大量"互联网+"模式的爆发以及传统企业的"破"与"立"。具体体现在以下几个方面。

1）全民总动员

"互联网+"型的企业将为其他企业发展树立标杆，同时建立"互联网+"产业园及孵化器，融合当地资源打造一批具备互联网思维的企业。另外，企业是"互联网+"热潮的追随者，积极引进"互联网+"技术，定期邀请相关人员为本企业培训互联网常识，对在职员工进行再培训，增强对"互联网+"的理解与应用能力。

2）"互联网+"服务商崛起

"互联网+"的兴起会衍生一大批在政府与企业之间的第三方服务企业，即"互联网+"服务商。其本身不会从事"互联网+"传统企业的生产、制造及运营工作，但是会帮助线上及线下双方协作，进行双方的对接工作，赢利方式则是双方对接成功后的服务费用及各种增值服务费用。

3）"互联网+"职业培训兴起

随着"互联网+"的兴起，政府和企业都需要更多"互联网+"人才，因此这会带来关于"互联网+"的培训及特训职业线上线下教育的发展。在线教育领域，职业教育一直是颇受追捧的教育类型，同时占据较大市场份额。

4）产业升级

"互联网+"不仅正在全面应用到第三产业，形成了如互联网金融、互联网交通、互联网医疗、互联网教育等新业态，而且正在向第一和第二产业渗透。"互联网+"行动计划将促进产业升级。首先，"互联网+"行动计划能够直接创造出新兴产业，促进实体经济持续发展。其次，"互联网+"行动计划可以促进传统产业变革。"互联网+"令现代制造业管理更加柔性化，更加精细化，更能满足市场需求。最后，"互联网+"行动计划将帮助传统产业提升。

10.3 网络安全

网络安全主要是指在网络环境里，信息数据的保密性、完整性、可用性和真实性等受到保护，不因偶然的或者恶意的原因而遭到破坏、更改、泄露，系统连续、可靠、正常地运行，网络服务不中断。网络安全包括两个方面：物理安全和逻辑安全。物理安全指系统设备及相关设施受到物理保护，免于破坏、丢失等；逻辑安全包括信息的完整性、保密性和可用性。

10.3.1 网络安全概述

一个良好的计算机网络首先应该是一个安全的网络，特别是随着计算机网络的发展，网络中的安全问题更是值得关注的问题。

1. 网络安全性

要使网络能正常地实现资源共享功能，首先要保证网络的硬件、软件能正常运行，然后要保证数据信息交换的安全。另外，计算机网络的根本目的在于资源共享，而通信网络是实现网络资源共享的途径，因此，要使计算机网络安全，就要求相应的计算机通信网络也必须是安全的，所以网络安全既指计算机网络安全，又指计算机通信网络安全。网络安全的特性主要表现在以下几个方面。

（1）保密性：确保非授权用户不能获得网络信息资源的性能，要求网络具有良好的密码体制、密钥管理、传输加密保护、存储加密保护、防电磁泄漏等功能。

（2）完整性：确保网络信息不被非法修改、删除或增添，以确保信息正确、一致的性能。为此要求网络的软件、存储介质以及信息传递与交换过程中都具有相应的功能。

（3）可用性：确保网络合法用户能够按所获授权访问网络资源，同时防止对网络非授权访问的性能。为此要求网络具有身份识别、访问控制，以及对访问活动过程进行审计的功能。

（4）可控性：确保合法机构按所获授权能够对网络及其中的信息流动与行为进行监控的性能。为此要求网络具有相应的多方面的功能。

（5）不可抵赖性：不可抵赖性也称不可否认性，指确保接收到的信息不是假冒的，而发信方无法否认所发信息的性能。为此要求网络具有数字取证、证据保全等功能。

2. 网络中存在的不安全因素

网络系统面临的威胁主要来自外部的人为影响和自然环境的影响，它们包括对网络设备的威胁和对网络中信息的威胁。这些威胁的主要表现有：非法授权访问、假冒合法用户、病毒破坏、线路窃听、黑客入侵、干扰系统正常运行、修改或删除数据等。这些威胁大致可细分为以下几类。

（1）自然因素：如地震、风暴、泥石流、洪水、闪电雷击、虫鼠害及高温、各种污染等构成的威胁。

（2）人为因素：因管理不善而造成的系统信息丢失，设备被盗，发生火灾、水灾，因安全设置不当而留下的安全漏洞，用户口令不慎暴露，因信息资源共享设置不当而被非法用户访问等。

（3）偶发因素：偶发因素是在无预谋的情况下破坏系统的安全性、可靠性或信息的完整性。主要由一些偶然因素引起，如软、硬件的机能失常，人为误操作，电源故障和自然灾害等。

3. 网络安全体系结构

网络安全体系结构模型的设计借鉴了 ISO 安全体系结构中的主要思想。将网络安全看成一个由多个安全单元组成的集合，其中每一个安全单元都是一个整体，包含了许多特性。如图 10.13 所示，网络安全体系结构由三个安全单元组成，分别是安全服务、系统单元和协议层次。

（1）安全服务：系统提供的一种处理服务或通信服务。它能够为系统资源提供特定的保护，如访问控制服务、审计服务、数据保密性服务、数据完整性服务、数据认证服务、不可抵赖性服务、可用性服务等。安全服务实现了安全策略，由安全机制实现。

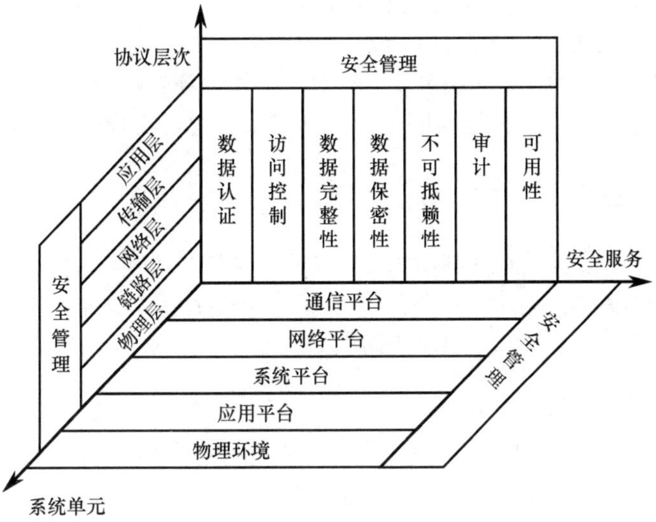

图 10.13 网络安全体系结构示意图

（2）系统单元：系统单元指的是该安全单元解决什么系统环境的安全问题。对于现代的互联网，系统单元可以分为 5 个不同环境，即物理环境、应用平台、系统平台、网络平台、通信平台。

（3）协议层次：是互联网 TCP/IP 基础。安全单元的这个特性描述了该安全单元在网络互联协议中解决了什么样的互联问题。协议层次包括物理层、链路层、网络层、传输层以及应用层。

4．网络安全标准

网络安全标准是网络安全中的核心问题之一，是网络安全系统不可或缺的组成部分。目前国内外主要的安全评价标准有以下几个。

（1）美国 TCSEC：该标准由美国国防部制定，将安全分为 4 个方面，即安全政策、可说明性、安全保障和文档。TCSEC 将上述 4 个方面又分为 7 个安全级别，从低到高依次为 D、C1、C2、B1、B2、B3 和 A 级。

（2）欧洲 ITSEC：它叙述了技术安全的要求，把保密作为安全增强功能。与 TCSEC 不同的是，ITSEC 把完整性、可用性作为与保密性同等重要的因素。ITSEC 定义了从 E0 级（不满足品质）到 E6 级（形式化验证）的 7 个安全等级，对于每个系统，安全功能可分别定义。ITSEC 预定义了 10 种功能，其中前 5 种与 TCSEC 中的 C1~B3 级非常相似。

（3）联合公共准则（CC）：它的目的是把已有的安全准则结合成一个统一的标准。该计划从 1993 年开始执行，1996 年推出第 1 版，1998 年推出第 2 版，现已成为 ISO 标准。CC 结合了 TCSEC 及 ITSEC 的主要特征，强调将安全的功能与保障分离，并将功能需求分为 9 类 63 族，将保障分为 7 类 29 族。

（4）ISO 安全体系结构标准：ISO 7498-2：1989，在描述基本参考模型的同时，提供了安全服务与有关机制的一般描述，确定在参考模型内部可以提供这些服务与机制的位置。

（5）中华人民共和国国家标准：GB 17895—1999《计算机信息系统安全保护等级划分标准》。该标准将信息系统安全分为 5 个等级，分别是自主保护级、系统审计保护级、安全

标记保护级、结构化保护级和访问验证保护级。主要的安全考核指标有身份验证、自主访问控制、数据完整性、审计、隐蔽信道分析、客户重用、强制访问控制、安全标记、可信路径和可信恢复等，这些指标涵盖了不同级别的安全要求。

网络建设必须确定合理的安全指标，才能检验其达到的安全级别。具体实施网络建设时，应根据网络结构和需求，分别参照不同的标准条款制定安全指标。

10.3.2　网络安全策略

安全策略是对访问规则的正式陈述，所有需要访问某个机构的技术和信息资产的人员都应该遵守这些规则。实现网络安全，不仅要靠先进的技术，而且还要靠严格的安全管理、法律约束和安全教育。制定并实施网络安全策略的目的是使网络安全目标得到落实。

1. 网络安全策略概述

网络安全策略由高级管理部门制定，确保企业的网络系统运行在一种合理的安全状态下，同时，也不妨碍企业员工和用户从事他们正常的工作。网络安全策略对于企业的网络安全建设，起着举足轻重的作用，所有安全建设的后续工作都是围绕安全策略展开的。网络安全策略的制定是比较烦琐和复杂的工作，根据企业的具体需求，可能会包含不同的内容。通常，网络安全策略包括三个重要组成部分。

（1）严格的法律、法规：安全的基石是社会法律、法规，这部分用于建立一套安全管理标准和方法，即通过建立与网络安全相关的法律、法规，为人们的行为提供准则。

（2）先进的技术：先进的安全技术是网络安全的根本保障，用户对自身面临的威胁进行风险评估，决定其需要的安全服务种类，选择相应的安全机制，然后集成先进的安全技术，形成全方位的安全系统。

（3）有效的管理：各网络使用机构、企事业单位应建立相应的网络安全管理办法，加强内部管理，建立审计和跟踪体系，提高整体网络安全意识。

2. 网络安全策略原则

制定网络安全策略首先要确定网络安全要保护什么，在这一问题上一般有两种截然不同的描述原则：一种是"一切没有明确表述为允许的都被认为是禁止的"；另一种是"一切没有明确表述为禁止的都被认为是允许的"。对于网络安全策略，一般采用第 1 种原则来加强对网络安全的限制。少数公开的试验性网络可能会采用第 2 种较宽松的原则，在这种情况下，不把安全问题作为网络的一个重要问题来处理。制定网络安全策略的基本原则如下。

（1）适应性原则：在一种情况下实施的安全策略到另一个环境下就未必适合。

（2）动态性原则：用户在不断增加，网络规模在不断扩大，网络技术本身的发展变化也很快，因此任何网络安全策略都不可能是一劳永逸的，都需要根据环境以及应用的需求经常调制网络安全策略，确保安全策略对网络的保护。

（3）系统性原则：应全面考虑网络上的各类用户、各种设备、各种情况，有计划、有准备地采取相应的策略。

（4）最小特权原则：每个用户并不需要使用所有的服务，不是所有用户都需要去修改系统中的每个文件，每个用户并不需要都知道系统的根口令，每个系统管理员也没必要都知道系统的根口令等。这就要求管理员应尽可能地关闭网络安全策略中没有定义的网络服务，并将用户的权限配置为策略定义的最小限度，同时还要及时删除不必要的用户账号等，其目的就是要把系统的危险性降到最低。

3．网络安全基本策略

计算机网络安全策略包括对企业各种网络服务的安全层次和权限进行分类，确定管理员的安全职责，如实现安全故障处理、确定网络拓扑结构、入侵及攻击的防御和检测、备份和灾难恢复等。这里所说的安全策略主要涉及 4 个大的方面：物理安全策略、访问控制策略、信息加密策略和网络安全管理策略。

（1）物理安全策略：包括环境安全、设备安全、媒体安全、信息资产的物理分布、人员的访问控制、审计记录、异常情况的追查等。物理安全策略的目的是保护计算机系统、网络服务器、打印机等硬件实体和通信链路免受自然灾害、人为破坏和搭线攻击；验证用户的身份和使用权限、防止用户越权操作；确保计算机系统有一个良好的电磁兼容工作环境；建立完备的安全管理制度，防止非法进入计算机控制室和各种偷窃、破坏活动的发生。

（2）访问控制策略：访问控制是网络安全防范和保护的主要策略，它的主要任务是保证网络资源不被非法使用和非法访问。它也是维护网络系统安全、保护网络资源的重要手段，是保证网络安全最重要的核心策略之一，具体包括入网访问控制、网络的权限控制、目录级安全控制、属性安全控制、网络服务器安全控制、网络监测和锁定控制、防火墙控制、网络端口和节点的安全控制。

（3）信息加密策略：信息加密的目的是保护网内的数据、文件、口令和控制信息，保护网上传输的数据。网络加密常用的方法有链路加密、端点加密和节点加密三种。链路加密的目的是保护网络节点之间的链路信息安全；端点加密的目的是对源端用户到目的端用户的数据提供保护；节点加密的目的是对源节点到目的节点之间的传输链路提供保护。

（4）网络安全管理策略：在计算机网络系统中，制定健全的安全管理体制是计算机网络安全的重要保证，应运用一切可以使用的工具和技术，尽一切可能去控制、减小一切非法的行为，要不断地加强计算机信息网络的安全规范化管理力度，大力加强安全技术建设，强化使用人员和管理人员的安全防范意识。网络的安全管理策略包括确定安全管理等级和安全管理范围，制定有关网络操作使用规程和人员出入机房的管理制度，制定网络系统的维护制度和应急措施等。

10.3.3　网络安全技术

网络安全从技术上来说，主要由防病毒、防火墙、入侵检测等多个安全组件组成，一个单独的组件无法确保网络的安全性。早期的网络防护技术的出发点是：首先划分出明确的网络边界，然后通过在网络边界处对流经的信息利用各种控制方法进行检查，只有符合规定的信息才可以通过网络边界，从而达到阻止网络攻击、入侵的目的。目前广泛运用和比较成熟的网络安全技术主要有防火墙技术、数据加密技术、入侵检测技术、防病毒技术、认证签名技术等。

1．防火墙技术

防火墙是流行且使用广泛的一种网络安全技术，它的核心思想是在不安全的网络环境中构造一个相对安全的子网环境。防火墙的最大优势就在于可以对两个网络之间的访问策略进行控制，限制被保护的网络与互联网络之间，或者与其他网络之间进行的信息存取、传递操作。只有在防火墙同意的情况下，用户才能够进入计算机内，如果不同意，就会被阻挡在外面。防火墙技术的警报功能十分强大，在外部的用户要进入到计算机内时，防火墙就会迅速发出相应的警报，提醒用户的行为，并进行自我的判断来决定是否允许外部的用户进入到内部，只要是在网络环境内的用户，这种防火墙都能够进行有效的查询，同时把查到的信息对用户进行显示，然后用户按照自身需要对防火墙实施相应设置，对不允许的用户行为进行阻断。

2．数据加密技术

数据加密技术是最基本的网络安全技术，被誉为安全的核心，最初主要用于保证数据在存储和传输过程中的保密性。它通过变换和置换等各种方法将保护信息置换成密文，然后再进行信息的存储或传输，即使加密信息在存储或者传输过程被非授权人员获得，也可以保证这些信息不被其认知，从而达到保护信息的目的。该方法的保密性直接取决于所采用的密码算法和密钥长度。

3．入侵检测技术

IDS（入侵检测系统）是通过从计算机网络或计算机系统中的若干关键点收集信息并对其进行分析，从而发现网络或系统中是否有违反安全策略的行为和遭到袭击的迹象的一种安全技术。基于 IDS，可以提供全天候的网络监控，帮助网络系统快速发现网络攻击事件，提高网络安全基础结构的完整性。IDS 可以分析网络中的分组数据流，当检测到未经授权的活动时，IDS 可以向管理控制台发送警告，其中含有详细的活动信息，还可以要求其他系统（如路由器）中断未经授权的进程。IDS 被认为是防火墙之后的第 2 道安全闸门，它能在不影响网络性能的情况下对网络进行监听，从而提供对内部攻击、外部攻击和误操作的实时预防。

4．防病毒技术

CPU 内嵌的防病毒技术是一种硬件防病毒技术，与操作系统相配合，可以防范大部分针对缓冲区溢出（Buffer Overrun）漏洞的攻击（大部分是病毒）。防病毒技术可以直观地分为病毒预防技术、病毒检测技术及病毒清除技术。

1）病毒预防技术

计算机病毒的预防技术就是通过一定的技术手段防止计算机病毒对系统的传染和破坏。具体来说，计算机病毒的预防是阻止计算机病毒进入系统内存或阻止计算机病毒对磁盘的操作，尤其是写操作。预防病毒技术包括磁盘引导区保护、加密可执行程序、读写控制技术、系统监控技术等。计算机病毒的预防应用包括对已知病毒的预防和对未知病毒的预防两个部分。目前，对已知病毒的预防可以采用特征判定技术或静态判定技术，而对未知病毒的预防则是一种行为规则的判定技术，即动态判定技术。

2）病毒检测技术

计算机病毒的检测技术是指通过一定的技术手段判定出特定计算机病毒的一种技术。包括两种类型：一种是根据计算机病毒的关键字、特征程序段内容、病毒特征及传染方式、文件长度的变化，在特征分类的基础上建立的病毒检测技术；另一种是不针对具体病毒程序的自身校验技术，即对某个文件或数据段进行检验和计算并保存其结果，以后定期或不定期地以保存的结果对该文件或数据段进行检验，若出现差异，即表示该文件或数据段完整性已遭到破坏，感染上了病毒，从而检测到病毒的存在。

3）病毒清除技术

计算机病毒的清除技术是计算机病毒检测技术发展的必然结果，是计算机病毒传染程序的一种逆过程。目前，清除病毒大多是在某种病毒出现后，通过对其进行分析研究而研制出来的具有相应解毒功能的软件。这类软件技术的发展往往是被动的，带有滞后性的，而且由于计算机软件所要求的精确性，解毒软件有其局限性，对有些变种病毒的清除无能为力。

5．认证签名技术

数字认证是指计算机及网络系统确认操作者身份的过程。数字证书对网络用户在计算机网络交流中的信息和数据等进行加密或解密，保证信息和数据的完整性和安全性。使用了数字证书，即使用户发送的信息在网上被他人截获，甚至丢失了个人的账户、密码等信息，仍可以保证账户、资金安全。

数字签名又称公钥数字签名，是只有信息的发送者才能产生的、别人无法伪造的一段数字串，这段数字串同时也是对信息的发送者发送信息真实性的一个有效证明。数字签名是公开密钥加密技术与报文分解函数相结合的产物。与加密不同，数字签名的目的是保证信息的完整性和真实性。数字签名必须保证接收者能够核实发送者对消息的签名，发送者事后不能抵赖对消息的签名，接收者不能伪造对消息的签名。

习　题

一、判断题

1．即使采用数字通信方式，也与模拟通信方式一样，必须使用调制解调器。
2．因特网最初创建的目的是用于军事。
3．建立计算机网络的最主要目的是实现资源共享。
4．以接入的计算机多少可以将网络划分为广域网、城域网和局域网。
5．电子邮件的收信人从邮件服务器自己的邮箱中取出邮件使用的协议是 SMTP。

二、选择题

1．世界上第 1 个网络是在（　　）年诞生的。
　　A．1946　　　　　　B．1969　　　　　　C．1973　　　　　　D．1977
2．以下不属于无线介质的是（　　）。
　　A．激光　　　　　　B．电磁波　　　　　　C．光纤　　　　　　D．微波
3．TCP 工作在（　　）。
　　A．物理层　　　　　B．链路层　　　　　　C．传输层　　　　　D．应用层
4．在因特网上浏览时，浏览器和 WWW 服务器之间传输网页使用的协议是（　　）。
　　A．IP　　　　　　　B．HTTP　　　　　　C．FTP　　　　　　D．Telnet
5．在 IP 地址方案中，159.226.181.1 是一个（　　）。
　　A．A 类地址　　　　B．B 类地址　　　　　C．C 类地址　　　　D．D 类地址

第11章　人工智能

11.1　人工智能的定义

智能是个体主动适应环境或针对问题，感知信息并提炼和运用知识理解和认知环境，并采取合理可行的策略和行动，解决问题并实现目标的综合能力。

这个智能定义涵盖对所有生命智能的理解，包含三层含义。

第一，智能是生命灵活适应环境的基本能力，无论对低级生命还是高级生命都是如此。

第二，智能是一种综合能力，包括获取环境信息，在此基础上适应环境，利用信息，提炼知识，采取合理可行的、有目的的行动，主动解决问题等。其中，利用信息提炼知识是人类才有的能力。其他生物只能利用信息而不能提炼知识。

第三，人类的智能具有主观意向性。人类的智能除了本能的行为，任何行动都有意向性，体现主观自我意识和意志。这种意向性的深层含义是人类具有联系概念与物理实体的能力，具体包括感觉、记忆、学习、思维、逻辑、理解、抽象、概括、联想、判断、决策、推理、观察、认识、预测、洞察、适应、行为等，其中除了适应和行为是脑的内在功能的外在体现（显智能），其余都是脑的内在功能（隐智能），也是人类智能的基本要素。人类和其他生物在面临一定问题时都会采取一定的行动，但只有人类是有意识、有目的、主动地解决问题或采取行动，"深思熟虑"之类的词汇用于描述人类智能更合适。

关于人工智能（Artificial Intelligence，AI），不同阶段的专家在不同时期从不同角度给出了很多定义。美国斯坦福大学人工智能研究中心尼尔逊教授曾经将人工智能定义为"怎样表示知识、怎样获得知识并使用知识的科学"。美国麻省理工学院的温斯顿教授则认为"人工智能就是研究如何使计算机去做过去只有人才能做的智能工作"。中国工程院李德毅院士在《不确定性人工智能》一书中对人工智能的定义是"人类的各种智能行为和各种脑力劳动，比如感知、记忆、情感、判断、推理、证明、识别、设计、思考、学习等思维活动，用某种物化了的机器予以人工实现"。

人工智能的描述还有很多，例如：

（1）人工智能是研究那些使理解、推理和行为成为可能的计算。

（2）人工智能是一种能够执行需要人类智能的创造性机器的技术。

（3）人工智能是智能机器所执行的，通常与人类智能有关的智能行为，如判断、推理、证明、识别、感知、理解、通信、设计、思考、规划、学习、问题求解等思维活动。

上述 3 个描述分别是从模拟理性思维、拟人行为以及如何实现机器智能角度给出的。第 3 个描述最接近人工智能的真实发展方向和目标，即创造出具有像人一样有智能的机器，甚至超人类智能的机器。

归根结底，上述定义都可以归结为：人工智能是研究智能的机制和规律，构造智能机器的技术和科学。也可以说，人工智能是研究如何使机器具有智能的科学。

11.2　人工智能的产生与发展

　　现代计算机体系结构是由冯·诺依曼提出的，该架构受到了图灵的通用计算机思想的启发，并在工程上得到实现。"冯·诺依曼计算机"奠定了现代计算机的基础，也是测试和实现各种人工智能思想和技术的重要工具。

　　1943 年，美国心理学家沃伦·麦卡洛克和数理逻辑学家瓦尔特·皮茨合作提出了人类历史上的第 1 个人工神经元模型，这是一种模拟人脑生物神经元的数学神经元模型，简称 MP 模型。他们的研究表明，由非常简单的单元连接在一起组成"网络"，可以对任何逻辑和算术函数进行计算，因为网络单元就像简化的神经元。由 MP 模型发展而来的一种重要的人工智能技术是"人工神经网络"。

　　诺伯特·维纳于 1948 年提出控制论。控制论对人工智能的影响在于，它将人和机器进行了深刻对比。由于人类能够构建更好的计算机器，并且人类更加了解自己的大脑，因此计算机器和人类大脑会变得越来越相似。可以说，控制论是从机器控制的角度，在机器、人与大脑之间建立起的一种联系。

　　1950 年，图灵发表了一篇具有划时代意义的论文《计算机器与智能》。在该篇论文中，他提出一个如何判断机器是否有智能的想法："如果一台机器能够与人类展开对话（通过电传设备）而不能被辨别出其机器身份，那么称这台机器具有智能"。

　　图灵的这个想法后来被称为"图灵测试"，它可以被视为一个"思想实验"。它假想测试者与两个被测试者采用"问答模式"相互对话，被测试者中一个是人，另一个是机器。测试者与被测试者相互隔开，测试者并不知道哪个被测试者是机器，哪个是人。经过多次测试后，如果有超过 30% 的测试者不能确定被测试者是人还是机器，那么这台机器就算通过了测试，并被认为具有了人类智能。

　　1952，IBM 科学家亚瑟·塞缪尔开发了跳棋程序，该程序能够通过观察棋子的当前位置，并学习一个隐含的模型，为后续走棋步骤提供更好的指导。通过这个程序，塞缪尔驳倒了当时一些学者认为"机器无法超越人类"的观点。他还创造了机器学习（Machine Learning，ML）这一概念。

　　1956 年，美国学者约翰·麦卡锡、马文·明斯基和 IBM 的两位资深科学家克劳德·香农和尼尔·罗切斯特邀请包括赫伯特·西蒙和艾伦·纽厄尔在内的，对"机器是否会产生思维"这一问题十分感兴趣的一批数学家、信息学家、心理学家、神经生理学家和计算机科学家聚集在一起，进行了长达二个月的达特茅斯夏季研究会。麦卡锡首次提出"人工智能"这一概念。

　　于 1969 年提出的反向传播算法（Back Propagation）是 20 世纪 80 年代的主流算法，同时也是机器学习历史上最重要的算法之一，它奠定了人工智能的基础。这种算法的独特之处在于映射、非线性化，具有很强的函数复现能力，可以更好地训练人工智能的学习能力。

　　20 世纪 60 年代，麻省理工学院的一名研究人员发明了一个名为 ELIZA 的计算机心理治疗师，实现了用户和机器对话，帮助用户缓解压力和抑郁，这是语音助手最早的雏形。语音助手可以识别用户的语言，并进行简单的系统操作，如苹果的 Siri，某种程度上来说，语音助手赋予了人工智能"说话"和"交流"的能力。

1993 年，作家兼计算机科学家弗诺·文奇发表了一篇文章，在这篇文章中首次提到了人工智能的"奇点理论"。他认为未来某一天人工智能会超越人类，并且终结人类社会，主宰人类世界，即提出"即将到来的技术奇点"。弗诺·文奇是最早的人工智能威胁论提出者，后来者还有霍金和特斯拉公司的马斯克。

1997 年，IBM 的超级计算机"深蓝"战胜了当时的国际象棋冠军卡斯帕罗夫，引起了世界轰动。虽然它还不能证明人工智能可以像人一样思考，但它证明了人工智能在推算及信息处理上要比人类更快。这是人工智能首次战胜人类。

2011 年 2 月 20 日，沃森认知计算引擎在电视游戏节目"Jeopardy"中与冠军玩家对决取得胜利，并获得 100 万美元的奖金。亚历克斯·克里热夫斯基凭借他发明的一种卷积神经网络 AlexNet，在 2011 年至 2012 年间多次赢得国际机器和深度学习竞赛。AlexNet 是在多年前由雅恩·乐昆建造的 LeNet5 基础上发展和改进的，成功推动了深度学习社区中卷积神经网络的复兴。苹果公司推出个人助理 Siri，Siri 使用语音识别，并由人工智能自然语言处理（NLP）提供支持，使用者可以通过对话与手机进行互动，完成搜寻资料、查询天气、设置手机日历、设定闹铃等许多服务。

2012 年 6 月，谷歌研究人员杰夫·迪恩和吴恩达从 YouTube 视频中提取了 1000 万个未标记的图像，训练一个由 16000 个处理器组成的庞大神经网络。在没有给出任何识别信息的情况下，人工智能通过深度学习算法准确地从中识别出了猫科动物的照片。这是人工智能深度学习的首次案例，它意味着人工智能开始有了一定程度的"思考"能力。

2014 年，伊恩·古德费勒领导的研究团队推出了生成对抗网络（GAN）。生成对抗网络使模型能够处理无监督学习。一个 GAN 使用两个竞争网络，同时学习，互相竞争，互相推动，以更快变得更聪明。社交媒体巨擘脸谱网开发的深度学习系统，可使用神经网络识别人脸，准确率为 97.35%。这比之前提高了 27%，与人类相当。聊天机器人尤金·古斯曼赢得了图灵测试的比赛。

2015 年，一年一度的 ImageNet 挑战的研究人员宣称，现在机器的性能优于人类。在这个挑战中，不同算法竞相展示它们对识别和描述 1000 张图像库的熟练程度。自从 2010 年比赛开始，获胜算法的准确率从 71.8%提高到 97.3%，计算机可以比人类更准确地识别视觉数据中的物体。腾讯成立智能计算与搜索研究室，推出新闻写作机器人 Dream Writer。阿里巴巴推出人工智能平台 DTPAI。谷歌的免费知识库被添加到维基百科。

2016 年，阿里巴巴推出智能客服机器人"阿里小蜜"，它具有语音识别、语义理解、个性化推荐、深度学习等人工智能技术。3 月 9 日—15 日，由 DeepMind（现在的谷歌子公司）创建的 AlphaGo 在 5 场比赛中击败了世界围棋冠军李世石。AlphaGo 使用神经网络研究游戏，并在游戏中学习。5 月，发布《"互联网+"人工智能三年行动实施方案（2016—2018 年）》，提出重点资助和发展人工智能。6 月 20 日，在法兰克福世界超算大会上，"神威·太湖之光"超级计算机系统登顶 TOP500 榜单之首，并在 2016—2017 年间，4 次夺冠。克雷公司及许多其他类似的超级计算机企业推出强大的机器学习产品。在 XC50 超级计算机上使用微软的神经网络软件，拥有 1000 个英伟达 TeslaP100 图形处理部件，可以在很短的时间内完成对数据的深度学习任务，仅需几个小时，而不是几天。

2017 年 7 月 8 日，印发《新一代人工智能发展规划》。10 月 19 日，《自然》上发表的研究论文中报道，AlphaGoZero 程序从空白状态学起，在无任何人类输入的条件下，自学围棋，并以 100:0 的战绩击败"前辈"AlphaGo 程序。

　　2018 年，自驾汽车上路。亚利桑那州凤凰城推出谷歌 Waymo 的自动驾驶出租车服务，是自动驾驶的一个重要的里程碑。谷歌演示了一个人工智能程序 duplex，它是一个虚拟助理，在电话中接受了理发师的预约，而对方没有注意到她正在和机器交谈。对抗性神经网络入选 2018 年《麻省理工科技评论》全球十大突破性技术榜单，两个人工智能系统可以通过相互对抗来创造超级真实的原创图像或声音。

11.3　人工智能方法与应用

1．人工智能方法

1）机器学习

　　机器学习是当前实现人工智能的最热门的方法，机器学习方法是计算机利用已有的数据（经验），得出某种模型，并利用此模型预测未来的一种方法。如图 11.1 所示，可以看出机器学习与人类思考的过程是类似的，不过它能考虑更多的情况，执行更加复杂的计算。

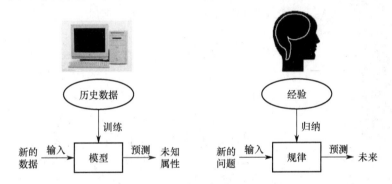

图 11.1　机器学习与人类思考的类比

　　事实上，机器学习的一个主要目的就是把人类思考归纳经验的过程转化为计算机通过对数据的处理计算得出模型的过程。经过计算机得出的模型能够以近似于人的方式解决很多灵活复杂的问题。机器学习是一门多领域交叉学科，如图 11.2 所示。机器学习是当今

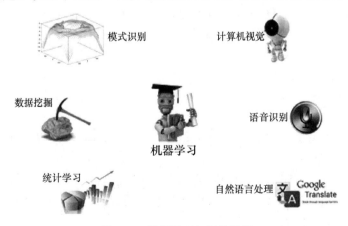

图 11.2　机器学习与相关学科

人工智能的核心，是使计算机具有智能的根本途径，其应用遍及人工智能的各个领域，它主要使用归纳、综合而不是演绎。

机器学习最基本的做法是使用算法来解析数据、从中学习，然后对真实世界中的事件做出决策和预测。与传统的为解决特定任务、硬编码的软件程序不同，机器学习是用大量的数据来"训练"，通过各种算法从数据中学习如何完成任务。

机器学习最成功的应用领域是计算机视觉，学习过程还是需要大量的手工编码来完成。人们需要手工编写分类器、边缘检测滤波器，以便让程序能识别物体从哪里开始，到哪里结束。例如，编写形状检测程序来判断检测对象是不是有八条边，编写分类器来识别字母"STOP"。使用以上这些手工编写的分类器，人们可以开发算法来感知图像，进而对图像进行识别和分类。

机器学习方式主要有 3 类：

第 1 类是无监督学习，指的是从信息出发自动寻找规律，并将其分成各种类别，有时也称"聚类问题"。

图 11.3　深度学习、机器学习、
人工智能三者关系

第 2 类是监督学习，监督学习指的是给历史一个标签，运用模型预测结果。如有一个水果，根据水果的形状和颜色去判断到底是香蕉还是苹果，这就是一个监督学习的例子。

第 3 类是强化学习，是指可以用来支持人们做决策和规划的学习方式，它是对人的一些动作、行为产生奖励的回馈机制，通过这个回馈机制促进学习，这与人类的学习相似，目前强化学习是人工智能研究的重要方向之一。

实现机器学习的技术中，最热门的是深度学习，它是当今人工智能快速发展的核心驱动。深度学习、机器学习和人工智能之间的关系如图 11.3 所示。深度学习是利用深度的神经网络，将模型处理得更为复杂，从而使模型对数据的理解更加深入。深度学习是机器学习中一种基于对数据进行表征学习的方法，其动机在于建立、模拟人脑进行分析学习的神经网络，它模仿人脑的机制来解释数据，如图像、声音和文本。

深度机器学习方法也有监督学习与无监督学习之分。不同学习框架下建立的学习模型是不同的。如卷积神经网络（Convolutional Neural Networks，CNNs）是一种深度的监督学习下的机器学习模型，而深度置信网（Deep Belief Nets，DBNs）是一种无监督学习下的机器学习模型。

机器学习研究的领域主要有 5 层：

（1）底层是基础设施建设，包含数据和计算能力两部分，数据越大，人工智能的能力越强。

（2）往上一层为算法，如卷积神经网络、LSTM 序列学习、Q-Learning、深度学习等算法都是机器学习的算法。

（2）第 3 层为重要的技术方向和问题，如计算机视觉、语音工程、自然语言处理等。还包括一些决策系统，如 Reinforcement Learning（增强学习）、大数据分析的统计系统，这些都能在机器学习算法上产生。

（4）第 4 层为具体的技术，如图像识别、语音识别、机器翻译等。

（5）顶层是行业的解决方案，如人工智能在金融、医疗、互联网、交通和游戏等上的应用，这是人们所关心的它能带来的价值。

2．人工神经网络

人工神经网络（Artificial Neural Networks）是人工智能中的一个重要的算法。神经网络是受大脑的生理结构——互相交叉相连的神经元启发构建的，但与大脑中一个神经元可以连接一定距离内的任意神经元不同，人工神经网络有离散的层、连接和数据传播的方向，如图 11.4 所示。

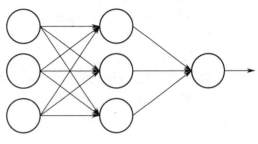

图 11.4　神经网络的逻辑架构

例如，可以把一幅图像切分成图像块，输入到神经网络的第 1 层。在第 1 层的每一个神经元都把数据传递到第 2 层。第 2 层的神经元也是完成类似的工作，把数据传递到第 3 层，以此类推，直到最后一层，然后生成结果。

每一个神经元都为它的输入分配权重，这个权重的正确与否与其执行的任务直接相关。最终的输出由这些权重加总来决定。

以"停止（STOP）标志牌"为例，将一个停止标志牌图像的所有元素都打碎，然后用神经元进行"检查"，包括八边形的外形、消防车般的红颜色、鲜明突出的字母、交通标志的典型尺寸和静止不动运动特性等。神经网络的任务就是给出结论，它到底是不是一个停止标志牌。神经网络会根据所有权重，给出一个经过深思熟虑的猜测——概率向量。

从中可以看出，神经网络是调制、训练出来的，时不时还会出错。它最需要的就是训练，需要使用成百上千甚至几百万张图像来训练，直到神经元输入的权值都被调制得十分精确，无论是否有雾，晴天还是雨天，每次都能得到正确的结果。只有这个时候，才可以说神经网络成功地自学到一个停止标志的样子。

2012 年，吴恩达教授在谷歌实现了神经网络学习到猫的样子。学习层数非常多，神经元也非常多，需要给系统输入海量的数据来训练网络。吴恩达教授为深度学习加入了"深度"，这里的"深度"就是神经网络中众多的层。

现在，经过深度学习训练的图像识别能力，在一些场景中甚至可以比人更强，如辨别血液中癌症的早期成分，识别核磁共振成像中的肿瘤。

2．人工智能的应用

1）计算机视觉

2000 年左右，人们开始用机器学习，用人工特征来做比较好的计算机视觉系统，如车牌识别、安防、人脸识别等技术。深度学习则逐渐运用机器代替人工来学习特征，扩大了其应用场景，如无人车、电商等领域。

2）语音技术

2010 年后，深度学习的广泛应用使语音识别的准确率大幅提升，像 Siri、Voice Search 和 Echo 等，可以实现不同语言间的交流，说一段话，随后可将其翻译为另一种文字；再如智能助手，你可以对手机说一段话，它能帮助你完成一些任务。与图像相比，自然语言更难、更复杂，不仅需要认知，还需要理解。

3）自然语言处理

机器翻译水平已大大提高，如谷歌的 Translation 系统是人工智能的一个标杆性事件。2010 年左右，IBM 的 Watson 系统在一档综艺节目上，和人类冠军进行自然语言的问答并获胜。

4）决策系统

决策系统的发展是随着棋类问题的解决而不断提升的，从 20 世纪 80 年代西洋跳棋开始，到 20 世纪 90 年代的国际象棋对弈，机器的胜利都标志人工智能技术的进步，决策系统可以在自动化、量化投资等系统上广泛应用。

5）大数据应用

可以通过用户之前浏览的信息理解用户喜欢的内容，从而进行更精准的推荐。机器可以对一系列的数据进行判别和分析，找出最适合的策略反馈给用户。

习　　题

一、判断题

1．图灵使用博弈论的方法破解了 Enigma。

2．图灵测试是指测试者与两个被测试者（一个人和一台机器）在隔开的情况下，测试者向被测试者随意提问，如果测试者不能辨别出被测试者是人还是机器，那么这台机器可被认为具有人类智能。

3．机器智能的创造是指机器通过求解人类智能发现的问题空间中的问题积累数，进行机器学习，独立发现新的问题空间。

4．AlphaGO 是一种机器人。

5．目前机器人无法解决情感连贯的问题。

二、选择题

1．以下关于未来人类智能与机器智能共融的二元世界的叙述不正确的是（　　）。

    A．人类智能与机器智能具有平等性

    B．机器智能是模仿人类智能

    C．人类智能与机器智能均具有群智性

    D．人工智能与机器智能均具有发展性、合作性

2．在人工智能的（　　）开始有解决大规模问题的能力。

    A．形成时期   B．知识应用时期

    C．新神经网络时期   D．算法解决复杂问题时期

3．人和机器最大的区别是（　　）。

    A．能动性   B．人性   C．思维   D．计算

第 12 章　区块链

12.1　区块链的定义

区块链是一个信息技术领域的术语。从本质上讲，它是一个共享数据库，存储于其中的数据或信息具有不可伪造、全程留痕、可以追溯、公开透明和集体维护等特征。基于这些特征，区块链技术奠定了坚实的"信任"基础，创造了可靠的"合作"机制，具有广阔的运用前景。

从技术层面来看，区块链涉及数学、密码学、互联网和计算机编程等很多科学技术问题。从应用视角来看，区块链是一个分布式的共享账本和数据库，具有去中心化、不可篡改、全程留痕、可以追溯、集体维护、公开透明等特点。这些特点保证了区块链的"诚实"与"透明"。区块链丰富的应用场景基本上都基于区块链能够解决信息不对称问题，实现多个主体之间的协作信任与一致行动。

区块链是分布式数据存储、点对点传输、共识机制、加密算法等计算机技术的新型应用模式，它本质上是一个去中心化的数据库，而用一串使用密码学方法相关联产生的数据块进行替代，每一个数据块中包含了批次的信息，用于验证其信息的有效性（防伪）和生成下一个区块。

国家互联网信息办公室于 2019 年 1 月 10 日发布了《区块链信息服务管理规定》，该规定自 2019 年 2 月 15 日起施行。

作为核心技术自主创新的重要突破口，区块链的安全风险问题被视为当前制约行业健康发展的一大短板。拥抱区块链，需要加快探索建立适应区块链技术机制的安全保障体系。

12.2　区块链技术的产生与发展

区块链起源于比特币。2008 年 11 月 1 日，一位自称中本聪的人发表了《比特币：一种点对点的电子现金系统》一文，阐述了基于 P2P 网络技术、加密技术、时间戳技术、区块链技术等的电子现金系统的构架理念，这标志着比特币的诞生。两个月后，理论步入实践，2009 年 1 月 3 日第 1 个序号为 0 的创世区块诞生，2009 年 1 月 9 日出现序号为 1 的区块，并与序号为 0 的创世区块相连接形成了链，标志着区块链的诞生。

近年来，比特币底层技术之一的区块链技术日益受到重视。在比特币形成的过程中，区块是一个一个的存储单元，记录了一定时间内各个区块节点全部的交流信息。各个区块之间通过随机散列（也称哈希算法）实现链接，后一个区块包含前一个区块的哈希值，随着信息交流的扩大，一个区块与一个区块相继接续，形成的结果就叫区块链。

2014 年，"区块链 2.0"成为一个关于去中心化区块链数据库的术语。对这个第 2 代可编程区块链，经济学家们认为它是一种编程语言，可以允许用户写出更精密和智能的协议。区块链 2.0 技术使交易和价值交换省去了担任金钱和信息仲裁的中介机构。它使隐私得到保护，使人们将掌握的信息兑换成货币，并且有能力保证知识产权的所有者得到收益。第 2 代区块链技术使存储个人的"永久数字 ID 和形象"成为可能，并且对潜在的社会财富分配不平等提供解决方案。

2016 年 1 月 20 日，中国人民银行数字货币研讨会宣布对数字货币研究取得阶段性成果。会议肯定了数字货币在降低传统货币发行等方面的价值，并表示央行正在探索发行数字货币。中国人民银行数字货币研讨会的表达大大增强了数字货币行业的信心。

2016 年 12 月 20 日，数字货币联盟——中国 FinTech 数字货币联盟及 FinTech 研究院正式筹建。

如今，比特币仍是数字货币的主流，但数字货币呈现了百花齐放的状态，常见的有 Bitcoin、Litecoin、Dogecoin、Dashcoin 等，除了货币的应用，还有各种衍生应用，如以太坊、Asch 等底层应用开发平台以及 NXT、SIA、比特股、MaidSafe、Ripple 等行业应用。

目前区块链的类型主要有三种。

1）公有区块链

公有区块链（Public Block Chains）是指世界上任何个体或者团体都可以发送交易，且交易能够获得该区块链的有效确认，任何人都可以参与其共识过程。公有区块链是最早的区块链，也是应用最广泛的区块链，各大 Bitcoin 系列的虚拟数字货币均基于公有区块链，世界上有且仅有一条该币种对应的区块链。

2）行业区块链

行业区块链（Consortium Block Chains）由某个群体内部指定多个预选的节点为记账人，每个块的生成由所有的预选节点共同决定（预选节点参与共识过程），其他接入节点可以参与交易，但不过问记账过程（本质上还是托管记账，只是变成分布式记账，预选节点的多少、如何决定每个块的记账者成为该区块链的主要风险点），其他任何人可以通过该区块链开放的 API 进行限定查询。

3）私有区块链

私有区块链（Private Block Chains）是指仅仅使用区块链的总账技术进行记账，可以是一个公司，也可以是个人，独享该区块链的写入权限，本链与其他的分布式存储方案没有太大区别。公有区块链的应用（如 Bitcoin）已经工业化，私有区块链的应用产品还在摸索当中。

12.3 区块链的特征与关键技术

1. 区块链的特征

1）去中心化

去中心化是区块链最突出、最本质的特征，区块链技术不依赖额外的第三方管理机构或硬件设施，没有中心管制，除了自成一体的区块链本身，通过分布式核算和存储，各个节点实现了信息自我验证、传递和管理。

2）开放性

区块链技术基础是开源的，除了交易各方的私有信息被加密，区块链的数据对所有人开放，任何人都可以通过公开的接口查询区块链数据和开发相关应用，因此整个系统信息高度透明。

3）独立性

区块链技术基于协商一致的规范和协议，如比特币采用哈希算法等各种数学算法，整个区块链系统不依赖其他第三方，所有节点能够在系统内自动安全地验证、交换数据，不需要任何人为的干预。

4）安全性

只要不能掌控全部数据节点的 51%，就无法肆意操控修改网络数据，这使区块链本身变得相对安全，避免了主观人为的数据变更。

5）匿名性

单从技术上来讲，各区块节点的身份信息不需要公开或验证，信息传递可以匿名进行。

2．区块链关键技术

区块链架构模型由数据层、网络层、共识层、激励层、合约层和应用层组成。其中，数据层封装了底层数据区块以及相关的数据加密和时间戳等基础数据和基本算法；网络层包括分布式组网机制、数据传播机制和数据验证机制等；共识层主要封装网络节点的各类共识算法；激励层将经济因素集成到区块链技术体系中来，主要包括经济激励的发行机制和分配机制等；合约层主要封装各类脚本、算法和智能合约，是区块链可编程特性的基础；应用层封装了区块链的各种应用场景和案例。该模型中，基于时间戳的链式区块结构、分布式节点的共识机制、基于共识算力的经济激励和灵活可编程的智能合约是区块链技术最具代表性的创新点。

区块链的关键技术主要有以下几个方面。

1）分布式账本

分布式账本指的是交易记账由分布在不同地方的多个节点共同完成，而且每个节点记录的是完整的账目，因此它们都可以参与监督交易合法性，同时也可以共同为其作证。

跟传统的分布式存储有所不同，区块链的分布式存储的独特性主要体现在两个方面。一是区块链每个节点都按照块链式结构存储完整的数据，传统分布式存储一般是将数据按照一定的规则分成多份进行存储。二是区块链每个节点存储都是独立的、地位等同的，依靠共识机制保证存储的一致性，而传统分布式存储一般是通过中心节点往其他备份节点同步数据。没有任何一个节点可以单独记录账本数据，从而避免了单一记账人被控制或者被贿赂而记假账的可能性。由于记账节点足够多，理论上讲，除非所有的节点被破坏，否则账目就不会丢失，从而保证了账目数据的安全性。

2）非对称加密

存储在区块链上的交易信息是公开的，但是账户身份信息是高度加密的，只有在数据拥有者授权的情况下才能访问到，从而保证了数据的安全和个人的隐私。

3）共识机制

共识机制就是所有记账节点之间达成共识，去认定一条记录的有效性，这既是认定的手段，也是防止篡改的手段。区块链提出了 4 种不同的共识机制，适用于不同的应用场景，在效率和安全性之间取得平衡。

区块链的共识机制具备"少数服从多数"以及"人人平等"的特点，其中"少数服从多数"并不完全指节点个数，也可以是计算能力、股权数或者其他的计算机可以比较的特征量。"人人平等"是当节点满足条件时，所有节点都有权优先提出共识结果，直接被其他节点认同后有可能成为最终共识结果。以比特币为例，采用的是工作量证明，只有在控制了全网超过 51%的记账节点的情况下，才有可能伪造出一条不存在的记录。当加入区块链的节点足够多的时候，这基本上不可能，从而杜绝了造假的可能。

4）智能合约

智能合约是基于这些可信的不可篡改的数据，可以自动化地执行一些预先定义好的规则和条款。以保险为例，如果说每个人的信息（包括医疗信息和风险发生的信息）都是真实可信的，那就很容易在一些标准化的保险产品中进行自动化理赔。在保险公司的日常业务中，虽然交易不像银行和证券行业那样频繁，但是对可信数据的依赖是有增无减的，因此利用区块链技术，从数据管理的角度切入，能够有效地帮助保险公司提高风险管理能力。

12.4　区块链的应用与挑战

1．区块链的应用

1）金融领域

区块链在国际汇兑、信用证、股权登记和证券交易所等金融领域有着潜在的巨大应用价值。将区块链技术应用在金融行业中，能够省去第三方中介环节，实现点对点的直接对接，从而在大大降低成本的同时，快速完成交易支付。

如 Visa 推出基于区块链技术的 Visa B2B Connect，为机构提供一种费用更低、更快速和安全的跨境支付方式。Visa 还联合 Coinbase 推出了首张比特币借记卡。花旗银行在区块链上测试运行加密货币"花旗币"。

2）物联网和物流领域

区块链和物联网及物流领域也可以天然结合。通过区块链可以降低物流成本，追溯物品的生产和运送过程，并且提高供应链管理的效率。该领域被认为是区块链一个很有前景的应用方向。

区块链通过节点连接的散状网络分层结构，能够在整个网络中实现信息的全面传递，并能够检验信息的准确程度。这种特性一定程度上提高了物联网交易的便利性和智能化。区块链+大数据的解决方案就利用了大数据的自动筛选过滤模式，在区块链中建立信用资源，可双重提高交易的安全性，并提高物联网交易便利程度，为智能物流模式应用节约时间成本。区块链节点具有十分自由的进出能力，可独立地参与或离开区块链体系，不对整个区块链体系有任何干扰。利用对大数据的整合能力，促使物联网基础用户拓展更具有方向性，便于在智能物流的分散用户之间实现用户拓展。

3）公共服务领域

区块链在公共管理、能源、交通等领域都与民众的生产、生活息息相关，这些领域的中心化特质也带来了一些问题，可以利用区块链来改造。区块链提供的去中心化的完全分布式 DNS 服务，通过网络中各个节点之间的点对点数据传输服务，就能实现域名的查询和解析，可用于确保某重要的基础设施的操作系统和固件没有被篡改，可以监控软件的状态和完整性，发现不良的篡改，并确保使用了物联网技术的系统所传输的数据没有经过篡改。

4）数字版权领域

通过区块链技术，可以对作品进行鉴权，证明文字、视频、音频等作品的存在，保证权属的真实、唯一性。作品在区块链上被确权后，后续交易都会进行实时记录，实现数字版权全生命周期管理，也可作为司法取证中的技术性保障。如美国纽约一家创业公司 Mine Labs 开发了一个基于区块链的元数据协议，这个名为 Mediachain 的系统利用 IPFS 文件系统实现数字作品版权保护，主要是面向数字图片的版权保护应用。

5）保险领域

在保险理赔方面，保险机构负责资金归集、投资、理赔，其管理和运营成本较高。通过智能合约应用，既无须投保人申请，也无须保险公司批准，只要触发理赔条件，就可实现保单自动理赔。一个典型的应用案例就是 LenderBot，它于 2016 年由区块链企业 Stratumn、德勤与支付服务商 Lemonway 合作推出，它允许人们通过 Facebook Messenger 的聊天功能，注册定制化的微保险产品，为个人之间交换的高价值物品进行投保，而区块链在贷款合同中代替了第三方角色。

6）公益领域

区块链上存储的数据高可靠且不可篡改，天然适合用在社会公益场景。公益流程中的相关信息，如捐赠项目、募集明细、资金流向、受助人反馈等，均可以存放于区块链上，并且有条件地进行透明公开公示，方便社会监督。

2．区块链的挑战

区块链技术在商业银行的应用大部分仍在构想和测试之中，距离在生活、生产中的运用还有很长的路，且要获得监管部门和市场的认可也面临不少困难。

1）受到现行观念、制度、法律制约

区块链去中心化、自我管理、集体维护的特性颠覆了人们生产、生活的方式。即使是区块链应用最成熟的比特币，不同国家持有的态度也不相同，不可避免地阻碍了区块链技术的应用与发展。要解决这类问题，显然还有很长的路要走。

2）在技术层面，区块链尚需突破性进展

区块链应用尚在实验室初创开发阶段，没有直观可用的成熟产品。对于互联网技术，人们可以用浏览器、App 等具体应用程序，实现信息的浏览、传递、交换和应用，但区块链明显缺乏这类突破性的应用程序，存在高技术门槛障碍。再比如，区块容量问题，由于区块链需要承载复制之前产生的全部信息，下一个区块信息量要大于之前区块的信息量，这样传递下去，区块写入的信息量会无限增大，带来的信息存储、验证、容量问题有待解决。

3）竞争性技术挑战

推动人类发展的技术有很多种，哪种技术更方便、更高效，人们就会应用该技术。如在通信领域应用区块链技术，发信息的方式是每次发给全网的所有人，但是只有那个有私钥的人才能解密打开信件，这样信息传递的安全性会大大增加。同样，量子技术也可以实现该功能，即量子通信利用量子纠缠效应进行信息传递同样具有高效安全的特点，近年来更是取得了不小的进展，这对于区块链技术来说，就具有很强的竞争性。

习　题

一、判断题

1. 区块链是跨度和争议最大的技术创新。
2. 相对于传统数据库，区块链每个节点都存储完整的账本信息。
3. 区块链是一种不可篡改的分布式账本。
4. 比特币是货币，但不是法定货币。
5. 区块链技术的风险和安全中的最大问题是数字货币。

二、选择题

1. 区块连技术的起源是（　　　）。
　　A. 分布式协同信任
　　B. 分布式高阶信任基础设施
　　C. 人类对自由的追求
　　D. 构建未来社会治理的信任基石
2. （　　）不是区块链的特性。
　　A. 不可篡改　　　　B. 去中心化　　　　C. 高升值　　　　D. 可追溯
3. （　　）不是区块链中用户可以考虑的普通类型的分类账。
　　A. 集中式分类账　　B. 分散式分类账　　　C. 中心式分类账　　D. 分布式分类账
4. 全网 51%攻击能做到（　　　）。
　　A. 修改自己的交易记录，使对方进行双重支付
　　B. 改变每个区块产生的比特币数量
　　C. 凭空产生比特币
　　D. 把别人的比特币发送给自己

第13章 虚拟现实

13.1 虚拟现实技术的定义

虚拟现实（Virtual Reality，VR）技术又称灵境技术，是 20 世纪发展起来的一项全新的实用技术。虚拟现实技术囊括计算机、电子信息、仿真技术，其基本实现方式是计算机模拟虚拟环境从而给人以环境沉浸感。随着社会生产力和科学技术的不断发展，各行各业对虚拟现实技术的需求日益旺盛。虚拟现实技术也取得了巨大的进步，并逐步成为一个新的科学技术领域。

所谓虚拟现实，顾名思义，就是虚拟和现实相互结合。从理论上来讲，虚拟现实技术是一种可以创建和体验虚拟世界的计算机仿真系统，它利用计算机生成一种模拟环境，使用户沉浸到该环境中。虚拟现实技术就是利用现实生活中的数据，通过计算机技术产生电子信号，并与各种输出设备结合，使其转化为能够让人们感受到的现象，这些现象可以是现实中真真切切的物体，也可以是肉眼看不到的物质，通过三维模型表现出来。因为这些现象不是直接所能看到的，而是通过计算机技术模拟出来的现实中的世界，故称为虚拟现实。

虚拟现实技术受到了越来越多人的认可，用户可以在虚拟现实世界体验到最真实的感受，其模拟环境的真实性与现实世界难辨真假，让人有种身临其境的感觉；虚拟现实具有一切人类所拥有的感知功能，如听觉、视觉、触觉、味觉、嗅觉等；虚拟现实还具有超强的仿真系统，真正实现了人机交互，使人在操作过程中，可以随意操作并且得到环境最真实的反馈。

13.2 虚拟现实技术的发展

虚拟现实技术的产生与发展经历了 4 个阶段。

（1）第 1 阶段（1963 年以前）有声形动态的模拟，是蕴涵虚拟现实思想的阶段。

1929 年，Edward Link 设计出用于训练飞行员的模拟器；1956 年，Morton Heilig 开发出多通道仿真体验系统 Sensorama。

（2）第 2 阶段（1963—1972 年）为虚拟现实萌芽阶段。

1965 年，Ivan Sutherland 发表论文《终极的显示》；1968 年，Ivan Sutherland 成功研制了带跟踪器的头盔式立体显示器（HMD）；1972 年，NolanBushell 开发出第 1 个交互式电子游戏 Pong。

（3）第 3 阶段（1973—1989 年）为虚拟现实概念的产生和理论初步形成阶段。

1977 年，Dan Sandin 等研制出数据手套 Sayre Glove；1984 年，NASA AMES 研究中心开发出用于火星探测的虚拟环境视觉显示器；1984 年，VPL 公司的 Jaron Lanier 首次提出

"虚拟现实"的概念；1987 年，Jim Humphries 设计了双目全方位监视器（BOOM）的最早原型。

（4）第 4 阶段（1990 年至今）为虚拟现实理论进一步的完善和应用阶段。

1990 年，虚拟现实技术被提出，它包括三维图形生成技术、多传感器交互技术和高分辨率显示技术；VPL 公司开发出第 1 套传感手套 Data Gloves，第 1 套 HMD EyePhones。21 世纪以来，虚拟现实技术高速发展，软件开发系统不断完善，有代表性的有 MultiGen Vega、Open Scene Graph、Virtools 等。

13.3 虚拟现实技术的分类

虚拟技术涉及学科众多，应用领域广泛，系统种类繁杂，这是由其研究对象、研究目标和应用需求决定的。从不同角度出发，可对虚拟现实系统做出不同分类。

1．从沉浸式体验角度

沉浸式体验分为非交互式体验、人-虚拟环境交互式体验和群体-虚拟环境交互式体验等几类。该角度强调用户与设备的交互体验，相比之下，非交互式体验中的用户更为被动，所体验内容均为提前规划好的，即便允许用户在一定程度上引导场景数据的调度，但没有实质性交互行为，如场景漫游等；而在人-虚拟环境交互式体验系统中，用户则可用如数据手套、数字手术刀等设备与虚拟环境进行交互，如驾驶战斗机模拟器等，此时的用户可感知虚拟环境的变化，进而也就能产生在相应现实世界中可能产生的各种感受。如果将该套系统网络化、多机化，使多个用户共享一套虚拟环境，便得到群体-虚拟环境交互式体验系统，如大型网络交互游戏等，此时的虚拟现实系统与真实世界无过多差异。

2．从系统功能角度

系统功能分为规划设计、展示娱乐、训练演练等几类。规划设计系统可用于新设施的实验验证，可大幅缩短研发时长，降低设计成本，提高设计效率，城市排水、社区规划等领域均可使用，如虚拟现实模拟给排水系统，可大幅减少原本需用于实验验证的经费。展示娱乐类系统可提供给用户逼真的观赏体验，适用于数字博物馆、大型 3D 交互式游戏、影视制作等，如虚拟现实技术早在 70 年代便被 Disney 用于拍摄特效电影。训练演练类系统可应用于各种危险环境及一些难以获得操作对象或实操成本极高的领域，如外科手术训练、空间站维修训练等。

13.4 虚拟现实技术的特征

1．沉浸性

沉浸性是虚拟现实技术最主要的特征，就是让用户成为并感受到自己是计算机系统所创造环境中的一部分，虚拟现实技术的沉浸性取决于用户的感知系统，当用户感知到虚拟世界的刺激时，包括触觉、味觉、嗅觉、运动感知等，便会产生思维共鸣，造成心理沉浸，感觉如同进入真实世界。

2．交互性

交互性是指用户对模拟环境内物体的可操作程度和从环境得到反馈的自然程度。用户进入虚拟空间，相应的技术让用户跟环境产生相互作用，当用户进行某种操作时，周围的环境也会做出某种反应。如用户接触到虚拟空间中的物体，那么用户手上应该能够感受到，若用户对物体有所动作，物体的位置和状态也应改变。

3．多感知性

多感知性表示计算机技术应该拥有很多感知方式，如听觉、触觉、嗅觉等。理想的虚拟现实技术应该具有一切人所具有的感知功能。由于相关技术，特别是传感技术的限制，目前大多数虚拟现实技术所具有的感知功能仅限于视觉、听觉、触觉、运动等几种。

4．构想性

构想性也称想象性，用户在虚拟空间中，可以与周围物体进行互动，可以拓宽认知范围，创造客观世界不存在的场景或不可能发生的环境。构想可以理解为使用者进入虚拟空间，根据自己的感觉与认知能力吸收知识，发散拓宽思维，创立新的概念和环境。

5．自主性

自主性是指虚拟环境中物体依据物理定律运动。如当受到力的推动时，物体会向力的方向移动、翻倒或从桌面落到地面等。

13.5　虚拟现实关键技术

1．动态环境建模技术

虚拟环境的建立是虚拟现实系统的核心内容，目的就是获取实际环境的三维数据，并根据应用的需要建立相应的虚拟环境模型。

2．实时三维图形生成技术

三维图形的生成技术已经较为成熟，难点在于"实时"生成。为保证实时，应至少保证图形的刷新频率不低于 15 帧/秒，最好高于 30 帧/秒。

3．立体显示和传感器技术

虚拟现实的交互能力依赖于立体显示和传感器技术的发展，现有的设备不能满足需要，力学和触觉传感装置的研究也有待进一步深入，虚拟现实设备的跟踪精度和跟踪范围也有待提高。

4．应用系统开发工具

虚拟现实应用的关键是寻找合适的场合和对象，选择适当的应用对象可以大幅度提高生产效率，减轻劳动强度，提高产品质量。想要达到这一目的，则需要研究虚拟现实的开发工具。

5．系统集成技术

由于虚拟现实系统中包括大量的感知信息和模型，因此系统集成技术起着至关重要的作用，集成技术包括信息的同步技术、模型的标定技术、数据转换技术、数据管理模型、识别与合成技术等。

13.6　虚拟现实技术的应用

1．在影视娱乐中的应用

近年来，由于虚拟现实技术在影视业的广泛应用，以虚拟现实技术为主而建立的第一现场 9D 虚拟现实体验馆得以实现。第一现场 9D 虚拟现实体验馆自建成以来，在影视娱乐市场中的影响力非常大，此体验馆可以让观影者体会到置身于真实场景之中的感觉，让体验者沉浸在影片所创造的虚拟环境之中。同时，随着虚拟现实技术的不断创新，此技术在游戏领域也得到了快速发展。虚拟现实技术是利用计算机产生的三维虚拟空间，而三维游戏刚好是建立在此技术之上的，三维游戏几乎包含了虚拟现实的全部技术，使得游戏在保持实时性和交互性的同时，也大幅提升了游戏的真实感。

2．在教育中的应用

如今，虚拟现实技术已经成为促进教育发展的一种新型教育手段。传统的教育注重灌输知识，而现在利用虚拟现实技术可以帮助学生打造生动、逼真的学习环境，使学生通过真实感受来增强记忆，相比于被动性灌输，利用虚拟现实技术来进行自主学习更容易让学生接受，这种方式更容易激发学生的学习兴趣。此外，各大院校利用虚拟现实技术还建立了与学科相关的虚拟实验室来帮助学生更好的学习。

3．在设计领域的应用

虚拟现实技术在设计领域小有成就，如室内设计时，人们可以利用虚拟现实技术把室内结构、房屋外形通过虚拟技术表现出来，使之变成可以看得见的物体和环境。同时，在设计初期，设计师可以将自己的想法通过虚拟现实技术模拟出来，可以在虚拟环境中预先看到室内的实际效果，这样既节省了时间，又降低了成本。

4．虚拟现实在医学方面的应用

医学专家们利用计算机，在虚拟空间中模拟出人体组织和器官，可让学生在其中进行模拟操作，并且能让学生感受到手术刀切入人体肌肉组织、触碰到骨头的感觉，使学生能够更快地掌握手术要领。而且，主刀医生在手术前，也可以建立一个病人身体的虚拟模型，在虚拟空间中先进行一次手术预演，这样能够大大提高手术的成功率，让更多的病人得以痊愈。

5．虚拟现实在军事方面的应用

由于虚拟现实的立体感和真实感，在军事方面，人们将地图上的山川地貌、海洋湖泊等数据通过计算机进行编写，利用虚拟现实技术，将原本平面的地图变成一幅三维立体的地形图，再通过全息技术将其投影出来，这更有助于进行军事演习等训练，提高国家的综合国力。

6. 虚拟现实在航空航天方面的应用

由于航空航天是一项耗资巨大，非常烦琐的工程，所以，人们利用虚拟现实技术和计算机的统计模拟，可在虚拟空间中重现现实中的航天飞机与飞行环境，使飞行员在虚拟空间中进行飞行训练和实验操作，极大地降低了实验经费和实验的危险系数。

习　　题

判断题

1．虚拟现实就是一种高端人机接口，包括通过视觉、听觉、触觉、嗅觉与味觉等多种感觉通道的实时模拟与实时交互。

2．从虚拟现实技术的相关概念可以看出，虚拟现实技术在人机交互方面有了很大的改进，常被称为"基于自然的人机界面"，是一个发展前景非常广阔的新技术。

3．虚拟现实的本质特征：沉浸感、交互性、反馈性等。